The
PURPOSE
DRIVEN®
Life

Originally published in the U.S.A. under the title:
The Purpose-Driven® Life

Zondervan, Grand Rapids, Michigan
Published by permission

Ambassador for Christ (AFC) grants publishing rights of:
Simplified Chinese Script of the PDL (China Version)
to be distributed and sell anywhere within PRC.

华理克（Rick Warren）著 · PD翻译组 译

〈新一版〉

上海三联书店

我究竟为何而活？

特别鸣谢本书原译者

杨高俐理女士

出版说明

基督宗教进入中国已经四个世纪，是中国宗教之一。广大基督徒拥护国家的宗教政策，身体力行圣经教训，已经成为建设社会主义和谐社会的积极力量。

广大信徒喜爱通过读书来提高自身修养，尤其是那些写法通俗、内容健康的好书。《标竿人生》就属于这样一本修养读物。该书自2002年出版以来，好评如潮。本书作者华理克(Rick Warren)牧师多年前曾到访过中国，其成名作《直奔标竿》也先期由中国基督教协会出版。

这本被列入宗教修养和生活指导类经典之作的好书也颇受华人基督徒的欢迎，成为他们磨砺自身和"爱人如己"的向导。

本书主题丰富，也是一般读者可以从中受到启发和激励的修养读物。像"真仆人"(第33天)这样的智慧就运用广泛，相关的"仆人型领导"是全球商界正在流行的管理理念。事实上，本书也颇为商界读者欢迎，因为华理克的思想受管理大师德鲁克影响很大，堪称德鲁克的学生。

我们希望《标竿人生》的出版受到更多读者的关爱和支持，更为公民社会的建设做出贡献。更希望广大读者提出批评和建议。由于本书起初为英语读者而写，其中的一些内容可能不是我们认同或倡导的，敬请读者带着考评的眼光阅读和分辨。

谨将本书呈献给你
帮助你去探求生命——
在世的人生，以至永恒的生命。

只有在基督里，我们才认识到自己是谁和为何而活。
在我们听闻基督之前，……祂的眼目
已关注到我们，已定意要我们活出荣耀的一生——
这是祂为万物和各人设计的整全计划的一部分。
以弗所书一11 (Msg)

我必须感谢古往今来许许多多的作者和老师，
他们训育了我的生命，启导我认识这些真理。
我更要感谢神和感谢你，
让我有幸与你分享这些真理。

目　录

人生目的 #5 你被造是要履行使命

中文版序

世界的根基未立之先，
神已拣选我们，成为祂爱的焦点。
以弗所书一4 (Msg)

你可能与许多人一样，长期被灌输着生命漫无目的的想法；你也可能已开始默认，自己的存在真是没什么意义。

然而圣经说，世上万物都是造物主独具匠心的创造："无论是天上地下一切所有的；能看见、不能看见的，都是从神开始，也从神那里找到其最终目的。"[1]

事实上，神创造你，有祂特别的心意和目的。在你尚未成形出生前，祂早已像艺术大师般，用心陶造你成为祂手中的杰作。这位造物主对你了若指掌，连你的每根骨头祂都一清二楚。祂一点一点地雕琢你，从无到有，成为具有永恒价值的人。[2]

你的存在并非偶然。造物主特意挑选了你的肤色、发质、眼睛的颜色，并赋予你特有的性情与才华。你可以十足地确信，你的一生无论是国籍、种族，没有一样不是神精心的设计。祂创造你，有特别的心意和目的。

没有任何事比认识神对你一生的心意更为重要，无论是成功、财富、名声或享乐，都不能取代。我家离好莱坞影城只有一个钟头的车程，那里不知制作了多少著名的影片。假如成功、财富、名声或享乐能为生命带来意义，这些影城红星早就成为世上最幸福快乐的人了。但是，事实则不然。

如果金钱或物质主义能带来有意义的人生，那么好莱坞的人过的便是世上最有意义的生活。然而，他们的生命却是破碎空虚。因为，他们轻忽神对他们一生的心意。

我衷心祈盼你能明白上帝对你一生的心意。你是祂的宝贝，祂甚至把爱你的心，放在我的心上。这就是为何我对《标竿人生》的中文版感到特别兴奋。

在这本书里，我会详述神创造你，为的是让你永远成为祂的家人。一旦体会到这个奥妙的真理，你就再也不会感到人生无意义了。你在神心中的地位，重要到让祂巧思设计整个宇宙，使你能成为祂家中的一分子。你是为永恒而造的。

圣经告诉我们，神赐下机会，使我们能重获新生，成为祂天上的家人。在地上，神的家就是教会。所有接受耶稣基督为救主的人，都是这个家的成员。教会这个观念是神巧妙的创作，虽然遭受持续的迫害、恐怖的压制与普遍的忽略，迄今依然屹立。尽管教会因人的罪而有缺失，两千年来，神仍然使用它成为祝福世人的渠道。

圣经称教会是永不动摇的国度。马太福音十六章里，耶稣说："我要建立我的教会，所有阴间的权柄都不能胜过它。"不管阴间势力的组合有多大，哪怕是飓风、地震、海啸、山崩、饥荒、瘟疫，都不能摧毁耶稣基督所建立的教会。

《标竿人生》的中文译本是为了让你明白，神对你深厚的大爱，以及你在神家中（教会）的重要性。因着爱神及爱你的心，才有这本书的存在。不管多少困难当前，都无法隔绝神对我们的爱。祂的爱使不可能变为可能；祂的爱永不止息。

神创造你时，已赋予你人生伟大的目的。圣经告诉我们，神会赐你力量，帮助你实现祂赋予你的大使命。这就是神行奇事的一贯作为——以祂的灵帮助平凡的人完成使命。在神,凡事都能。

我确信,在你出生前,神早已预知你正要做的事。你现在捧读这本书,也绝非偶然。我们已经为这一刻祈祷多时了。愿你跟随神的慈声,一步步发现祂当初创造你时,所为你精心设计的人生蓝图,也愿祂引导你活出祂的心意。

愿恩惠平安归与你

华理克

〈前　言〉

标竿旅程

如何尽用本书

这不仅是一本书,更是一部属灵旅程的指南;只要你跟着指南的带领,走这40天的旅程,你便能寻获一个答案,完满解答"我究竟为何而活?"这个最重要的人生问题。当你到达旅程的终点,你便会明白神为你所定的人生目的,明了你人生的每块构图,是怎样拼合为一幅完美的图画。当你看清整幅画面,你生命的压力就会减少,你就会简化抉择过程,得着更大的满足感。至关重要的是,这也为你的永恒作好准备。

未来的40天

今天,人的平均寿命是70岁,即活在世上大约25550天。在这一生之中,拨出40天的时间,来思考神的心意是要你如何善用余生,你是否认为这是明智之举呢?

圣经清楚显示,神经常用40天的时间来建立人的属灵生命。每当神要预备人去完成祂的计划时，往往会用40天的时间：

- 挪亚经历了40天的降雨而改变一生。
- 摩西在西奈山上40天而得着改变。
- 探子在应许地逗留了40天而得着改变。
- 大卫面对歌利亚40天的挑战而得着改变。
- 以利亚吃了神给他的食物，得了力量，走了40天的路程。
- 尼尼微城的人在神40天的宽限期中全部悔改。
- 耶稣在旷野逗留了40天，得着神的加力。
- 门徒与复活的主耶稣同住40天，生命完全被改变。

因此，未来的40天也能改变你的一生。

本书分为40章，每章都很简短。我恳切建议你每天只念一章，以便你有足够时间思考每章信息对你的意义。圣经说："让神改变你的思想方式，使你变成一个新造的人。如此，你便晓得神要你做些什么。"[1]

大部分书籍之所以不能改变我们，原因之一正是我们念得太急，并没有停下来，用时间认真细想它的信息。我们急于认识下一个真理，而没有仔细反思已学到的道理。

单单念这本书是不够的，还要反思它的信息，在有共鸣的地方下面划线，在书页旁边写下你的感想。总之要把它"据为己有"，使它成为你个人的书！对我最有帮助的书，往往是我作最多个人反思和响应的书。

反思导引

在每章结尾都有一个部分称为"思想我的人生目的"，当中你会看到：

- **思考重点**:这里提供的一句点题式的话,概括了该章所谈论的真理原则,让你可反复思考它对你的意义。保罗吩咐提摩太说:“你要思想我的话,因为主会让你领悟当中的意思。”[2]
- **背诵经文**:这里提供的经文教导的正好是本章的真理。你若是衷心希望成长,那么,培养背经的习惯也许是最重要的第一步。你可以把经文抄在卡片上,随身携带,随时背诵。
- **思考问题**:这里提供的问题,可助你思考本章信息对你有何启迪,以及如何应用在你身上。我鼓励你把答案写在该页的旁边或笔记本上,因为惟有写下来,才能好好厘清自己的思想。

此外,你还可以在本书“附录 1”找到:

- **讨论问题**:我恳切建议你找一位或多位朋友,与你一起进行这 40 天的旅程,同念本书。旅途中没有比有伴同行、互相分享更佳美的了。你可以跟一位同伴或与阅读小组的成员一同讨论,互相交流心得和感悟。此举必能帮助你成长得更茁壮,灵命亦得以进深。真正的属灵长进,是绝对不能以个别修行的方式去达到的。惟有在关系和群体生活中,才能磨练、力促我们的成长。

我们深信,要让你明白神为你所定的人生目的,最佳办法就是由圣经亲自教导你。因此,本书引用了大量经文,其中包括 15 个英文译本和意译本的一千多句经文。我是基于某些重要理由,而特意采用不同的译本,我会在“附录 3”详加解释。

我一直为你祷告

我写本书的时候,经常为你祈祷,深盼你能因着发现自己的人生目的,而得到无可言喻的盼望、能力和喜乐。这种感觉是非同寻常的。我感到很兴奋,因为知道将会有各样重大的事情要发生在你身上。这些都是我曾经历过的,而在我发现我的人生目的后,我便完全改变了。

我既已获益良多,就更殷切期望你能走完这 40 天的旅程,不要遗漏任何一天。人生是那么宝贵,当然值得你用时间思考人生的目的。请在你的时间表中预留时间吧。你若已决定要走这趟旅程,请先签署一份约书。你在约书上签署,表示你是认真立约的。你如果找到同伴与你一起念这书,请他/她也同时签署。让我们一同起程吧!

我的立约

在神的帮助下,我立志利用接续的40天,
去寻找神为我所定的人生目的。

____
你的姓名

____
同伴的姓名

Rick Warren
____
华理克

两人总比一人好,因为他们一起合作会更奏效。
一人若然跌倒,另一人可把他扶起来……
一人敌不过的攻击,两人就能挡得住。
三股合成的绳子很难扯断。
传道书四9(TEV)

我究竟为何而活？

只管追求外物的人生，
是虽生犹死的人生，是一根无叶的枯株；
神所塑造的人生，却是一棵茁壮茂盛的树。
箴言十一28（Msg）

信靠主的人有福了……他们像
沿着河岸栽种的树，树根直伸入河里；
不被炎热所困，不被荒旱所扰，
叶子常青，还累累结出津美的果子。
耶利米书十七7–8（NLT）

万物皆由神开始

因为一切——全然的一切，
不论天上地下、可见或不可见的一切……
都是从祂开始，并且在祂里面才可寻获最终目的。
歌罗西书一16 (Msg)

除非你假定有一位神，
否则追问人生目的，是毫无意义的。
无神论者罗素(Bertrand Russell)

人生目的不是从你开始的。

你的人生目的，远不只关乎个人成就、内心平安，甚或你的幸福快乐。它也不只关乎家庭、事业，甚或你最疯狂的梦想与抱负。如果你想知道你为何生于世上，就一定要从神开始探索。你是**因着**祂的旨意，也**为着成全**祂的目的而出生的。

探求人生目的，已成了人类的千古迷思，因为我们一般从错误的起点出发——从自己开始。我们总是围绕着自我发问。例如：我要成为一个怎样的人？该如何运用我的一生？什么是我的目标、我的抱负和梦想？然而，若把目光放在自己身上，我们远无法找出人生目的。圣经说:“生物的生命都在神手中;人的气息也在祂的掌握中。”[1]

许多流行书籍、电影和讲座都会教你,你可以藉着自我反省寻获人生的意义,但事实却非如此。它们提供的方法,你或许都试过了。然而,你既不是自己的创造主,自然无从告诉自己你存在的目的是什么!倘若我给你一件新发明,那是你从没见过的,你大概不会知道它的用途;即使是那件发明也无法让你知道!只有它的发明者,或是产品说明书的撰写人,才知道它的用途。

若把目光放在自己身上,我们将永远无法找出人生目的。

我曾经在山上迷路,于是停下来问路。我问人该走哪个方向才能到达营地,谁料得到的答案却是:“这里是通不到那里的。你必须从山的另一边走!”同一道理,我们的眼目若只看见自己,我们将永不能够寻获人生的目的。你必须以造你的神作为起点。你之所以存在,是因为神的旨意要你存在。你是**由**神所造,亦是**为**神而造的——除非你明白这点,否则便找不着人生的意义了。我们只有在神里面才能找着自己的根源、身份、意义、目的、价值和归宿,其他所有道路都是行不通的。

很多人试图利用神来实现自我,可惜这是本末倒置,必然失败。你是为神而造,神却不是为你而造;神造你,是要使用你来实现祂的目的,而不是你利用祂来达到你的目的。圣经说:“在这些事上以自我为念的,是绝路一条;念系于神,才能带领我们走进开阔的空间,走进宽广、自由的人生。”[2]

我念过许多教人如何寻找人生目的的书。这些书可归入“自助”读物系列,因它们全都从自我的角度来探讨这个主题。这些自助读物,甚至有基督教的著作,通常都是教你依循一些类似的步骤来寻找人生目的,包括检视你的梦想,厘清你的价值观,制定一些目标,找出你的长处;目标要定得高,然后全力以赴!要自律,要相信自己定能达成目标;要懂得请别人帮忙,永不言弃。

诚然,这些建议经常会带来重大的成就。如果你专心致志地跟着做,要达成目标并不困难。但取得成功与达成人生目的,却并非同一件事!你可以达成个人定下的目标,以致用世界的标准衡量,你是个卓越非凡的成功人士;可是,你可能仍然未能达成神造你的目的。自助的建议不能彻底帮助你。圣经说:“人根本不能自助。舍弃自己才是唯一的方法,也是我(耶稣)的方法,让你可找着自己,就是你那真我。”[3]

这不是一本自助读物。它不会教你如何正确择业,如何实现梦想或计划人生。它不会教你如何在编得密密麻麻的作息时间表里,再塞进更多活动。反之,它会教你如何作出**删减**——方法是以最重要的事情为念。这书将谈及如何达到神创造你的目的。

你是被神所造,亦是为神而造——除非你明白这点,否则便无法找到人生的意义。

那么,你怎能知道神为何造你呢?你可以从两个途径得知:第一是**猜测**;这是最多人选择的方法。他们凭空臆测和推论,然后建构成一套理论。当人说:“我一直认为人生是……”,他的意思是说:“这种看法就是我认为最合理的推测。”

古往今来,许多杰出的哲学家就人生意义这问题作出推论和臆测。哲学是个重要的科目,有其本身的用处,可是,当要确定人生的意义时,连最聪慧的哲学家也只能臆测。

美国伊利诺伊州东北大学(Northeastern Illinois University)的哲学教授穆克博士(Dr. Hugh Moorhead),曾致函世界各地著名的哲学家、科学家、作家和学者,问他们“人生的意义是什么?”,他后来把所有回复汇编成书。有人提供了他们认为最合理的猜测;有人承认那是他们自行构想出来的;另一些人则坦言他们茫昧无从说起。事实上,有不少著名的学者反问穆克博士,如他已寻获人生的意义,可否写信告诉他们！[4]

幸运的是，除了猜测之外，还有另一个寻找人生意义和目的的方法。那就是透过**启示**。我们可以翻开神的话语——圣经，从中探知神对人生有何启示。要知道一件新发明的用途，最佳办法就是询问它的发明者。同样，要了解人生的目的，就得直接问神。

神没有让我们摸黑前行，任由我们纳闷和猜测。祂已藉着圣经，清楚显示我们做人的五大目的。圣经就是主人为我们编写的"人生说明书"，当中说明我们为何生于世上、人生如何运作、要防避什么，以及对将来有何期待。它提供的说明，是没有一本自助读物或哲学书籍能够提供的。圣经说："神的智慧……深藏在祂的旨意里面……这不是最新近的信息，反而是最远古的信息——神已确定要以什么方式，藉着我们展示祂那最美好的东西。"[5]

神不仅是你人生的起点，更是你生命的根源。你若要找出人生目的，就必须寻求神的话语，而不是追求属世的智慧。你必须以永恒的真理作为建立人生的基础，而不是倚仗大众心理学、成功入门方法或者励志故事。圣经说："只有在基督里，我们才认识到自己是谁和为何而活。在我们听闻基督和得着盼望之前，祂的眼目已关注到我们，已定意要我们活出荣耀的一生——这是祂为万物和各人设计的整全计划的一部分。"[6] 这节经文对我们的人生目的有三方面的启迪：

1. 你必须藉着与耶稣基督建立关系，才能寻获自己的身份和目的。倘若你还不曾与祂建立任何关系，我稍后将会向你说明可怎样做。
2. 在你还没思想过神之前，神早已经想起你了。在你未出生之前，祂已为你定下人生目的。记着，祂在还未有你之前，已设定你的人生目的，**无须参考你的意见！**你可以选择自己的事业、配偶、嗜好，以及人生中的许多东西，却不能选择自己的人生目的。

3. 你的人生目的，乃是神为永恒所定的一个宏大的宇宙性目标的一部分。这正是本书要谈及的主题。

俄国小说家皮托(Andrei Bitov)自小在无神论环境中成长；但是，在一个阴沉的日子，神突然在他的意念中出现。他回忆说："27 岁那年的某天，当我在列宁格勒（即今天的圣彼得堡）乘坐地铁的时候，绝望的感觉压着我，生命似乎在瞬间停滞了，将来完全幻灭，更不要说人生有何意义了。但突然间，脑海中却浮现了一句话：**没有神，生命就了无意义**。我在惊讶中不断重复思考这句话，我就像踏上一部自动电梯般随着这话移动，步出了地铁，走进神的亮光中。"[7]

你可能觉得你正在黑暗中摸索你的人生目的；但此刻我要恭喜你，你快要步入神的荣光之中了。

第 1 天

思想我的人生目的

思考重点：人生的目的不应由"我"开始思想。

背诵经文："一切……都是从祂开始，并且在祂里面才可寻获最终目的。"

歌罗西书一 16下(Msg)

思考问题：我们被各式各样的广告宣传所包围，全都叫我们关注自己。我该怎样提醒自己，人生要为神而活，而不是为自己而活呢？

你的存在绝非偶然

我是你的创造主。

甚至在你未出生之前,我已经眷顾你。

以赛亚书四十四2(CEV)

神不玩掷骰子游戏。

爱因斯坦(Albert Einstein)

你的存在绝非偶然。

你不是因着一次错误或意外而出生,你不是偶然存在的。你父母也许没有计划生育你,神却早已计划要有你。你的出生不会叫祂感到意外,反而是祂意料中的事。

你的母亲孕育你成为胎儿以前,神的意念中早已有你。是祂首先想到你。你此刻有生命气息,完全不是运气、机缘、侥幸或巧合。你之所以生存,是因为神要创造你!圣经说:"主必成就祂在我身上的目的。"[1]

神已巨细无遗地设计了你整个身体。你的种族、肤色、发色和任何一项特征,都是神特意为你选定的。祂按照祂的心意造出你的身体,祂也选定了你拥有的天资禀赋和性格特质。圣经说:“我的里里外外,你都知道;我体内的每根骨头,你都认识。你完全悉透我是怎样被造的,你完全了解我是如何由无有、一点一点地被模塑成形。”[2]

神是为了某个目的而造你,所以,祂早已决定你要何时出生,以及要活多久。祂预先为你筹算一生的日子,为你定明生日和死期。圣经说:“在我出生以先,你已看见我了;在我吸第一口气之前,你已为我安排了每一天。每个日子都记在你的册上了。”[3]

神也定了你要在何处出生,以及要在何处活出祂的目的。你的种族和国籍都是预定了的。神不容许任何机缘巧合,这些都按着祂所计划的目的而成就。圣经说:“祂从一人造出各族,……并且定准了他们存活的期限和生活的地方。”[4] 你的人生没有一事是祂任意而行,全都是为着一个目的特定的。

最奇妙的是,神已决定你是怎样的人。不论你出生的环境如何、父母是谁,神造你的时候已计划好了。它不计较你父母是好、是坏,或是否关心人。神早已知道那两个人正好拥有合适的基因,可以造成祂计划中的“你”。他们拥有神要造你的基因。

世上纵有私通的男女,却不会有“私生”的儿女。许多小孩不在父母的计划下出生,但他们的出生却在神的计划之内。神的计划已将人的错误,甚至是犯罪的结果,都列入考虑之列。

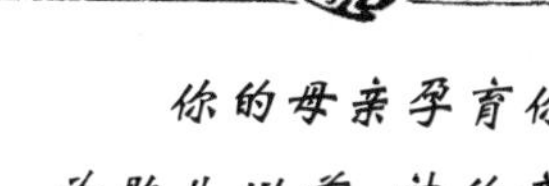

你的母亲孕育你成为胎儿以前,神的意念中早已有你。

神不随意而行,也从不出错。祂创造一切都有目的。每株植物和每个动物都出于神的心意,任何人都是按祂的旨意造成。神造你,是因为祂爱你。圣经说:“在祂奠定地的根基以前,我们已经在祂的意念之中,祂已定意要爱我们。”[5]

神在创造世界以先,已经一直在想着你。事实上,祂正为此而创造世界！神为地球所设计的环境，正适合让我们居住。祂定意要爱我们；在所有受造物中，祂把我们人类视作最为宝贵。圣经说："祂定意要藉着真理的话语，将生命赐给我们，以致我们在祂所造的万物中成为最珍贵的。"[6] 由此可见，神何等爱你和看重你！

神不随意而行；反之，祂是极其小心精确地计划好一切。物理学家、生物学家和其他科学家愈认识这个宇宙，我们就愈明白它的设计是何等天衣无缝、毫无误差地完全切合我们的存在需求。

新西兰奥达高大学（University of Otago）专门研究人类遗传因子的资深研究员丹顿博士（Dr. Michael Denton）指出："现存的所有生物科学证据，都支持一个核心论点……就是宇宙整体是专为生命和人类而设计的，这是它存在的根本目的和意义。在这个整体里面，所有实体都因着这重要事实而拥有本身的意义和解释。"[7] 圣经在几千年前已说过类似的话："神塑造地球……祂不是造它成为荒芜，却是造它来让人居住。"[8]

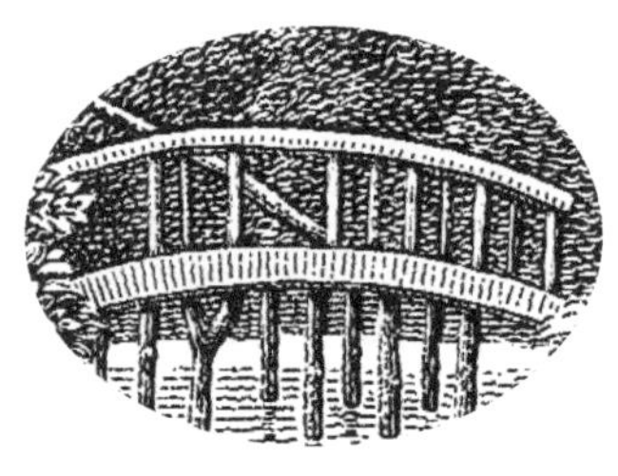

神为何要做这一切呢？祂为何要操心去造一个宇宙给我们居住呢？因为祂是一位充满爱的神。这种爱是难以测度的，却是完全可靠的。神造你出来，是要你作为祂所爱的独特对象！祂把你造出来，然后才能去爱你。这个真理便是你的人生基础。

圣经告诉我们："神是爱。"[9] 它不是说"神有爱"。祂就是爱！爱是神的属性。在三一神的团契中，已有完全的爱，所以神无须创造你。祂并不孤单。但祂要造你，是为了向你表达爱。神亲口说过："你一出母腹，我就抱着你；自你出生，我就一直照顾你。即使你年老了，我还是一样。即使你的头发变白，我还要照顾你。我造了你，也一定会照顾你。"[10]

倘若没有神，我们所有人便是"偶然的产物"，是宇宙天体在机缘巧合下碰巧造成的。若是这样,你就可以放下这本书了,因为人生根本没有任何目的,也没有意义和价值。世事也再无对错,而且,在这短暂人生过后,也不会有任何盼望。

但事实上,却**有**一位神为了一个目的而造你,你的人生有着深远的意义!我们**只有**从神的角度看人生,才会寻获人生的意义和目的。从罗马书十二章3节演绎出来的信息是:“只有按着神是怎么样的,以及祂为我们做了什么来认识自己,我们才能准确地了解自己。”

凯尔夫(Russell Kelfer)这首诗,正好作为本章的总结:

你因着某个目的而成为你。
你是一个复杂计划的一部分。
你就是宝贵和完全独特的设计,
称为神独特的女人或男人。

你因着某个目的而拥有现在的样子。
我们的神不会出错。
你在母腹中,祂将你编织成形,
你正是祂所想造的人。

你父母是祂所选定的——
不管你有何想法,
他们是按着神的计划所特别预定的——
他们已盖上造物主的印记。

不,你面对的创伤不是容易受的,
神也为了你如此受伤而流泪。
但祂容许创伤塑造你的心灵,
让你能成长,酷像祂的形象。

你因着某个目的而成为你，
是造物主用祂的杖来创造你。
亲爱的，你成为你，
是因为有一位神！[11]

第2天

思想我的人生目的

思考重点：我的存在绝非偶然。

背诵经文：“我是你的创造主。甚至在你未出生之前，我已经眷顾你。”

以赛亚书四十四2（CEV）

思考问题：我知道神造我成为一个独特的人。我的性格、成长背景和外貌，有哪些地方是我感到难以接受的？

3

你的人生受什么驱使？

我注意到，羡慕和妒忌
是驱使人追求成功的基本力量！
传道书四4（LB）

一个没有目的的人，就如一艘缺舵的船——
一个流浪汉，一个空壳人，一副行尸走肉。
卡莱尔（Thomas Carlyle）

每个人的生命都受着某些力量所驱使。

大部分字典给“驱使”这个动词下定义为“导引、操控或指示”。当你开动汽车或打高尔夫球的时候，你就是在导引、操控，把对象导向某个方向。你的人生正在受什么力量驱使呢？

当下，你可能受着某个问题、压力或期限所驱使；你亦可能受着惨痛的回忆、挥之不去的恐惧或潜藏的信念所驱使。各种处境、价值取向或情绪，都可能驱使着你的人生。下面是五种最常见的在背后驱使人的力量：

许多人终生被罪咎感所驱使

他们在逃避悔咎和埋藏羞愧中消磨一生。被罪咎感驱使的人受制于回忆;他们让过去操控自己的未来。他们经常不自觉地防止自己成功,藉此惩罚自己。该隐犯罪之后,他的罪咎使他远离神。神对他说:“你必在地上流离飘荡。”[1] 这正是今天大部分人的写照——漫无目的地流荡一生。

过去,把我们塑造成今天的模样;但我们却无须成为过去的囚犯。神的目的不会受你的过去所限制。祂曾使那名叫摩西的杀人犯变成领袖;使那名叫基甸的懦夫成为勇气十足的英雄;同样地,祂必能为你的余生创造令人惊讶的事。神最擅长给人新的开始。圣经说:“那些罪得赦免的人,真是何等快乐!……那些已经认罪,并得蒙神为他们洗清罪状的人,真是何等释放!”[2]

许多人终生被怨忿所驱使

他们抓紧昔日的创伤,从没想过要放下它们。他们不但没有以宽恕释除自己的痛苦,反而在脑海中时时想起这些伤痕。一些被怨忿驱使的人会把自己收藏起来,让怒气“积存”心中;另一些却会向外“爆发”,将怒气发泄在别人身上。这两种反应都是不健康和于事无补的。

心怀怨忿的人,往往比激怒他的人更痛苦。得罪你的人可能已把事情忘记,继续愉快地过活;你却仍然活在痛苦之中,被往事苦苦纠缠。

请记住,过去的伤痛已无法再伤害你了,**除非**你坚持在痛苦中心怀怨忿,才会继续受伤。过去已成过去!这是不能改变的。你继续怨恨下去,只会伤害自己。你要为自己着想,从事件中汲取教训,然后让它成为过去。圣经说:“让自己因忿怒而极度困扰的,实在是很愚蠢和无谓的。”[3]

许多人终生被恐惧所驱使

他们的恐惧可能来自一次惨痛的经历、不切实际的期望，或因自小在高压的家庭成长，甚或是遗传的倾向。不论是什么原因造成的，被恐惧驱使的人往往坐失良机，因为他们不敢冒险。他们倒喜欢稳定的生活，避免冒险，并竭力维持现状。

恐惧是自己制造的牢笼，它阻碍你成为神计划中的你。你**必须**以信心和爱心作为武器去战胜它。圣经说："成熟的爱能驱除恐惧。因为恐惧是有害的，一个充满恐惧的人——恐惧死亡，恐惧审判——是未有成熟的爱。"[4]

许多人终生被物质追求所驱使

追求物质是他们做人的唯一目标。他们受那错误观念所驱使，以为拥有愈多，就愈快乐，愈能显出自己的重要，愈觉安全。然而，这些都是虚假的。物质只会带来**短暂的**快乐；因为所拥有的物质未曾改变，我们始终会厌倦它，转而追求更新颖、更名贵和更卓越的。

"我愈有钱，就愈重要"，这个想法同样是个骗人的迷思。人的价值和他的家产是不能相提并论的。你的价值并不能用你的家产来衡量；而且，神说过，人生最有价值的东西，并不是物质！

一个最常听见的迷思就是，"我愈有钱，就愈安全"。但事实并非如此。财富可能会因一些不能控制的因素而瞬间即逝。真正的安全感，只能在绝对不会失去的东西里面找到——那就是你与神的关系。

许多人终生被别人的期望所驱使

他们容让父母、配偶、儿女、老师或朋友的期望操控他们的一生。许多人在成年以后，仍竭力从难以讨好的父母那里，赢取一点儿赞赏。另一些人则受制于朋辈压力，经常忧虑别人的想法。不幸的是，喜欢跟随群众的人，往往会迷失在人群之中。

我并不晓得所有成功的秘诀,却知道一个致败的缘由:试图讨好每个人。倘若你受制于别人的意见,那么,我敢保证你必错失神为你一生所定的目的。耶稣说:“没有人能事奉两个主人。”[5]

在你一生中,可能还有其他力量正在驱使着你,可是,它们全都引导你走向无望的死胡同——浪费了你的潜质、使你承受无谓的压力,却未能实现你的人生目的。

这 40 天的旅程将会为你开出路,指引你如何活出**目的导向的人生**——以神所定的目的来导引、管理和指示你的一生。你要认识神为你所定的人生目的,这比任何事情都重要;若不认识这目标,即使你拥有成就、财富、名誉、享乐或任何东西,也无法补偿这损失。无目的的人生,只是一连串毫无意义、没有方向和漫无目标的活动而已。无目的的人生,是找不到任何价值的。

你要认识神为你所定的人生目的,这比任何事情都重要;不认识这目标,即使你拥有一切外在事物,也无法补偿这损失。

目的导向的人生有何好处

目的导向的人生,会给你带来五大好处:

认清目的,人生就有意义

神造我们,是要我们活得有意义。人们就是为了寻求意义,才会尝试那些令人怀疑的方法,如占星术或通灵术等。知道人生有意义,这足可令你能忍受任何痛苦,否则,所有痛苦都是难以忍受的。

一位 20 来岁的青年人曾经写道:“我觉得自己很失败,我一直朝着某个方向奋斗,却不知道目的是什么。我惟有勉强活下去。我想,当我找着目的的那天,我才真正开始活着。”

没有神，人生就没有目的；没有目的，人生就没有意义；没有意义，人生就没有价值和盼望。许多圣经人物都表达过这种无望的感觉。以赛亚曾抱怨说："我努力工作，却没有目的；我用尽力气，却徒劳无功，一事无成。"[6] 约伯说："我的人生在单调乏味中拖行——毫无盼望地日复一日。"[7] 他又说："我放弃了；我厌倦生活。不要理我吧，我的人生全无意义。"[8] 人生最大的悲剧不是死亡，而是漫无目的地活着。

在你一生中，盼望的重要性，一如空气和水。有盼望，才能面对生活。西嘉医生(Dr. Bernie Siegel)发现，只消问一个问题，就能预测他的癌症病人是否会旧病复发。这问题是："你想过活到百岁吗？"那些人生充满意义的病人会正面回答，他们活下去的可能性也较大。有意义，才有盼望。

若你一直感到无望，也要坚持下去！当你开始持定有目的的生活时，人生将会出现奇妙的改变。神说过："我知道我为你们所定的计划……是对你们有益的计划，而不是伤害你们的计划。我要赐给你们盼望和美好的将来。"[9] 你可能认为目前的处境是你无法承受的，但圣经说："神……能成就的事，甚至是我们不敢求，甚或没梦想过的……远远超过我们最高的祷告，也高于我们所想所求。"[10]

认清目的，可以简化生活

有目的，就能分辨什么是应做的，什么是不应做的。你的目的就成了你的衡量准则，用以判别哪些事是重要的，哪些是不重要的。你只需问："这事能否帮助我实现神为我制定的人生目的呢？"

你若缺乏清晰的目的，就不懂得根据什么基础来作决定，分配时间和资源。反之，你只能基于环境、压力和心情来作决定。那些不知道人生有何目的的人，总会做得太多——这正是压力、疲惫和冲突的源头。

你不可能满足所有人对你的期望，你只有足够时间可完成神的

旨意。若你未能完成祂的旨意,那便意味着你所做的,远多于神要你做的(当然,这也可能表示你看电视节目的时间太长)。目的导向的人生引领你过更简单的生活,更明智地安排时间。圣经说:"虚浮、炫耀的人生,是空虚的人生;平实而简单的人生,是圆满的人生。"[11]这样的人生也带来了心灵的平安:"主啊,你会将完全的平安,赐给那些坚定持守目的,并信靠你的人。"[12]

认清目的,人生就有焦点

有了目的,你就能集中精力,去做重要的事。懂得取舍,就更有果效。

我们很容易因小事分心,这是人的天性。我们喜欢**追求没有价值的东西**。梭罗(Henry David Thoreau)注意到,人都在"寂静的绝望"中过活;但今天的人却是"毫无目的地活着",这是更贴切的形容。很多人活得像个陀螺,以疯狂的速度不断旋转,但总是原地踏步,没有迈向任何目的。

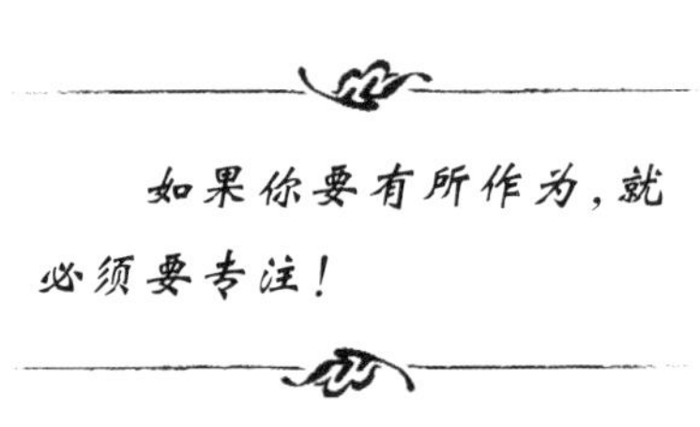

没有清晰的目的,你只会不停地转换方向、工作、伴侣、教会或其他的外在环境——每次转变都期盼能化解迷惘,或填补内心的空虚。你在心中思忖:这次也许会不同了;然而,它却不能解决你的真正问题——就是欠缺焦点和目的。

圣经说:"不要粗心大意和糊里糊涂地过活。要确保你明白主的心意。"[13]

我们可以藉着光线明白聚焦的力量。四散的光线只能发出微弱的能量或作用,但只要把光线聚焦,就可以聚合能量。太阳的光线在放大镜下得以聚焦,足以燃烧草或纸。当光线进一步聚焦成激光,更能切割精钢。

专心致志、持定目的生活的人,他所发挥的影响力是他人所望尘莫及的。缔造历史的英雄人物,是最心无旁骛的人。例如使徒保罗几乎独力将基督教传遍整个罗马帝国。他的秘诀是专心致志。保罗说:"我集中全副精神在这一件事上:忘记过去,努力面前。"[14]

你若期望你的人生带来影响力,就必须专心致志!不要东做做、西做做。不要再兼顾全部,要做少些。甚至是有益的活动也要删减,只做最重要的事。不要以为多劳一定多得。你可以毫无目的地营营役役,但最终有何意义呢?保罗说:"我们若想得着神为我们预备的一切,就当专注地对准目标。"[15]

认清目的,你的人生便更有动力

目的常常激发起人的热情。没有什么能像清晰的目的一样振奋人心。反之,当你漫无目的时,便完全没有热情可言,连起床也变成重担。令我们感到疲惫不堪、筋疲力竭和毫无乐趣的,通常并非繁重的工作,而是没意义的工作。

萧伯纳(George Bernard Shaw)写道:"人生真正的喜乐,在于为你认定是重要的目的而拼尽全力;在于成为一股生命力,而非充满不安、怨忿、焦躁和自私的小笨蛋,不住抱怨世界没有用尽方法来令你快乐。"

认清目的,是要为永恒做好预备

许多人用尽一生来建立事业,希望能名垂千古。他们希望永远受后人景仰。然而,至终最重要的,并不是别人怎样评价你,而是神怎样评价你的一生。人们没有察觉到的,是前人的丰功伟绩,最终必被后人超前;纪录会被打破,声誉会渐渐消退,颂辞也会被淡忘。杜布森(James Dobson)念大学时,目标是成为校际网球冠军。当他看见自己的奖杯放在学校奖杯柜的最显眼位置,自然感到非常自豪。数年后,有人把奖杯寄回给他,并说明这是大学重修期间,在垃圾桶里捡回来的。杜布森只能轻叹一句:“假以时日,你所有的奖杯都会被人丢进垃圾桶!”

流芳百世,只是一个短视的目标。聪明的人会善用时间,建立那**永存的**基业。你之所以生于世上,目的不是要被后人记念,而是为永恒做好准备。

你之所以生于世上,目的不是要被后人记念,而是为永恒做好准备。

终有一天,你要站在神面前,祂会评核你的一生;这将是你进入永恒以前最终的考验。圣经说:“记着,我们各人都要站在神的审判台前……是的,我们各人都要亲自向神交账。”[16]幸好,神希望我们通过考验,所以预先向我们透露了考题。我们根据圣经推测,神到时会问我们两个关键性的问题:

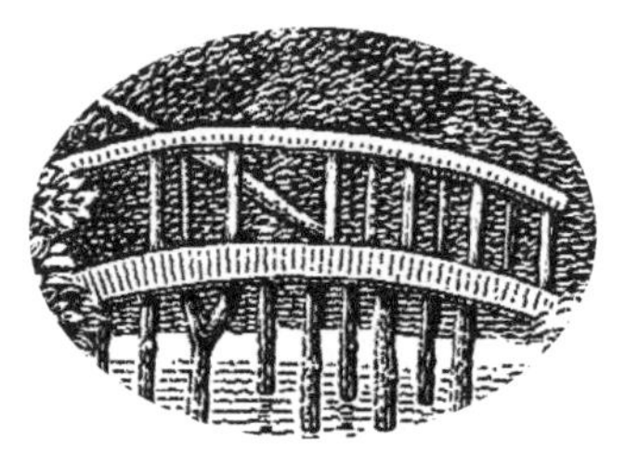

第一,“你怎样接待我的儿子耶稣基督?”神不会问及你的宗教背景,抑或你对教义的看法。最事关重大的,是你是否接受耶稣为你所做的一切,你有没有学习去爱祂和信靠祂?耶稣说:“我是道路、真理、生命。除非藉着我,没有人可到父那里去。”[17]

第二,“你怎样运用我给你的一切?”你怎样运用你的一生,包括你的恩赐、才干、机会、精力、人际关系和神给你的各种资源?你将这些全部用在自己身上,抑或藉着这些来达成神造你的目的呢?

本书的目的,是要预备你回答这两个问题。第一个问题决定你将要**在哪里**度过永恒。第二个问题决定你将要在永恒的国度中**做些什么**。念完本书,你便可以回答这两个问题了。

第3天

思想我的人生目的

思考重点：有目的地活着，就是得平安的门径。

背诵经文："主啊，你会将完全的平安，赐给那些坚定持守目的，并信靠你的人。"

以赛亚书二十六3(CEV)

思考问题：在我的家人和朋友眼中，我的人生受着什么力量所驱使？我期望自己怎样生活？

4

要活到永恒

神已经……将永恒植在人的心中。

传道书三11（NLT）

神创造人类，显然不是要人只活一天！

不，不，祂造人是要人活到永远！

林肯（Abraham Lincoln）

人并非只有今生。

人生在世，只是好戏上演前的彩排。死亡的另一端是**永恒**，所以，你活在永恒的时间，肯定远远长过今生。今生是一个预备区，一次学前教育，一场永生的选拔赛。它是游戏开始前的预习，是赛前热身。今生，是要为来生做好准备。

今生，你顶多活到一百岁，但来生却要活到永恒。你活在世上的时间，正如布朗爵士（Sir Thomas Browne）所言："只是永恒中的一个小插曲。"神造你是要你活到永远。

圣经说："神已经……将永恒植在人的心中。"[1] 你生来就有渴求永生的本性,因为神按照祂的形象造你的时候,已定意要你活到永恒。我们虽然知道人人都有一死,但死亡总是显得不自然和不公平。我们觉得自己该永远活着,正因为神已将这个渴求传达到我们脑中!

某天,你的心脏会停止跳动。你的身体成为过去,而你也行完了在世的日子。可是,那天却不是你的完结,你的身体只是灵魂暂时的居所而已。圣经把地上的身体称为"帐棚",却把你将来的身体称为"房屋"。圣经说:"我们在地上居住的帐棚——即地上的身体——被拆毁之后,必得着神在天上为我们预备的房屋,就是祂亲手所造的永存居所。"[2]

地上的生活有很多选择,但永恒的选择就只有两个:天堂和地狱。你今生与神的关系,将决定你与祂永恒的关系。若你今生懂得去爱和信靠神的儿子耶稣基督,你就会获邀在永恒里与祂同在。反之,你今生若拒绝祂的爱、祂的赦免和救恩,将来就要永远与祂隔绝。

刘易斯(C. S. Lewis)曾经说过:"世上有两类人,一类人对神说:'愿你的旨意成就。'另一类人神对他说:'既然如此,那你走自己的路吧。'"可悲的是,许多人选择今生不要神,以致将来要忍受永远失去神。

倘若你完全明白你的生命不限于今生,也认定今生是为永恒作准备,那你的生活就会开始改变过来。你开始按永恒的角度而活,这种改变将会影响你如何处理各种人际关系、工作和处境。你过去着重的很多活动、目标,甚或问题,都突然显得微不足道和不值一提。你愈靠近神,便愈发现其他一切都显得渺小。

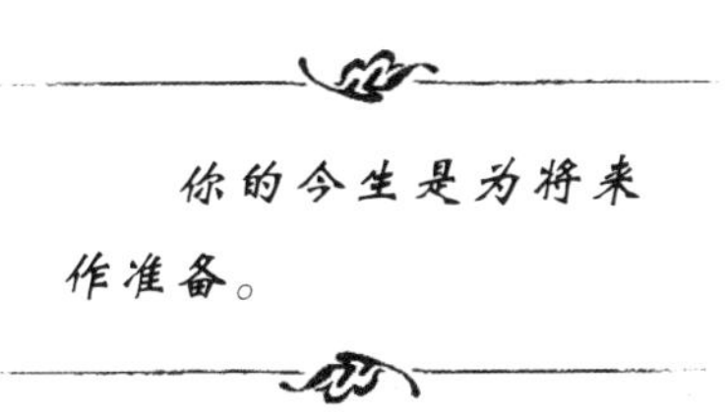

你若按照永恒的角度而活,价值观也会随之改变。你会更明智地运用时间和金钱。你会将更多精力、时间用来关心人和建立人格,而不再追求名誉、财富、成就,甚或享乐。你会重新订立优先次序。

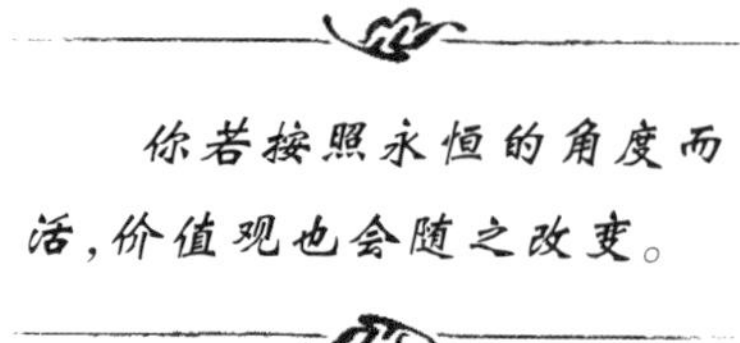

> 你若按照永恒的角度而活，价值观也会随之改变。

你会认为赶上潮流、追求时尚和流行的价值观这些事情，都显得不再重要了。保罗说：“我曾经认为这些东西是非常重要的，但如今因为基督所成就的一切，我把这些视为全无价值了。”[3]

倘若你只有今生，我会建议你及时行乐。你无须做好人或考虑道德问题，也不用顾虑行事的后果。你可以随意放纵，因为你的行为不会有任何长远影响。然而，死亡却不是你的终结——**这正是差别所在！**死亡不是终点，你只是由死亡过渡至永恒。因此，你在世上所作的一切，其后果将延展至**永恒**。你今生的每个行动，都在拨动永恒的琴弦。

现代人最大的危机是短视。如要善用一生，你必须将永恒的视野存在脑中，将永恒的价值观放在心上。除了今世，我们还要活永久哩！今天，只是冰山可见的尖端；永恒，才是那隐藏未现的大部分。

永远与神同在，将会是怎样的呢？坦白说，我们的脑袋实不足以理解天堂的奇妙和伟大。这就像向蚂蚁描述互联网一样，只会徒劳无功。人所发明的语言文字，根本不可能传达永恒的经验。圣经说：“神为那些爱主的人所预备的奇妙东西，是人从未见过、从未听过，甚至是想象不到的。”[4]

可是，神已让我们在祂的话语中瞥见永恒。我们知道，神此刻正在为我们预备永恒的居所。我们将会在天上与挚爱的信徒重聚。在那里，我们再没有痛苦和患难，且因为在地上忠心而得着赏赐，并重获委派做我们喜爱的工作。我们并不是头戴光环，卧在云上弹竖琴！我们会享受与神之间无阻隔的相交，而祂也会享受与我们无穷无尽的相交。终有一天，耶稣会对我们说：“你们这些蒙我父赐福的，来承受你们的产业吧，就是自创世以来为你们预备的国。”[5]

刘易斯写了七集儿童故事，名叫《纳尼亚传奇》(The Chronicles

of Narnia)。在最后一集的末页,他捕捉到永恒的概念:“对我们来说,这是所有故事的结束……但对他们来说,这只是真实故事的开端。他们今世的生活……只是一本书的封面和扉页;此刻,他们终于开展了那伟大故事的第一章,这是世人没有念过的;它将延展至永远,而且一章比一章更精彩。”[6]

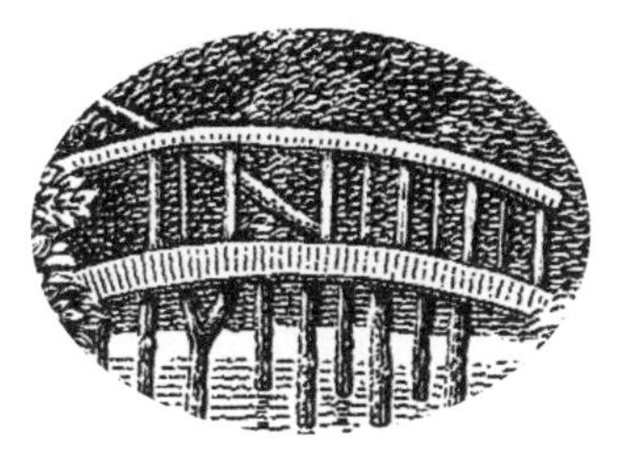

神为你的今生定下目的,这目的并非在今生便完结。祂计划所及的年日,远不只你在世上的数十年寒暑。它不单是“一生的机会”;神给你的机会是超越今生的。圣经说:“(神的)计划持续到永远;祂的旨意延展至永恒。”[7]

大部分人只会在出席丧礼时,才会想到永恒,且因对永恒无知,往往只有肤浅和感性的思考。你可能感到,思考死亡好像有点儿病态。但实际上,死亡乃无可避免,以否定死亡的态度来过活,是不健康的。[8]我们都知道人最终必须经历死亡,只有傻瓜才会若无其事地生活,完全不作准备。你要多思想永恒,而不应漠视不理。

你在母腹里度过的九个月,并非一个终结,而是为人生作准备;同样地,你的今生是为将来作准备。若你已藉着耶稣与神建立了关系,就无须害怕死亡。死亡是通往永恒的大门,是你人生在世的最后时刻,却不是你的终局。你的生命不只是没有完结,更是你进入永生的生辰。圣经说:“这世界非我家;我们正期盼着天上永恒的家。”[9]

从永恒的角度来看,我们在世的年日只是眨眼之间,但今生所作的一切,其后果却延续至永恒;将来的终局如何,完全取决于今生的作为。我们必须知道,“我们这地上的身体多活一刻,就是离永恒天家多一刻,在那里有耶稣与我们同在。”[10]多年前,有一个流行的口号,鼓励人每天要活得像“剩余日子的第一天”。事实上,更聪明的做法是,每天都活得像人生的最后一天。亨利马太(Matthew Henry)说过:“每天都要做好准备,去迎接我们的最后一天。”

第 4 天

思想我的人生目的

思考重点：我们的生命不限于今生。

背诵经文：“这世界和它所追求的一切，都渐成过去；但你若遵行神的旨意，将会活到永远。”

约翰壹书二 17（NLT）

思考问题：我既要活到永远，今天有什么事情是我必须停止去做的？又有什么事情是我必须开始去做的？

5

从神的角度看人生

你的人生是什么？

雅各书四14下(NIV)

我们看事物，不是根据事物的本身来看它，
而是根据我们的看法。

Anaïs Nin

你对人生的**看法**，塑造了你的人生。

你如何定义人生，将决定你的终局。你对人生的看法，会影响你如何运用时间、金钱和才干，以及你在人际关系上的取舍。

要认识别人，其中一个最好的方法就是去问他：“**你怎样看你的人生**？”你会发现每个人的答案都不相同。我听过的答案包括：人生像一个马戏团，一片地雷阵，一列过山车，一座迷宫，一首交响乐，一段旅程和一场舞蹈。有人说：“人生就像旋转木马：有起有跌，有时只是团团转。”又或：“人生是一辆十段变速的自行车，但我们从来不会用它的排挡。”又或：“人生是一场纸牌游戏，你只能运用手上的纸牌。"

若我问你会怎样形容人生，你会想到什么？你想到的图像正好可以拿来**象征你的人生**。它反映了你对人生的看法，而不论你是否自觉，这种看法已藏在你的脑海。你认为人生是怎样运作，以及你对人生有什么期望，都藉着这图像表达出来了。人们的人生象征，往往藉着他们的衣服、首饰、汽车、发型、粘贴在汽车保险杆上的小标语，甚至是文身表达出来。

潜藏在你心中的人生象征，在不知不觉间影响着你的人生。它影响了你的期望、价值观、人际关系、你的目标和优先次序。例如，如果你认为人生是个派对，那么，你最看重的必然是要**活得开心**。如果你认为人生是一场赛跑，你就会着重**速度**，可能常常行色匆匆。倘若你把人生视为马拉松比赛，你就会着重**坚忍**。假如你把人生视为战争或比赛，你就会着重**争胜**。

你对人生有什么看法？你也许依据了错误的象征来建立你的人生。要达到神造你的目的，你就得挑战传统的智慧，以合乎圣经的人生象征，来取代你心中的图像。圣经说："不要依从这个世界的标准，倒要让神彻底改变你的思想，藉此更新你的内心。这样，你就能够明白神的旨意。"[1]

圣经用了三个象征，来向我们说明神对人生的看法：人生是考验；人生是受托；人生是个短暂的差事。这三个观念就是目的导向的人生的基础。本章先探讨前两个观念，第三个则留待下章再谈。

人生在世是一场考验

圣经有很多故事，都显示人生就像考场。神不断试验人的品格、信心、顺服、爱心、诚实和忠心。类似**试验**、**试探**、**试炼**和**考验**等字词，在圣经中出现超过200次。神吩咐亚伯拉罕将儿子以撒当作祭物献上，是要考验他的信心。雅各为了娶拉结为妻，被逼额外工作几年，也是神给他的考验。

亚当和夏娃在伊甸园的考验中失败了，大卫也有好几次未能通过神给他的考验。幸而圣经中也记述了许多通过重大考验的模范人物，如约瑟、路得、以斯帖和但以理。

考验，能显露、也能建立一个人的人格；而人生的**所有**经历，都是一场考验。神常常会考验你，祂一直在察看你对别人、对困难、成就、冲突、疾病、失望的事，甚至是对天气的反应！即使是一些最漫不经心的行动，例如为人开门、捡起地上的废纸，甚或是有礼貌地对待一位服务员或者侍应生，神也在察看着你。

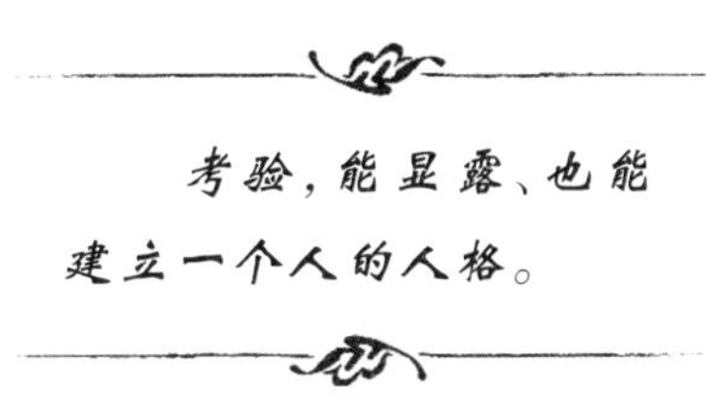

我们不能逐一知道神要给你什么考验；不过，我们却可以根据圣经的提示，预想到你会遇到哪些考验。这些考验包括遇上重大变故、神的应许迟迟未兑现、面对束手无策的难题、祷告未蒙应允、受到无理批评，甚至是发生难以理解的悲剧。回顾过往，我看到神藉着许多困难来考验我的**信心**，藉着我处理财产的方式来考验我有没有**盼望**，并藉着他人来考验我的**爱心**。

在人生的某个时刻，当你完全感觉不到神的同在时，你会如何反应？这将是一个非常重大的考验。神有时会有意隐藏起来，令我们感觉不到祂的接近、同在。希西家王便遇到过这种考验。圣经说："神离开希西家，为了试验他，好看清他的内心。"[2] 希西家一直享有与神亲密的相交，但是，在他人生的一个重要时刻，神却离开他，为要考验他的人格，显露他的弱点，以及预备他去承担更大的责任。

当你明白人生是一场考验，就能体会到人生的一切，没有一样是没有意义的。即使是一件最微不足道的事，对你的人格发展也有重要的意义。每天都是重要的日子，每秒都是磨练人格、显出爱心和学习倚靠神的成长机会。有些考验似乎令你吃不消，有些却是你毫不察觉的；然而，这一切都有着永恒的意义。

我要告诉你一个好消息,就是神希望你能顺利通过人生的考验。因此,祂赏赐你恩典,使你足以应付所有考验。圣经说:“神信守祂的应许,不会让你受考验过于你能承受的;在你受考验的时候,祂要赐你能力,使你足以忍受这考验,因此,祂会为你开出路的。”[3]

你每次通过考验,神都知道,并会安排在永恒中赏赐你。雅各说:“忍受考验的人是有福的。他们通过了考验,就必得着生命的冠冕,这是神应许赐给爱祂的人的。”[4]

人生是受托

这是第二个合乎圣经的象征。我们在世的时间、我们的精力、聪明才智、机会、人际关系并各种资源,全都是神的赐予,是祂托付我们去打点和管理的。这个管家的观念,始于承认世人和万物都属于神。圣经说:“这世界和其上的一切,全属于主;地和所有住在地上的人,都属于祂。”[5]

我们只是在地上短暂逗留,这其间,并没有任何东西是**真正属于**我们的。这地球只是神**借给**我们暂住的。在你出生之前,这地球已是神的产业;在你死后,祂又会把它借给他人。神只是让你暂时享受它。

神造亚当和夏娃之后,把祂所造的万物交给他们管理,委派他们作祂产业的托管人。圣经说:“(神)赐福他们,对他们说:‘要生育众多儿女,以致你们的子孙能住满全地和统管全地。我现在把它交给你们管理。’”[6]

神交给人类的第一项任务,是要他们管理和照顾神在地上的“财产”。神从来没有撤回我们这项任务。这是我们今天活在世上的其中一个目的。我们是以神的财产托管人的身份,去享受祂**所交付的**一切。圣经说:“你有什么不是神给你的呢?若然全都是神给你的,你为何自夸,仿佛你靠自己有什么成就呢?”[7]

几年前,一对夫妇将他们在夏威夷的房子借给我和太太度假。

那座漂亮的房子面向着美丽的海滩。能有这样原本我们负担不起的享受,当然要尽兴享用了。房子的主人对我们说:“把它当作你们自己的家好了!”我们当然乐于从命!我们在花园的泳池畅游,吃冰箱里的食物,使用浴室的浴巾和厨房的碗碟,甚至在床上弹跳取乐!但我们清楚地知道,它不是**真正**属于我们的,所以我们很小心地使用每样东西。虽然我们并未拥有这座房子,却能尽情享受它。

我们的文化教导我们说:“不属于你的东西,就无须小心看管。”(编者按:作者是指美国文化。)但是基督徒却有一个更高的标准:“它既是属于神的,我就得尽力看管它。”圣经说:“那些受托看管贵重物品的人,就得显出他们是值得信任的。”[8] 耶稣经常指出人生如受托,祂用很多故事来说明,人有责任好好管理神所托付的。在论才干的故事中,[9] 一个主人要外出做买卖,离家之前将财富交给几个仆人管理。回来后,他衡量每个仆人是否尽责管理,然后按照各人的表现奖赏他们。主人对仆人说:“良善又忠心的仆人,做得好!你在不多的事上忠心,我要派你管理更多的事。来一同分享你主人的快乐吧。”[10]

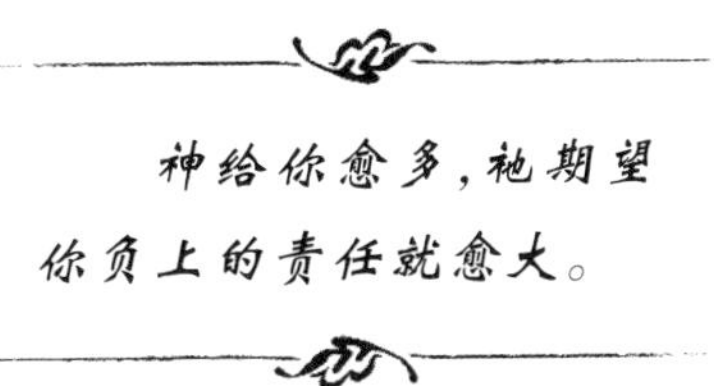

你地上的生命终结时,神会按照你是否妥善管理祂所托付的财产,来评价你的一生,并给予赏赐。这表示你所作的**一切**,甚至是最简单的日常琐事,都有永恒的意义。倘若你视一切为**受托**,神应许你在永恒的时候,会获得三项奖赏。首先,你会得到神的**赞许**,祂会说:“你尽忠职守,做得好!”其次,你会获得**提升**,在永恒中被委以更重大的责任:“我要派你管理更多的事。”最后,你会享受尊荣,获邀参加一个**庆典**:“来一同分享你主人的快乐吧。”

大部分人都没有察觉到,金钱既是考验,又是神所托付的。神藉着金钱来教导我们信靠祂;而对许多人来说,金钱就是最大的考验。

神看我们如何管理金钱，藉此考验我们有多可靠。圣经说："如果你们在属世的财富上不可靠，谁会将天上真正的财富托付给你们？"[11]

这是十分重要的真理。神说过，我们运用金钱的方式，跟我们属灵生命的素质有直接关系。我如何管理金钱（属世的财富），将直接影响神将多少属灵的福气（真正的财富）托付给我。你管理金钱的方式，是否妨碍神在你生命中成就更多的工作呢？神可以将更多属灵的财富交给你吗？

耶稣说："多给谁，就向谁多收取；多托谁，就向谁多要。"[12]人生是考验，也是受托；神给你愈多，祂期望你负上的责任就愈大。

第5天

思想我的人生目的

思考重点：人生是考验，也是受托。

背诵经文："除非你在小事上忠心，否则你不会在大事上忠心。"
路加福音十六10上(NLT)

思考问题：最近发生了什么事情，我觉得是神给我的考验？神将哪些重要财产交托给我管理？

人生是短暂的差事

主啊，求你使我记得，
我在世的时间是何等短促。
使我记得我的日子已有定数，
我的生命正快速飞逝。
诗篇三十九4（NLT）

我在世上只是短暂逗留。
诗篇一一九19（TEV）

人生在世是短暂的差事。

圣经有很多比喻，说明人生在世是短暂的过渡期。圣经将人生形容为云雾、快跑的赛手、一声叹息和一缕轻烟。圣经说："因为我们只是昨天才生出来的……我们在世的日子像影儿般短暂。"[1]

为要善用一生，你绝对不能忘记以下两个真理：第一，相对于永恒，人生是极其短促的；第二，人世只是暂时的居所。你不会在这里久留，所以不要依恋它。求神帮助你以祂的眼光看人生。大卫祷告说："主啊，求你使我明白我在世的时间是何等短暂，使我知道我留在人世不过片刻。"[2]

圣经多次将人生比喻为到外国暂住。世上不是你的长久之家，也不是你最终的目的地。你只是过路的、到访的。圣经用**客旅**、**朝圣者**、**寄居者**、**异乡客**、**过客**和**旅客**，来形容我们在地上短暂的逗留。大卫说："我在世只是客旅。"[3] 彼得又指出："你们若称神为你们的父，就当像暂居的客旅那样活你在世的日子。"[4]

在我居住的加州，有很多居民都是从外国搬来的。他们在这里工作，却一直保留原来的国籍。由于他们不是美国公民，所以必须取得一张俗称"绿卡"的访客登记证，然后才可以找工作。基督徒也应该携带一张**属灵的**"绿卡"，藉此提醒自己，我们是天上的公民。神吩咐祂的儿女不要像非信徒那样看人生。"他们只想着地上的今生。但我们是天上的公民，主耶稣基督现正活在天上。"[5] 真正的信徒都明白，生命远不止我们在地上所活的匆匆数十载。

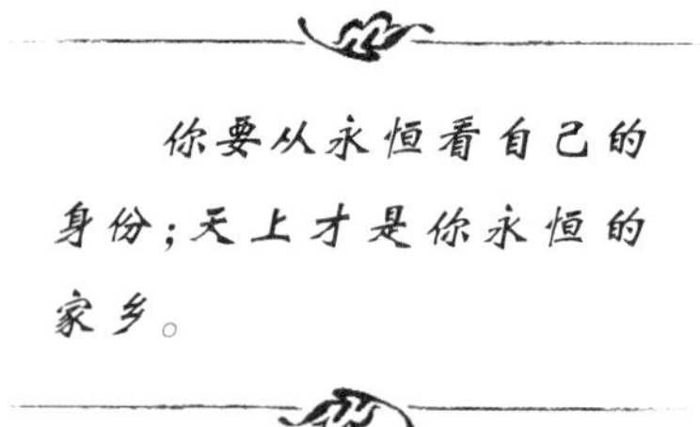

你要从永恒看自己的身份；天上才是你永恒的家乡。一旦明白了这个真理，你就不会再担心未能"拥有地上的一切"了。神直言，人若只为此时此地而活，又与这世界的价值取向、优先次序和生活方式打交道，乃是非常危险的。我们若与这世界的引诱打交道，在神眼中便是犯了属灵的淫乱。圣经说："你们是在欺骗神。你们若只想走自己的路，跟世界给你们的机会调情，你们至终便会成为神的敌人，敌挡神的道路。"[6]

假设国家委派你到敌国作大使，你可能需要学习一套新语言，接受一些风俗和文化上的差异，以使你可以表现得有礼节，能完成你的使命。作为大使，你一定要跟敌人接触，这是无可避免的。为了完成使命，你必须接触他们，跟他们建立关系。

但若你在这异国住得很舒服，甚至爱上它，宁愿把它当作你的国家，那你效忠和委身的对象便会产生变化，直接损害你作为大使的角色。你不但不能再代表你的国家，反而会开始做出一些伤害国家的行为，成了卖国贼。

圣经说："我们是基督的大使。"[7] 可悲的是，许多基督徒都出卖了他们的王和祂的国度。他们愚昧地以为，既然活在世上，这世界当然就是他们的家了。但事实却并非如此。圣经明言："朋友们，这世界不是你们的家，所以不要让自己在它里面安居。不要为了放纵自己，而牺牲你们的灵魂。"[8] 神劝戒我们，不要太依恋我们身边的事物，因为这些都是瞬间即逝的。圣经教导我们："应该善加运用经常接触到的世上事物，却不要依恋它们，因为这世界和它所有的一切，都要成为过去。"[9]

与以往许多世代相比，现时西方人的生活实在轻松得多。我们可以经常娱乐、消遣和出外用膳。面对各种令人着迷的事物、令人迷惑的广告，以及多姿多彩的享乐，很容易使人忘记人生**不是**为了追求快乐。惟有我们谨记人生是考验、受托和短暂的差事，我们才不致被这些事物所迷住。我们要为另一些更具吸引力的事物作好准备。"我们如今看见的事物，今天仍在，明天就过去了。但我们如今看不见的事物，却永远长存。"[10]

事实上，正因为这世界并不是真正的家，我们这些跟随耶稣的信徒才会经历困难、伤痛和被拒绝。[11]这也解释了为何神的某些应许似乎还未兑现，某些祷告似乎仍未蒙应允，某些处境仍看似不公平，因为今生并不是故事的完结。

这世界不是我们最终的家乡；神已为我们预备了更好的。

为了防止我们太依恋世界，神容让我们对生活产生某种程度的不满意和不满足——只要我们仍活在世上，这些渴求都**永远无法**得着满足。我们活在世上并不完全快乐，因为我们的生命原非为此！这世界不是我们最终的家乡；神已为我们预备了更好的。

鱼儿根本不可能在陆地上开心过活，因为它受造是要在水中生活的。飞鹰若被困在笼里，也绝不会感到满足。你不会完全满意地上的生活，因为你受造的目的远超于此。你会有快乐的时刻，但神为你计划的是最好的，这地上的快乐实不足以相比。

明白到人生在世只是短暂的差事，你的价值观必然大大改变过来。你作决定时，将会根据永恒而不是短暂的原则。正如刘易斯所指出的："不是永远长存的事物，至终都只是无用的。"圣经说："因此，我们不是定睛在看得见的事上，而是在看不见的事上。因为看得见的是短暂的，惟有看不见的才是永恒的。"[12]

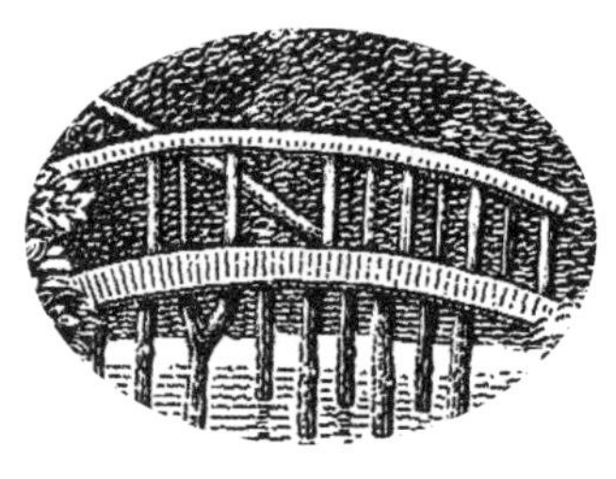

世界所定义的目标，是得着丰富的物质和世俗的成就；若你认为这也是神为你所定的目标，这就是个极大的错误。丰盛人生与**物质**丰富是各不相干的。对神忠心并不能保证事业、甚或事奉成功。不要把目光放在会朽坏的冠冕上。[13]

保罗一向忠心，最终却被关进监里。施洗约翰忠心耿耿，最终却被斩首。历史上有数以百万计的忠心信徒为主殉道，尽失所有，或是到老也毫无所得。但人生的结束却不是生命的终结啊！

在神眼中，最伟大的信心英雄不是那些在今生获得财富、成就和权力的人，却是把今生视为短暂的差事，忠心耿耿地服侍，期望在永恒得着神应许之赏赐的人。圣经明言，他们才是神眼中的信心英雄："这些人都是存着信心死的。他们并没有得到神应许给祂百姓的东西，但他们看见它们在将来的远处，就欢喜快乐。他们说他们是地上的客旅和异乡人……他们正等候一个更好的家乡——就是天上的家乡。因此，神被称为他们的神，并不感到羞耻，因为祂已为他们预备了一座城。"[14]你在世的光阴，并不是故事的全部；其余的部分，必须在天上再续。你要凭着信心，以异乡客的身份在地上生活。

有一个经常被引用的故事：一位退休的牧师，他与美国总统同坐一艘船回国。船泊岸的时候，码头上已聚集了大批欢呼的群众，又有一支军乐队，地上还铺了红地毯，周围满布旗海，并有众多记者迎候总统的归来。那位牧师只能在无人注视下悄悄地登岸，心中蓦然泛起一点自怜与忿怒，不禁开始埋怨神。神却柔声地提醒他说："孩子，你现在尚未回家啊！"

难道你要在进天堂前两秒，才慨叹着说："我干嘛那样重视那些转瞬即逝的东西呢？我究竟在想些什么？为何浪费那么多时间、精力和心血，在那些不能永存的事物上呢？"

当你遭逢逆境、被疑惑所困，或是质疑自己是否值得为基督而活的时候，请记着，你现在尚未回家。你离世的那一刻，并不是离家，而是回家。

第6天

思想我的人生目的

思考重点：这世界非我家。

背诵经文："因此，我们不是定睛在看得见的事上，而是在看不见的事上。因为看得见的是短暂的，惟有看不见的才是永恒的。"

哥林多后书四18(NIV)

思考问题：人生在世只是短暂的差事，这个事实将如何改变我的人生态度呢？

7 万物存在的缘由

一切都是从神而来。万物都是
藉着祂的能力和为着祂的荣耀而活。
罗马书十一36(LB)

主为着祂自己的目的而造了一切。
箴言十六4(NLT)

一切都是为了祂。

宇宙的根本目标是为彰显神的荣耀。万物都为了这个原因而存在,你当然也不例外。神造**一切**,完全是为着祂的荣耀。若不是为了神的荣耀,一切都不会存在。

什么是神的荣耀呢?那就是神自己,是祂的属性、祂显赫的身份、祂那灿烂的荣光、祂能力的彰显,以及祂同在的氛围。神的荣耀,就是祂的美善、祂一切内在永存属性的彰显。

神的荣耀在哪里?只要看看你的周围。神所造的**万物**,都以某种方式来彰显祂的荣耀。我们随处可见神的荣耀:从显微镜才可以看到的最微小生物到广漠的银河系；从日落和星辰到暴风和四季。受造的万物都在彰显造物主的荣耀。我们在大自然之中认识神的大能，也知道祂喜欢变化，酷爱美丽，有条不紊，并极富智慧和创意。圣经说："诸天宣告神的荣耀。"[1]

自古至今，神在不同情境下，向人彰显祂的荣耀。祂首先在伊甸园彰显荣耀，其后向摩西显现，又在会幕和圣殿中彰显，接着是藉着耶稣显明自己，今天则是藉着教会。[2] 圣经分别用火、云、雷、烟和荣光来形容神的荣耀。[3] 神的荣耀足以照遍天上。圣经说："这城不需要日月照明，因神的荣耀将它照明。"[4]

在耶稣基督身上，我们最能看见神的荣耀。祂是世界的光，将神的属性显明出来。因着耶稣，我们清楚看见神的真像。圣经说："子是神荣耀的光辉。"[5] 耶稣降世为人，是为了让我们透彻体认什么是神的荣耀。"道成为人，住在我们中间。我们看见祂的荣光……满有恩典和真理的荣光。"[6]

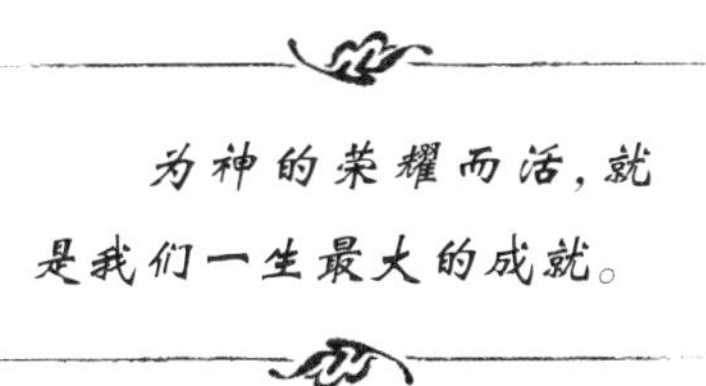

因为神是神，才拥有这**内在**的荣耀。这是祂的本质。我们无法加添这荣耀，正如我们无从使太阳的光辉更明亮一样。但圣经却吩咐我们要**认识**神的荣耀，要**尊崇**、**述说**、**赞美**和**反映**这荣耀，并为此而活。[7] 为什么？因为这是神配得的！我们即使竭尽所能，也不足以给祂一切尊荣。神既造了万物，便配得一切荣耀。圣经说："哦主，我们的神，你是配得荣耀、尊贵、权能的，因为你创造了万有。"[8]

综观整个宇宙，只有两种受造物并没有归荣耀给神，就是魔鬼——那堕落的天使，以及我们人类。归根究底，罪恶就是不将荣耀归给神，就是爱其他事物多于爱神。拒绝将荣耀归给神是一种骄傲的反叛，这正是撒但堕落的原因——我们人类也是这样！我们以各种不同的形式为自己的荣耀而活。圣经说："世人都犯了罪，使神的荣耀受到亏损。”[9]

没有人将神配得的荣耀归给祂。这是我们所犯最严重的罪恶和最大的错误。反之，为着神的荣耀而活，就是我们一生最大的成就。神说：“他们是我的民，我造他们是为了给我带来荣耀。”[10]因此，我们必须以荣耀神作为人生最重要的目标。

我怎样荣耀神？

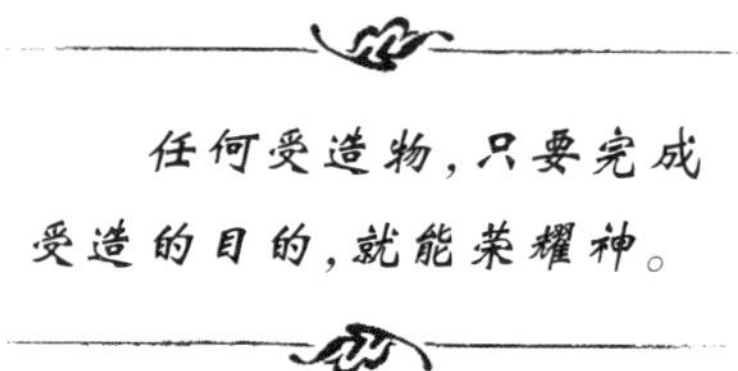

耶稣对父神说：“我在地上已荣耀了你，因你吩咐我做的事，我已全部做完了。”[11]换言之，耶稣完成祂在地上的目的，就能荣耀神。我们也可以同样的方式来荣耀神。任何受造物，只要完成了受造的目的，就能荣耀神。雀鸟只要按照神的心意，学会飞行、啁啾、筑巢，以及其他鸟儿所行的，神就得着荣耀。即使是微小的蚂蚁，只要完成它受造的目的，就能荣耀神。神造蚂蚁，是要它做蚂蚁所当做的；神造你，道理也是一样。教父爱任纽(St. Irenaeus)说：“一个生气勃勃的人，就是神的荣耀！”

荣耀神的方式有很多，不过，我们可以将它们归纳为神造人的五大目的。本书余下部分将会逐一探讨这些目的，现在先来作一个简单的概述。

我们敬拜神，祂就得了荣耀

我们的首要责任是敬拜神，这就是要以神为乐地享受神。刘易斯说：“神命令我们去荣耀祂，其实是邀请我们去享受祂。”神希望我们的敬拜，是出于对祂的爱、感恩和喜乐的心，而不是基于责任。彼柏(John Piper)指出：“当我们在神里面感到最满足时，神就在我们身上得到最大的荣耀。”

敬拜远不只是赞美、歌颂和祷告神。敬拜乃是一种生活方式，其中包括以神为乐、爱神，以及献上自己为祂所用，成全祂所定的目的。你若用一生来荣耀神，凡你所作的一切，就成了敬拜的行动。圣经说："用你整个身体，来成为行义的工具，藉此荣耀神。"[12]

我们爱其他信徒，神就得了荣耀

你重生的那一刻，已成为神家的一分子。跟从基督不单关乎个人信仰，还表示你已成为神家中的一员，要学习爱家中其他成员。约翰写道："我们因着彼此相爱，就证明我们是已经出死入生了。"[13]保罗也说："要彼此接纳，正如基督接纳你们一样；如此，神就得着荣耀了。"[14]

你有责任去学习爱人，像神爱你一样，因为神就是爱，你去爱，神也就得着荣耀了。耶稣说："我已经爱你们，所以你们必须彼此相爱。你们若能彼此相爱，众人就知道你们是我的门徒。"[15]

我们活像基督，就是荣耀神

当我们藉着重生进入神的家，神便期望我们在灵命上长大成熟。那是什么样子呢？灵命成熟，就是在思想、感受和行为这几方面学像基督。你愈成长像基督的模样，就愈能荣耀神。圣经说："当主的灵在我们里面作工，我们就变得愈来愈像祂，也愈能反照祂的荣光。"[16]

当你接受基督的时候，神便将新生命和新性情赐给你。如今，神期望你能尽用地上的余生，继续完成这改变性情的过程。圣经说："愿你经常结满得救的果子——就是藉着耶稣基督在你生命中所衍生的美事——这会给神带来极大的荣耀和颂赞。"[17]

我们善用恩赐去服侍别人，神就得了荣耀

神按照祂的心意，将独特的天赋、恩赐、技巧和才干赐予我们各人。神并非随意把恩赐给你，祂给你各种才干，不是让你满足自己的

目的。你要运用恩赐,使别人得益,正如别人运用他的才干使你得益一样。圣经说:"神将各样属灵恩赐分给你们各人,你们要好好管理它们,让神的丰足能藉着你们涌流……你们不是蒙召去帮助别人吗?你们要用尽神所赐的一切力量和干劲去做,如此,神便得着荣耀。"[18]

我们向人传讲神,就是荣耀神

神不喜欢把祂的爱和目的隐藏起来。我们一旦认识真理,祂便期望我们与人分享。这是极大的特权——使人认识耶稣,帮助他们寻找目的,和预备他们迈向永恒的归宿。圣经说:"当神的恩典带领愈来愈多的人归向基督……神便得到愈来愈多的荣耀。"[19]

你为何而活?

你若要善用余生,为神的荣耀而活,那么,你的优先次序、时间分配、人际关系以及其他一切,都必须作出改变。有时,那意味着你要选择一条艰难的路,而放弃容易的路。连耶稣也曾为此挣扎。知道自己快要被钉十架时,耶稣向神呼喊说:"我的心变得很烦乱;我应该说些什么呢?说'父啊,救我脱离这时刻'吗?但我正是为这时刻而来的。父啊,愿你荣耀你的名。"[20]

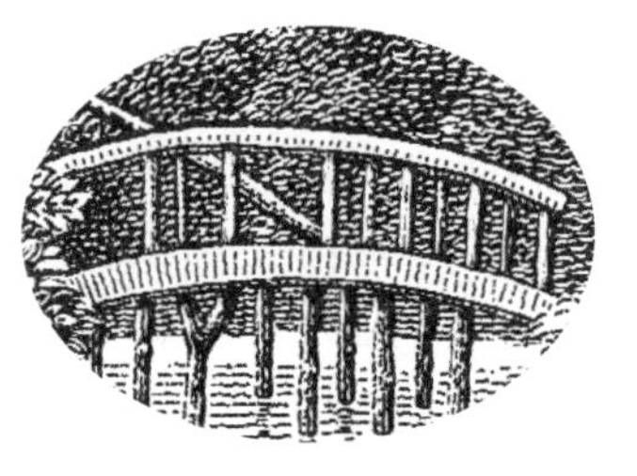

耶稣站在十字路口。祂要完成祂的目的,为神带来荣耀;抑或从此退缩,选择过安舒和满足自我的生活?你也会面对同样的抉择。你要为自己的目标、安舒和享受而活,还是使用余生,为神的荣耀而活,知道祂已应许给你永恒的赏赐?圣经说:"人若要保住生命,就只会摧毁生命。但你若愿意舍弃生命……反会永远得着真实而永恒的生命。"[21]

到了要处理这个问题的时候了：你究竟要为谁而活，为自己，抑或为神？你可能犹疑不定，质疑自己是否有能力为神而活。请不要担心。只要你下定决心为神而活，神必将你的需用赐给你。圣经说：“因着我们个别和深入地认识那位邀请我们归向神的，神已奇妙地赐给我们一切，使我们能藉此过讨神喜悦的生活。”[22]

此刻神正邀请你为祂的荣耀而活，就是要你完成祂造你的目的。这才是真正的生活；若非如此，人只是在**生存**而已。向耶稣基督全然委身才是真实生活的开始。若你对此仍未清楚明白，那你所需要做的，就是接受和相信。圣经应许说：“凡接受祂的，凡相信祂名的，祂都赐给他们权利，成为神的儿女。”[23]你愿意接受神的赐予吗？

你首先要相信。相信神爱你，祂造你，是要你完成祂的目的。你要相信自己的出生并不是偶然，你并且要活到永远。你也要相信神拣选了你，要你与那位为你钉身十架的耶稣建立关系。而且，你要相信，不管你过往做过些什么，神都愿意赦免你。

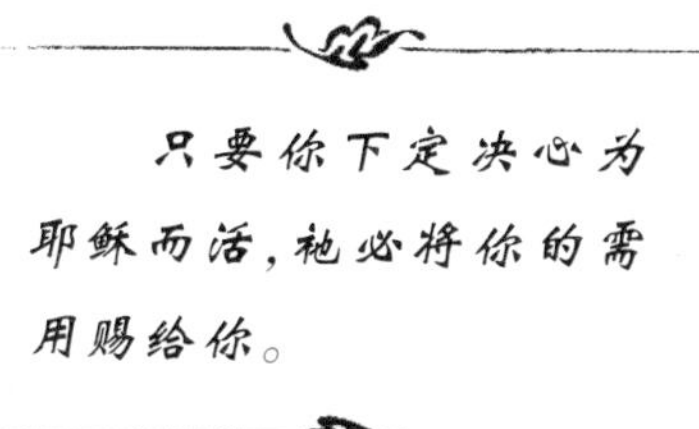

其次是要接受。你要接受耶稣进入你的生命，成为你的主和救主。你要接受祂的赦罪，也要接受祂的圣灵。圣灵将会赐你能力，使你能实现你的人生目的。圣经说：“凡接受和信靠圣子的，必得着一切，必得着完全和永远的生命！”[24]不论你此刻在什么地方念这本书，我都请你低下头来，轻声祷告说：“耶稣，我愿意相信你和接受你。”这个祷告将改变你在永恒的命运。

要是你已这样真诚地祷告了，我真的要恭喜你！欢迎你进入神的大家庭！你现在已预备好，可以开始寻求和活出神为你所定的目的了。我鼓励你找一些信徒朋友，告诉他们你已作了这决定，因为你实在需要别人的支持。

第7天

思想我的人生目的

思考重点:一切都是为了神。

背诵经文:"一切都是从神而来。万物都是藉着祂的能力,也为着祂的荣耀而活。"

罗马书十一36(LB)

思考问题:我怎能在日常生活中,更着意地为荣耀神而活呢?

·人生目的 #1·

你活着
是要令神喜乐

因神为着祂的荣耀，

栽种他们如同挺拔而优雅的橡树。

以赛亚书六十一3（LB）

8 为神的喜乐而活

你创造了万物，

万物是因你的喜乐而存活和被造。

启示录四11（NLT）

主以祂的百姓为乐。

诗篇一四九4上（TEV）

你是为神的喜乐而存活的。

在你进入这世界的那一刻，神这位看不见的见证人，因着你的诞生而**微笑**。祂希望你活着，你的出生为祂带来极大的喜乐。神**没有必要**造你，但祂为了自己的喜乐而**选择**要造你。你的存活是为了祂的好处、祂的荣耀、祂的目的和祂的喜乐。

为神带来快乐、为祂的喜乐而活，就是你第一个人生目标。当你完全明白这个真理以后，你就不会再因为自觉无用而困扰。这就证明你有价值。你对神是**如此**重要，祂重视你的程度，足以要你永远与祂在一起，你的价值岂有比这更大的吗？你是神的儿女，你带给祂的喜乐，是其他受造物所无法相比的。圣经说："因着祂的爱，神已定意藉着耶稣基督，使我们成为祂的儿女——这是祂的喜乐和意旨。"[1]

神给了你许多的礼物，其中的一份大礼，就是让你能享受快乐。祂赋予你五官和情感，使你能体验快乐。祂希望你能享受人生，而不是忍受人生。你之所以能够享受快乐，是因为神**按照祂自己的形象**造你。

我们常常忘记神也有情感。祂对事物有很深切的感受。圣经告诉我们，神会忧伤、嫉妒和忿怒，也有怜恤、同情、难过和悲悯的情怀，同时祂也会感到快乐、欢欣和满足。神有爱、喜悦、喜乐、欢欣、高兴，甚至会发笑。[2]

"敬拜"就是带给神喜乐

圣经说："惟有那些敬拜主和信靠祂慈爱的人，才得主的喜悦。"[3]你所做的任何事情，只要能带给神喜乐，那就是敬拜的行动。敬拜就如钻石一样，是有很**多层面**的。即使用尽天下的纸张，也难以写出敬拜的全部含义，我们只能在这里对敬拜作一些基本的探讨。

人类学家已经指出，敬拜是全人类的渴求，是神为我们造每个细胞的时候亲手放进去的——我们天生便需要与神建立关系。敬拜像饮食和呼吸一样自然。我们如果不敬拜神，也会敬拜其他代替品，甚或最终陷入自我崇拜。神造我们，使我们有这渴求，因为祂渴望人敬拜祂！耶稣说："父寻找敬拜的人。"[4]

你所做的任何事情，只要能带给神喜乐，那就是敬拜的行动。

基于你的宗教背景，你可能需要扩展对"敬拜"的理解。提及"敬拜"，你可能会想到教会的崇拜，其中包括唱诗、祈祷和听道，或者想到一些礼仪、蜡烛和圣餐，还会想到治病、神迹和超然的经验。

敬拜可以包含这些内容,却远**不只**这些。敬拜是一种生活方式。

敬拜远不只是音乐

对很多人来说,敬拜不过是音乐的同义词。他们说:“在我们的教会,我们会先敬拜,然后有教导。”这是个很大的误解。教会崇拜的每个部分都是敬拜的行动,包括祈祷、读经、唱诗、认罪、静默、听道、写笔记、奉献、洗礼、圣餐、签立志卡,甚至是敬拜的人互相问安。

事实上,敬拜先于音乐。亚当在伊甸园已开始敬拜神,但音乐却要在创世记四章21节论到犹八出生时才被提及。倘若敬拜不过是音乐,则所有不懂音乐的人也就不能敬拜了。敬拜远不只是音乐。

更糟的是,“敬拜”经常被人误用来指某种特定的音乐风格。有人会说:“让我们先唱一首圣诗,然后再唱敬拜赞美诗。”又或:“我喜欢唱轻快的赞美诗,但最享受的,仍是慢板的敬拜诗。”按照这种用法,则轻快、响亮,或以铜管乐器伴奏的诗歌,就是“赞美诗”。若是慢板、安静、个人化,或是用吉他伴奏的诗歌,就是“敬拜诗”。这是对“敬拜”一词的普遍误用。

敬拜是与诗歌的风格、音量或速度完全无关的。神喜爱各种类型的音乐,因为所有音乐都是由祂所创——无论是快板或慢板、雄壮或柔婉、古老或现代。你可能不是全都喜欢,神却不然!只要是以灵和真理呈献给神的,那就是敬拜的行动。

关于敬拜中应该选用哪种音乐风格,基督徒经常意见纷纭,还会热切地捍卫自己所喜欢的风格,认为那才是最合乎圣经,最能够荣耀神的。然而,世上并无一种音乐风格称为“合乎圣经”的啊!圣经中没有一个音符;我们甚至找不到圣经时代用过的乐器。

坦白说,你所喜爱的音乐风格,最能反映的是你自己的背景和个性,而不是神的种种。某族群的音乐,对另一个族群来说,可能是噪音。但神却喜欢和享受不同类型的音乐。

世上根本没有所谓基督教音乐;有的只是基督教歌词。诗歌被称为圣诗,是因为它的歌词,而不是由于它的曲调。世上并无所谓属灵的曲调。我若为你弹奏一首歌,却没有给你歌词,你就无法确认它是不是基督教诗歌。

敬拜并非为了你的好处

我作为牧师,经常收到这样的便条:“我很喜欢今天的敬拜,它使我获益匪浅。”那是对敬拜的另一个误解。敬拜并不是为了我们的好处!而是为了神。我们敬拜,目的是使神喜乐,而不是为了自己。

假如你曾说:“在今天的敬拜中,我一无所得。”那么,你敬拜的动机已出现了偏差。敬拜不是为你,而是为了神。当然,大部分敬拜聚会都有团契相交、教导和布道的内容,敬拜也的确会使人得益,但敬拜却不是为了取悦我们自己。我们的动机是为了将荣耀和喜乐归给我们的创造主。

神在以赛亚书二十九章,斥责百姓的敬拜并非全心全意,而是矫情伪饰。百姓向神献上陈腔滥调的祷告、虚假的赞美、空洞的颂词和人为的礼仪,他们甚至不曾思想这些礼仪有何含义。敬拜的传统不能感动神,只有敬拜者的热情和委身能触动祂。圣经说:“这些百姓用他们的口亲近我,用他们的嘴唇尊崇我,但他们的心却远离我。他们对我的敬拜,只是按照人所教导的规矩。”[5]

敬拜不是你生命中的一部分,而是你生命的全部

敬拜不只是教会的崇拜。圣经教导我们要“时刻敬拜祂”,[6]“由日出至日落都赞美祂”。[7]圣经人物不论在工作时,在家中,在战场上,在狱中,甚或在床上,都要颂赞神!你早晨张开眼睛时,首要颂赞神;夜晚闭上眼睛前,也要颂赞祂。[8]大卫说:“我要时常感谢主。我的口要时刻赞美祂。”[9]

无论你做任何事情,只要能将颂赞、荣耀和喜乐带给神,都可以被转化为敬拜的行动。圣经说:“因此,你们或吃或喝,或作什么,都

要为荣耀神而作。”[10]马丁路德说:“乳牛场的女工也能以挤牛奶来荣耀神。”

我们怎样做到任何事都荣耀神呢?只要你做每件事,都是为耶稣而做,并且在做事的过程中不住地与祂谈话便行了。圣经说:“你们无论做什么事,都要全心全意去作,像是为主作的,不是为人作的。”[11]

这就是敬拜人生的秘诀——任何事都是为耶稣而做的。“将你每天的日常生活——睡觉、饮食、工作和起居生活——都献在神的面前为祭。”[12]当你将工作献给神,并在作工时意识到祂的同在,你的工作便成了敬拜。

我刚爱上我太太嘉祺(Kay)时,时刻想念她:无论是吃早餐、驾车上学、上课、排队购物、为汽车加油——我都不禁想起她!我常不由自主地想起她,脑际常浮现她的可爱之处。这种思念使我感到与女友很亲近——纵然我们的住处相距数百里,大家又上不同的大学。我对她朝思暮想,便常在她的爱里。真正的敬拜就是**爱上**耶稣。

第8天

思想我的人生目的

思考重点:我活着是要令神喜乐。

背诵经文:“主以祂的百姓为乐。”

诗篇一四九4上(TEV)

思考问题:我可以从哪样日常事务开始,把我所做的看成为耶稣而作?

什么事能讨神喜悦?

愿主以笑脸对你……

民数记六25(NLT)

求你以笑脸迎向你的仆人;

教导我认识人生的正道。

诗篇一一九135(Msg)

你的人生目标是要讨神喜悦。

你既然知道人生的首要目的是要讨神喜悦,那么,你最重要的任务,当然是探求如何能讨祂喜悦了。圣经说:“要找出什么能讨基督喜悦,然后跟着做。”[1]幸好圣经已向我们介绍了一个讨神喜悦的模范人物,他的名字是挪亚。

在挪亚的时代,世人堕落,道德沦亡。各人都为着自己的享乐,而不是为了使神开心而活。神在地上找不到一个想讨祂喜悦的人,于是心中忧伤,后悔造人。神极为厌弃人类,甚至打算除灭所有人。然而,唯独一人能令神展露笑脸。圣经说:“挪亚能够令主开心。”[2]

神说："这人令我开心。他使我欢笑。好吧，我由他一家人再重新开始。"由于挪亚为主带来快乐，你我今天才有机会做人。从挪亚身上，我们认识到五个讨神喜悦的敬拜行动。

我们爱神胜于一切，祂就会喜悦

挪亚爱神胜于世上的一切，纵然**没有人**跟他一样！圣经这样描述他的一生："挪亚恒常跟从神的心意，与祂有亲密的关系。"[3]

神最想让你做的事，就是与祂建立关系！这是宇宙中最令人惊讶的真理——我们的创造主渴望与我们团契相交。神造你是为了要爱你，祂渴望你能以爱回应祂。祂说："我不想要你的祭物——我想要你的爱；我不想要你的供物——我想要你认识我。"[4]

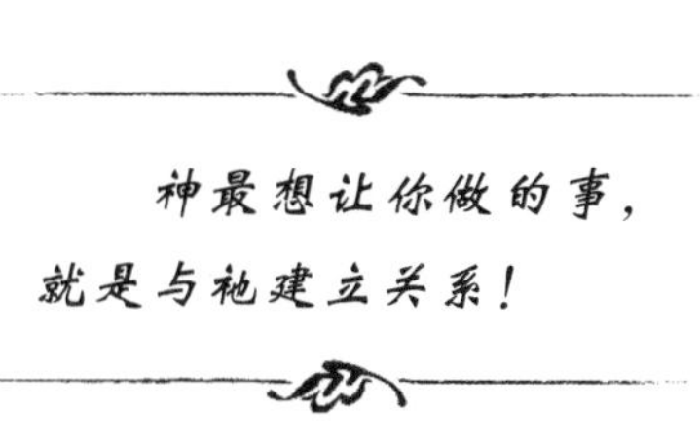

这经文能否让你感受到神对你的爱？神深爱着你，**渴望**你能以爱回应祂。祂**期待**你认识祂，花时间与祂相交。因此，我们最重要的人生目的，是要学习爱神，也让祂爱我们。再没有比这更重要的事情了。这正是耶稣所说最大的诫命："你要尽心、尽性、尽意，爱主你的神。这是第一条，也是最大的诫命。"[5]

我们全然信靠神，祂就会喜悦

挪亚信靠神——即使神要他做的事情看似不合理。这是他讨神喜悦的第二个原因。圣经说："挪亚因着信，在干地中间建造一艘船。他不明白神的警告，却依从吩咐去做……因此，挪亚与神变得很亲密。"[6]

试想象这个情景：一天，神来到挪亚面前，说："我对人类很失望。世上只有你的心中有我。挪亚，我看见你的时候，就展露了笑脸。我喜悦你，所以我准备用洪水淹没这世界，然后由你这家再重头开始。

我要你造一艘大船,到时,你便可带着动物进到里面逃生了。”

挪亚当时可能会因为三个难题而对神产生怀疑。第一,挪亚从未见过下雨。因为在洪水临到以前,神是用地下涌出来的水滋润大地的;[7] 第二,挪亚的住处,距离最近的海洋也有数百里。即使他学会造船,但又怎样将船送到海里呢?第三,如何集合所有动物并照顾它们,也是一大难题。然而,挪亚没有申诉或推搪。他全然信靠神,令神喜悦。

全然信靠神,表示你相信神知道什么是对你最好的。你期望祂信守承诺,帮助你解决困难,在必要时为你成就难成的事。圣经说:“祂喜悦那些尊崇祂的人,和那些信靠祂那不变的爱的人。”[8]

挪亚用了120年来建造方舟。我可以想象到,期间他经历了很多灰心泄气的日子。年复一年,全无下雨的征兆,他一定听到许多冷嘲热讽,说他是“自以为听见神说话的疯子”。我可以想象到,挪亚的儿女常因为那建造在家门前的大船而感到很尴尬。然而,挪亚却一直信靠神。

在你一生中,有哪些方面是需要全然信靠神的呢?信靠是敬拜的行动。正如父母会因着儿女信任他们的爱和智慧而感到高兴,你对神的信靠,也同样讨神的欢心。圣经说:“没有信心,就不能讨神喜悦。”[9]

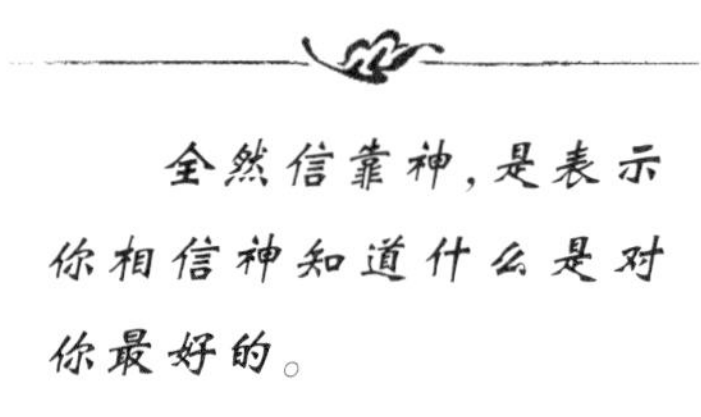

我们全心全意顺服神,祂就会喜悦

要拯救众动物避过洪水,当然需要周详的计划和安排。并且,一切事情都要完全**依从神的指示**去做。神没有说:“挪亚,照你喜欢的款式去做一艘船吧!”不,神把方舟的大小、外形和用料,以及各种要带上船的动物数目,都巨细无遗地向挪亚一一说明。按照圣经的记载，挪亚的反应是："所以挪亚便按照神所吩咐的，完全做足了。"[10]

请留意，挪亚是**完全依从**（没有遗漏任何指示），也**依足**指示（按照神所定的方式和时间）。这就是全心全意。难怪神会满脸笑容地看着挪亚了。

神若吩咐你造一艘大船，你岂不会提出一些问题、异议，甚或是有所保留吗？挪亚却没有。他全心全意听从神，也就是毫无保留和毫不犹疑地按照神的吩咐做。你不可拖延说："让我先为这事祈祷。"你要立刻动手去做。所有父母都知道，子女拖延服从其实是不服从。

神要你做的事情，无须向你解释或陈明原因。你可能稍后才明白，却不可延迟不遵从。凡事立即遵从，比你花毕生时间讨论圣经，更能帮助你认识神。事实上，神的某些命令，除非你先顺从而行，否则永远也不会明白祂的心意。惟有服从，才能使你明白神的心意。

许多时候，我们对神只有一半的服从。我们希望**选择性**地服从：列出自己喜欢的命令，并顺从遵守；但那些认为不合理、太难、代价太高或过时的，便置之不理。我上教会，却不作什一奉献；我念圣经，却不宽恕得罪我的人。然而，一半服从就是不服从。

全心全意的服从，是带着喜乐和热情的。圣经说："欢欢喜喜地服从祂。"[11]大卫亦以这种态度服从神："主啊，你只要吩咐，我就会做。在我有生之年，我必全心全意服从你。"[12]

雅各教导信徒说："我们是凭着所做的事，而不单是凭着信些什么来讨神喜悦。"[13]神的话语已清楚指出，你不可能赚取救恩。救恩是来自神的恩典，并非凭着你的努力可得。然而，作为神的儿女，你却可以藉着听从天父来讨祂喜悦。听从神，也是敬拜的行动。神为何那么喜欢我们听从祂呢？因为这足以证明你真的爱祂。耶稣说："你们若然爱我，就必遵从我的命令。"[14]

我们常常颂赞和感谢神，祂就会喜悦

获得别人由衷的赞美和欣赏，实在是人生一大乐事。神同样喜欢获得人的赞美和欣赏。我们向祂表达崇敬和感恩时，祂就会喜悦。

挪亚一生为神带来愉悦，因为他常常充满赞美和感恩。挪亚避过洪水以后，首要做的，就是献祭感谢神。圣经说："然后，挪亚为主筑了一座坛……在上面献上燔祭。"[15]

由于耶稣已为我们献上自己为祭，我们今天已无须像挪亚那样向神献祭。取而代之的是，圣经所教导我们的要"以颂赞为祭"[16]和"以感恩为祭"[17]献给神。我们因祂是神而赞美祂，也因祂所作的一切感谢祂。大卫说："我要用诗歌赞美神的名，以感谢来荣耀祂。这会令主喜悦。"[18]

当我们向神献上赞颂和感恩，奇妙的事情会随之发生——我们令神快乐，我们的心也会充满喜乐！

我的妈妈很喜欢做饭给我吃。我与嘉祺结婚以后，每逢回去探望双亲，妈妈总会为我们预备满桌佳肴。她人生的一大乐事，就是看着子女高高兴兴地大嚼她做的菜。我们吃得愈开心，她就会愈高兴。

我们一面享受妈妈所做的菜，同时亦很高兴能令她开心，真是一举两得。我一面大嚼，一面夸赞菜肴的美味和妈妈的厨艺。我不单想享受食物，还想令妈妈开心。家中各人都因而感到开心。

敬拜也同样可以一举两得。我们享受神为我们所作的一切。我们向神表示欣赏，能令祂感到开心，而**我们的**喜乐也因而加增。诗篇说："义人在祂面前欢喜快乐；他们很开心，喜乐欢呼。"[19]

我们运用自己的才干，神就会喜悦

洪水过后，神给挪亚一些简单的指示："你们要繁殖和加增人口，遍满全地……一切有生命和会走动的东西，我都赐给你们作食物。正如我从前赐绿叶植物给你们一样，我现在将一切赐给你们。"[20]

神说："是时候好好过活了！按照我的意思去生活吧！与你的配偶同房，生养孩子，把儿女抚育成人，种植五谷和吃喝饮食吧。这就是我要你做的事情！"

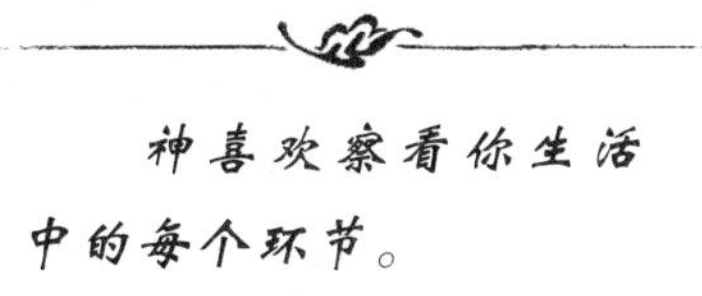

你可能会认为，只有进行**属灵**活动的时候，你才能讨神喜悦——例如念圣经、上教会、祈祷和分享信仰等。你可能认为神并不关注你生活的其余部分。事实上，神喜欢察看你生活中的**每个**环节；不管你是在工作、玩乐、休息还是吃喝，你的任何一个行动，祂都不会忽略。圣经告诉我们："敬虔人的脚步是主所引导的。他们生活中的每个细节，祂都喜悦。"[21]

只要你抱着一种赞美神的心态去做任何事，神都会喜悦——犯罪当然除外。无论是洗碗碟、修理机器、售卖物品、编写计算机程序、种田或养儿育女，都能荣耀神。

正如自豪的父亲一样，神特别喜欢看见你运用祂所赐的天赋和才干。神为了让自己快乐，特意将不同的恩赐分给我们。祂造了一些人，使他们成为运动员，又使另一些人成为善于分析的人。你可能拥有学习机械、数学、音乐的恩赐，或有其他千百种技能。这一切才干都能取悦神。圣经说："祂已轮流塑造各人；如今察看我们所作的一切。"[22]

你若把你的才干收藏起来，或试图模仿别人，都不能够荣耀神或取悦神。惟有你做好你自己，才能为祂带来快乐。有时你也许会厌弃自己的某个部分，那你就是厌弃神的智慧和造你的主权。神说："你无权与你的创造者争辩。你只是一个由陶匠造出来的陶瓶。陶瓶不能说：'你为何把我造成这样？'"[23]

在电影《烈火战车》(Chariots of Fire)中，奥运冠军跑手李德尔(Eric Liddell)说："我相信神是为了一个目的造我，祂并且造就我，使我跑得很快；当我跑步的时候，我感到神正为此而快乐。"他后来又说："放弃跑步可能令祂觉得被轻视。"我们没有**不属灵**的才干，只有误用的才干。运用你的才干来取悦神吧！

神看见你**享受**祂的创造，祂就会喜悦。祂赐你一双眼睛可以欣赏美物，一双耳朵可以听声音，一个鼻子来享受各种气味，赐你味觉来品尝各种美食，赐你触觉来享受每个触摸。只要你怀着感谢神的心，每次的享受就都成为对神的敬拜。圣经说，"神……为了我们的享受，慷慨赐给我们一切。"[24]

神甚至察看你入睡！我记得，当我的孩子还年幼时，我看着他们睡觉的样子，便感到心满意足。有些时候，他们日间不听话并制造麻烦，令人感到很气恼，但他们入睡的时候，我看见他们脸上露出满足、平安和宁静的神情，就立即想到自己是多么深爱着他们。

我的孩子不用做什么来讨我开心。只要看着他们仍然有气息，我就会开心，因为我深深爱着他们。看他们那小小的胸口起伏有致，我就会微笑，有时还会热泪盈眶。当你入睡的时候，神也会以慈爱的眼神凝视你，因为是祂决定把你造出来的。祂爱你，仿佛你是地上唯一的一个人。

父母不会因儿女表现完美，或长大成人之后，才喜欢他们。不论儿女在哪个成长阶段，父母都同样喜爱他们。神同样不会待你长大成熟后，才开始喜欢你。不论你在哪个属灵成长阶段，祂都一样爱你，因你而感到开心。

也许，过去你的父母或师长是难以讨好的，但千万别假定神也是如此对你。祂知道你没有能力做到完美，或完全不犯罪。圣经说："祂当然记得我们是用什么造成的。祂记住我们是尘土。"[25]

神只看你内心：你内心深处是否最想讨祂喜悦？这正是保罗的人生目标："然而，无论家在哪里，我们最大的心愿，就是讨祂的喜悦。"[26]你若是为永恒而活，你的心思就会由"怎样使我一生获得最大的快乐？"变成"怎样用我一生，让神获得最大的快乐？"

神正在寻找21世纪的挪亚——愿意为神的快乐而活的人。圣经说:“主从天上察看世人,要看看有智慧的没有,有想讨神喜悦的没有。”[27]

你愿意把讨神喜悦作为你的人生目标吗？凡毫无保留地以此为人生目标的人,神也将毫无保留地赐福给他。

第9天

思想我的人生目的

思考重点:我信靠神的时候,祂就会喜悦。

背诵经文:“祂喜悦那些敬拜祂和信靠祂慈爱的人。”
诗篇一四七11(CEV)

思考问题:既然神知道什么是最好的,我一生有哪些方面要更信靠祂呢？

10 敬拜的核心

你要将自己献给神……
全人向祂降服，
让祂用你去成就义的目的。
罗马书六13（TEV）

敬拜的核心是**降服**。

降服是个不受欢迎的词汇，被人厌恶的程度跟**顺服**一词差不多。降服意味着失败，当然没有人喜欢做失败者。降服令人联想到一些羞辱的图画，包括在战争中承认落败，在比赛中认输，或是向强敌屈服。这词汇几乎只有负面含义，例如，"匪徒终于向警方降服。"

今天的文化强调竞争，我们自小就接受成人的教导：不可放弃，不可屈服。因此，我们很少听人谈及降服。倘若争胜就是一切，降服就绝对是**难以想象**的。我们宁愿谈论胜利、成功、战胜和征服，也不提屈服、顺服、服从和降服。然而，向神降服却是敬拜的核心。那是对神的爱和怜悯感到惊讶而自然生出的反应。我们向祂降服，并非出于恐惧或责任，而是出于爱，“因为神先爱我们。”[1]

保罗在罗马书用了 11 章的篇幅，来说明神将不可思议的恩典赐给我们，他劝我们要在敬拜中完全向神降服：“既然如此，我的朋友们，因着神给我们的大怜悯……献上自己作为活祭，献身服侍祂和讨祂的喜悦。这真正的敬拜是你们应当献上的。”[2]

你完全将自己献给神，才会有真正的敬拜，才能为神带来喜乐。留意上述经文的开头和结尾都是同一个词汇：**献上**。

向神献上自己，就是敬拜的含义

这自我降服的行动有另外的一些说法，例如分别为圣、以耶稣为主、背起十架、向自己死、顺服圣灵等。但关键在于你要去做，而不在于你怎样称呼这行动。神要得到你整个人，只有 95% 是不足够的。

有三大障碍妨碍我们向神完全降服：**恐惧**、**骄傲**和**混乱**。这都显示我们未能体会神爱我们有多深，我们想操控自己的人生，又误解了降服的含义。

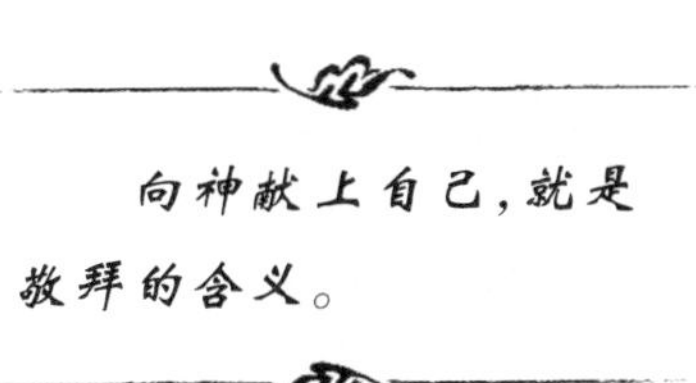

我能够信靠神吗？

信靠是降服的前提。除非你信靠神，否则你不会向祂降服；但除非你深入认识祂，否则你很难信靠祂。**恐惧**妨碍我们去降服，**爱却能把恐惧除去**。你愈体会到神爱你，便愈容易降服。

你如何得知神爱你呢？祂给你很多证据：神说祂爱你；[3] 祂的眼目永不离开你；[4] 祂顾念你生活中的大小事情；[5] 祂使你能享受各种乐趣；[6] 又为你的一生定下美好的计划；[7] 祂赦免你的罪过；[8] 祂满有慈爱，对你恒久忍耐。[9] 神爱你，远超乎你所想象。

神甘愿为你牺牲祂的儿子，显明了祂至高的爱：“当我们还是罪人的时候，基督为我们受死，藉此证明神对我们的爱。”[10]倘若你想知道神何等重视你，你只需看看基督在十架上张开两臂，祂说：“我是如此深爱你！我宁愿死，也不愿意活着却失去你。”

神不是残忍的奴隶主或恶霸，喜欢用凶残手段来强逼你顺服。祂从没想过要破碎我们的意志，反之，祂用爱吸引我们，使我们甘愿将自己献给祂。神给人爱和释放，向祂降服只会带来自由而非束缚。我们完全向耶稣降服，便发现祂是救主而非暴君，是弟兄而非老板，是朋友而非独裁者。

承认我们的有限

第二个妨碍我们降服的障碍是**骄傲**。我们不想承认我们只是受造物，而非万物的主宰。人类所面对的第一个试探正是：“你们便如神……”[11]这种主宰一切的欲望，为我们的生命带来巨大的压力。

人生是一场角力，大多数人却不明白，我们其实像昔日的雅各一样，在与神角力！我们想做神；然而，我们却绝对无法在这场角力中取胜。

陶恕(A. W. Tozer)说：“许多人之所以仍然困扰，仍然寻索，仍然举步维艰，是因为他们还未走到自己的末路。我们仍然想发号施令，仍然想干预神在我们里面的工作。”

我们不是神，也**永远不可能**成为神。我们只是人。我们试图成为神，至终只会变得像撒但，因为他也想成为神。

我们在理智上接受自己是人，情感上却不然。我们面对自己的有限，会有烦躁、生气和忿怒的反应。我们想长得高些(或矮些)、聪明些、强壮些，更多才多艺、更俊美和富有。我们期望万事在握、心想事成，当事与愿违时，我们便感到不高兴。此外，我们若发现神将我们没有的优点赏赐别人，我们就会妒忌、羡慕和自怜。

降服的真义

向神降服,并不是被动的屈从、宿命主义,或闲懒的借口,也不是听天由命。它的意思恰恰相反:你献上生命,又或受苦,为的是作出必要的改变。神经常呼召向祂降服的人为祂争战;因此,这呼召不是对懦夫或逆来顺受的可怜虫发出的。同时,这也并不表示要放弃理性思考。神不会浪费祂为你造的脑袋! 神不要机械人来服侍祂。

降服并不是压抑你的性格。神正要使用你的独特性格。降服不但不会贬损你的性格,反会提升它。刘易斯指出:"我们愈让神掌管我们,就愈能成为真正的自己——因为是祂把我们造出来的。祂创造了各式各样的人,都是你和我想成为的人……惟有当我归向基督,把自己交给祂的那一刻,我才开始拥有我自己的真正人格。"

降服的最佳证据是遵从。无论祂吩咐你做什么,你都说:"是的,主。"你若说:"主啊,不!"就是反抗祂。你若拒绝听从耶稣的吩咐,就不能称祂为主了。西门彻夜打鱼,却全无收获,耶稣吩咐他再下网一试,他便示范了什么叫降服:"先生,我们彻夜劳碌,却毫无收获。但既然你这样说,我便下网吧。"[12]即使神的话难以理解,甘愿降服的人仍愿听从。

降服的另外一个表现是信靠。亚伯拉罕虽然不知道神要领他往**何地**,他还是继续跟从。哈拿不知道**何时**才怀孕,却依然等候神的时刻。马利亚不知道神迹将**如何**发生,却仍充满期待。约瑟不明白事情**为何**会这样发生,但仍信靠神的旨意。他们各人都完全向神降服。

当你凡事倚靠神,而不试图操控别人、强行己见或控制大局以达到目的,你就知道自己已向神降服了。你愿意放手让神作工,无须事无大小都作"指挥"。圣经说:"将自己交给主,耐心等候祂。"[13]你不再加紧努力,反而更信靠祂。你面对别人的批评,却不急于反驳或自辩,便知道自己已向神降服了。良好的人际关系,最能显明降服的心。你若向神降服,就不会经常要人迁就你,不处处讲求自己的权利，不事事只求满足自己。

对许多人来说，人生最难以让神掌管的，莫过于金钱。许多人认为："我愿意为神而活，但也想赚够金钱，让我可舒适过活，在不久的将来可安心退休。"一个降服神的人，不应以退休作为人生目标；若只追求退休，人就不能专心仰望神了。耶稣说："你们不能又事奉神，又事奉玛门。"[14]又说："你的财宝在哪里，你的心也在那里。"[15]

耶稣是自我降服的至高典范。耶稣被钉十架的前一晚，祂愿意降服于神的计划。祂祷告说："父啊，在你凡事都能。求你把这苦杯拿开。然而，我愿意成就你的旨意，而不随己意。"[16]

耶稣不是祷告说："神啊，若你能把这苦难拿开，就求你把它拿开。"祂已确定神有能力做任何事！相反地，祂祈求说："神啊，若你的旨意是要拿开这苦难的话，求你把它拿开。如若这苦难能够成就你的目的，那么，我便愿意它临到。"

全心降服的人会说："父啊，倘若这难题、苦难、疾病或处境，是为要在我或他人身上成就你的目的，使你得着荣耀，那就求你**不要**把它拿开。"这种成熟程度不是容易达到的。对耶稣而言，祂因神的计划而痛苦至极，汗珠如同血点滴在地上。降服确是难事。对我们而言，这是一场激战，是要打倒那自我中心的本性。

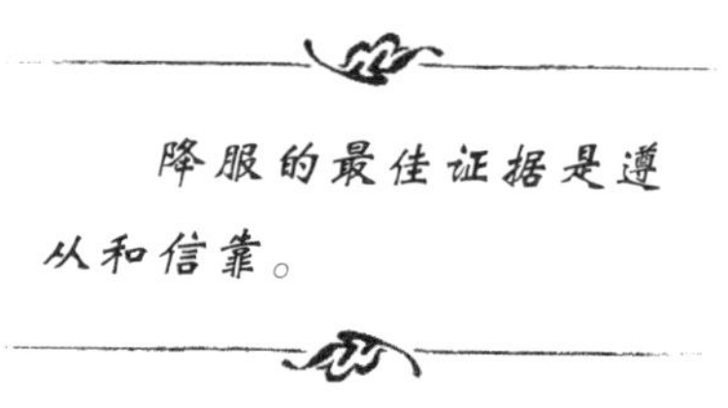

降服带来的祝福

圣经非常清晰地指出，当你全然将生命降服在神手中，你会有何获益。首先，你会有平安："不要与神争拗！你如果与祂相和，至终必得平安，事情也必顺利。"[17]其次，你会有自由："你们要将自己献上，行神的道路，自由必永不离开……（祂的）命令释放你们，使你们在祂的自由中坦然过活！"[18]第三，你会经历到神在你生命中施展大能。你把自己交托给基督,祂就能助你胜过一切难以克服的试探,以及力不能胜的困难。

约书亚在面对人生至大争战的前夕,[19]他遇见了神,便立即跪在祂面前敬拜,完全放下他原来的计划。这降服使他在耶利哥城的争战中大获全胜。胜利来自降服,这看似矛盾,实则必然。降服不会削弱你的能力,反倒使你更强。一旦向神降服,你便一无所惧,也无须屈从于其他事物。救世军的创办人卜威廉(William Booth)说:"一个人的能力有多大,要看他的降服有多彻底。"

神使用向祂降服的人。神拣选马利亚作耶稣的母亲,不是因为她有才干、富有或漂亮,而是因为她完全降服。天使向她报信,说明神那个奇异的计划后,她仍能冷静地回应说:"我是主的仆人,只要是出于祂的心意,我都愿意接受。"[20]将生命降服在神手中的人,他的能力是无可比拟的。"所以,你们要将自己完全交给神。"[21]

最好的生活方式

每个人最终将会降服于某些人或事。你或降服于神,或降服于别人的意见、期望、金钱、忿怒、恐惧、自身的骄傲、欲念或自我。神造你是要你敬拜祂——你若不敬拜祂,便会将生命献给你手所造之物(偶像)。你尽可自由选择向什么降服,却必须承担选择的后果。琼斯(E. Stanley Jones)说:"你若不向基督降服,就是向混乱降服。"

向神降服不是最好,而是**唯一**的生活方式,此外别无他途。其他一切方式都只会带来沮丧、失望和自毁。钦定本英文圣经(King James)把降服称为"你合理的事奉"。[22]另一个译本则翻译为"事奉神最明智的方式"。[23]将生命降服在神手里,并非愚昧的情感冲动,而是你一生所能作出的最合乎理性、最有智慧、最负责任和最明智的事。因此,保罗说:"我们要以讨祂喜悦作为我们的目的。"[24]你向神说"是"的时候,就是你一生中最明智的时刻了。

有时,你要经过多年才发现,妨碍神赐福给你的最大障碍,并不是别人,而是你自己——你那固执的自我、顽强的骄傲,以及个人的抱负。你若专注于自己的计划,就不能成就神在你生命中的目的。

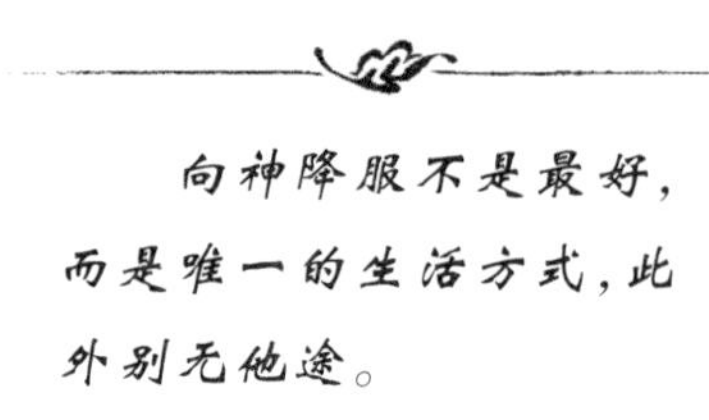

向神降服不是最好,而是唯一的生活方式,此外别无他途。

神若要在你里面带来深刻的改变,祂会由降服开始。因此,你要将一切交给神,包括过去的悔咎、目前的困难、将来的抱负,以及你的恐惧、梦想、软弱、习惯、伤痕和挂虑。让耶稣基督坐在你人生的驾驶座上,你不可双手握着驾驶盘。你无须害怕,凡祂所掌管的,从不失控。让基督作主,你凡事都能处理。你将会像保罗一样:"藉着祂浇灌在我里面的力量,我已准备好作任何事,并胜任作任何事了,那就是说,我在基督的充足里已经自足。"[25]

保罗走在大马士革路上,忽然有一道刺眼强光使他仆倒在地,他便向主降服了。对于其他人,神也许会用一些较温和的方法来引起注意。但无论如何,向神降服绝不仅是单一事件。保罗说:"我是天天冒死。"[26]除了某个降服的时刻,我们还要不断**实践**降服,那是时刻发生和一生之久的实践。"活祭"的最大问题,是它会从祭坛上爬走,因此,你可能需要每天重新献上自己达 50 次之多。你必须使它成为恒常的习惯。耶稣说:"人若要跟从我,就当放下他们想要的东西。他们必须愿意天天放下生命来跟从我。"[27]

让我提醒你:你一旦立志要过完全降服的人生,你的决定便会受到考验。有些时候,这意味着你要做些不合时宜、不受欢迎、代价沉重或似乎是不可能成就的任务。这也意味着你常要做些自己不太喜欢做的事。

20 世纪一位重要的基督徒领袖,是学园传道会的创办人白立德(Bill Bright)。通过该会驻世界各地的同工的推动,《四个属灵定律》单张以及《耶稣传》这部电影(观看人次超逾 40 亿),让全球超过一亿五千万人归向基督,他们将要在天上度过永恒。

我曾问白立德说:“神为何这样大大使用和祝福你?”他说:“我年轻时,曾与神立约。我把立约内容写下来,并在下面签名。立约内容是:‘从今以后,我是耶稣基督的仆人。’”

你曾否与神这样立约,并签上你的名字呢?抑或,你仍然质疑祂是否有权按祂的心意来干预你的人生,为此不断与神争论和角力呢?现在就是你降服的时候了——向神的恩典、慈爱和智慧降服吧!

第 10 天

思想我的人生目的

思考重点:敬拜的核心在于降服。

背诵经文:“全人向祂降服,让祂使用你去成就义的目的。”

罗马书六 13下(TEV)

思考问题:我一生中有哪些部分仍然未交托给神呢?

11 与神成为挚友

当我们还是神的敌人时，
既藉着神儿子的死，
得以与祂化敌为友，
就当然能够藉着祂的生得拯救，
脱离永远的刑罚。

罗马书五10（NLT）

神希望成为你的挚友。

你与神有多种关系：神是你的创造者、主人、审判者、救赎主、天父、救主等。[1] 但最令人震惊的真理却是：全能神渴望成为你的朋友！

在伊甸园里，我们看见神人之间理想的关系：亚当和夏娃与神关系亲密。那里并没有祭祀、仪式或宗教，神与祂所造的人类之间，只有单纯的爱的关系。神人之间没有被罪和恐惧所阻隔。亚当和夏娃喜爱神，神也喜爱他们。

按照神起初的创造计划，我们都要活在神的同在之中；但在人类堕落以后，这种理想的关系失落了。在旧约时代，只有极少数人享有与神为友的特权。摩西和亚伯拉罕被称为“神的朋友”,大卫被称为“合神心意的人”,而约伯、以诺和挪亚则与神成为亲密的朋友。[2]然而,在旧约圣经中更常见的,并不是神人为友,而是人惧怕神。

但耶稣却改变了这个情况。祂在十架上为我们的罪被钉死的时候,圣殿那象征神人分隔的幔子,由上而下裂为两半,显示人可再次直接进到神面前。

我们无须像旧约的祭司,要花上数小时来预备迎见神,我们可以随时来到神面前。圣经说:“如今,我们与神在这奇妙的新关系中得以欢喜快乐,全因着我们的主耶稣基督为我们所成就的事,使我们得以与神为友。”[3]

惟有因着神的恩典,以及耶稣的牺牲,我们才能得以与神为友。“这一切都是神的作为,祂藉着基督使我们由祂的敌人变成了祂的朋友。”[4] 一首古老的诗歌说:“耶稣是我何等良友”;但事实上,神邀请我们与三位一体的祂做朋友,就是圣父、[5] 圣子[6] 和圣灵。[7]

耶稣说:“我不再称你们为仆人,因为仆人不知道主人的事。我反要称你们为朋友,因为我从父那里所知的一切,都已经告诉你们了。”[8] 在这节经文中,**朋友**这词汇不是指普通朋友,而是指亲密可信的朋友。这词汇可同时用来指婚礼的伴郎,[9] 以及王身边少数可信的密友。在宫廷中,仆人必须与王保持距离,但王的密友却可与他亲密接触,直接进到他面前,得悉密事要闻。

神竟然希望我们成为祂的密友,这实在是令人难以理解的;但圣经说:“对于祂与你的关系,神是非常热切投入的。”[10]

神极其渴望我们深入认识祂。事实上,祂设计整个宇宙、掌管历史的进程,包括我们的生活细节,都是为了使我们成为祂的朋友。圣经说:“祂造了全人类,并造了大地给他们居住,让他们有充足的时间和空间去生活,以致他们能寻求神,并非只在黑暗中摸索,却能真正找到祂。”[11]

能够认识神和爱神,是我们最大的特权;而人能认识祂和爱祂,就是神最大的喜乐。神说:“若有人要夸口,就必须夸口他们认识和明白我……这是令我喜悦的事。”[12]

能够认识神和爱神,是我们最大的特权;而人能认识祂和爱祂,就是神最大的喜乐。

一位无所不能、肉眼看不见的全能神,怎能跟有限和有罪的人成为密友呢?这实在令人难以想象。主人和仆人、造物主与受造物,甚或天父与儿女的关系,都较容易令人明白。但神希望我们做祂的朋友,究竟这是什么意思呢?藉着探究圣经中几位与神关系亲密的人物,我们认识到与神为友的六个秘诀。我们先在本章探究其中两个秘诀,其余的留待下章再谈。

成为神的挚友

藉着时常交谈

假如你只是每周上教会一次,甚或每天灵修一次,都不可能与神建立亲密的关系。你要愿意与神分享生活上的**一切**经验,这样才能与神为友。

建立天天灵修的习惯固然重要,[13]可是,祂期望与你相交,不仅在这固定的约会时间。祂期望参与你的每项活动、每次谈话、每个困难,甚或每个思想。你无须闭起双眼,也可以整天跟祂没完没了地谈话,与祂谈论你此刻所做或所想的事情。“不住地祷告”[14]的意思,便是当你在购物、驾车、工作,甚至在做日常琐事的时候,都与神不停地谈话。

信徒常有一个误解,就是以为“与神相交”必然是指与祂**独处**的时刻。当然,耶稣已为我们立下榜样,你必须拨出时间与神独处;然而,那段时间只是你一天的部分时间而已。倘若你做**任何事情**

都请神参与其中,并常常意识到祂的同在,那么,你便可随时随地“与神相交”了。

《与神同在》(Practicing the Presence of God)是一本教导我们如何与神经常交谈的经典著作,作者是17世纪的劳伦斯弟兄(Brother Lawrence)。他是法国一间修道院的厨子,为人十分谦卑。他可以将最平凡和卑微的工作,例如做饭和洗碗,化成赞美神和与神相交的行动。他说,与神为友的秘诀,不在于改变你所做的,而在于改变你做事的心态。你平日为自己做的事,无论是吃饭、洗澡、工作、休息或丢垃圾,如今也要看成是为神而做。

今天,我们总以为必须远离日常的琐事,才能敬拜神;我们之所以有这种心态,是因为我们还没有学会操练时刻与神同在。劳伦斯弟兄却体会到,他很容易在日常的工作中敬拜神,而无须刻意休憩,参加一些属灵的退修。

这正是神的理想。在伊甸园里,敬拜不是参加聚会,而是一种恒常的心态;亚当和夏娃时刻与神相交。神既然时刻与你同在,你此刻所在之处,就是最接近神的地方。圣经说:“祂掌管万有,无处不在,又在万有之中。”[15]

倘若你做任何事情都请神参与其中,并常常意识到祂的同在,那你便可随时随地“与神相交”。

劳伦斯弟兄另一个对我们有帮助的观念,就是在一天之中,**不断**用简短的谈话式祷文来祈祷,而不是献上冗长而复杂的祷文。为了保持专注和对抗游离思想,他说:“我不建议你长篇大论地祷告,因为这会令你的思想容易出现游离。”[16]在这缺乏专注力的年代,这个450年前提出的建议,教人祷告要精简,似乎来得特别适切。

圣经教导我们要“时刻祷告”。[17]我们怎可能做得到呢?其中一个方法是整天都进行“呼吸祷告”(Breath Prayers),正如过往多个世纪的基督徒所做的。你可以选择一句简单的话，在呼吸之间向耶稣祷告，例如“你与我同在”，“赐恩给我”，“我倚靠你”，“我渴慕你”，“我属于你”，“赐我信心”。你也可以用一些简短的圣经金句，例如“我活着就是基督”，“你永不离弃我”，“你是我神”。你可以随时这样祷告，让信息深藏在你心中。最重要的是，要确保你的动机是荣耀神，而不是操控神。

操练与神同在是一种技巧和习惯，是你可以建立的。正如音乐家天天练习，为求能轻松地奏出美妙的音乐一样，你也要让自己在一天之中多思想神。你要训练自己在思想上时刻记念神。

开始时，你要经常刻意提醒自己，让自己意识到神此刻正与你同在。你可以在你周围放置一些醒目的提醒，例如张贴一些写上“神此刻正与我同在！”的便条。本笃会（Benedictine）的修士利用时钟每小时的鸣报，来提醒他们停下手头的工作，做“每小时的祷告”。你同样可以利用腕表或手机的响闹装置来提醒自己。有时你会感受到神的同在，有时却不然。

如果你想藉着这一切，寻求一种与神同在的**经验**，你便找错重点了。我们赞美神，不是为换来一些美好的感觉，而是为要做正确的事。你的目标不在于找到一份感觉，而在于恒常意识到神与你同在这个**事实**。这就是敬拜的人生。

藉着不断默想

第二个与神建立友谊的方法，就是整天思想神的话，我们称之为“默想”；圣经一再劝勉我们要默想神是谁，祂做过什么事，说过什么话。[18]

不认识神的话语，根本不可能与祂为友。除非你认识祂，你才能爱祂；除非你认识祂的话，否则你便不能认识祂。圣经说，神“藉着祂的话语向撒母耳启示自己”。[19]神今天依然采用这个方法。

你虽然不可能花整天的时间研读圣经，却可以整天思想神的话，重温你当天念过或背诵过的经文，并在脑海中不断地反复思想。

人们经常把默想误解为一些高深、神秘的礼仪，只有离群独居的修士和追求神秘经验的人才会奉行。其实默想只是专注思想，是任何人都可以学会，也可以随时运用的技巧。

当你在脑海中反复思想某个困难，就叫做忧虑。当你反复思想神的话，就叫做默想。假如你晓得怎样忧虑，就一定懂得怎样默想！你只要把心思从难处转移到神的话语就行了。你愈多默想神的话，就愈少忧虑。

神把约伯和大卫视为好友，因为他们重视神的话语胜过一切。他们整天不断思想神的话语。约伯坦言："我珍爱你口中的话语，胜过我每天的食粮。"[20]大卫说："噢，我何等爱你的律法！我日夜不停地默想它。"[21]"它们常在我的脑海中。我不能停止思想它们。"[22]

朋友之间会分享秘密。倘若你能培养时刻思想神话语的习惯，神也会与你分享祂的秘密。神向亚伯拉罕讲出祂的秘密，对但以理、保罗、各门徒和其他朋友也是这样。[23]

当你念完圣经、听完证道或证道录音带，不要转身离去便忘了。要培养那重温真理的习惯，不断反复思考。你愈多花时间思考神的话语，便愈明白今生的"奥秘"，那是很多人所不知道的。圣经说："神只会与敬畏祂的人为友；祂只会跟他们分享祂应许的奥秘。"[24]

我们下一章会继续探究其余四个与神为友的秘诀。不过，你无须等到明天，今天便可立即操练经常与神交谈，不断默想神的话语。祷告是你对神说话；默想是让神向你说话。要成为神的朋友，两者皆不可少。

第 11 天

思想我的人生目的

思考重点:神希望成为我的挚友。

背诵经文:"神只会与敬畏祂的人为友。"

诗篇二十五14上(LB)

思考问题:我可以怎样提醒自己,在一天中多思想神、与祂多谈话呢?

12 与神建立深厚的友谊

祂向敬虔的人伸出友谊的手。

箴言三32（NLT）

你亲近神，神就必亲近你。

雅各书四8上（NLT）

你选择与神有多亲近，就可以有多亲近。

你与神的关系，就如其他友谊一样，必须由你主动建立。这种关系不会突然发生。你要有渴望的心，愿意投入时间和精神。你如果想与神建立更深厚、更亲密的关系，就要学习与祂坦诚分享你的感受，凭着信心遵祂而行，学习关心祂所看重的事，并渴求祂的友谊，远胜于一切。

我必须定意坦诚面对神

与神建立更深厚关系的第一个重要基石，就是要对神绝对地坦诚——不隐藏你的过错或感受。神不期望你是完美的人，却要你向祂绝对坦诚。我们在圣经中看到，神的朋友没有一个是完美的。倘若完美是与神做朋友的先决条件，那我们将永远不能做祂的朋友了。幸好，因着神的恩典，耶稣始终是“罪人的朋友”。[1]

我们从圣经中看到，神的朋友都愿意向神坦诚说出自己的感受，他们还经常向他们的创造主抱怨、质疑、申诉和争辩。然而，神却似乎没有感到不满，反而鼓励他们这样做。

神告诉亚伯拉罕，祂决定要毁灭所多玛城，却仍容让亚伯拉罕质疑和反对祂的决定。亚伯拉罕一直缠着神，要祂开出赦免那城的条件，经过一轮讨价还价之后，他把神最初提出的 50 个义人减至 10 人。

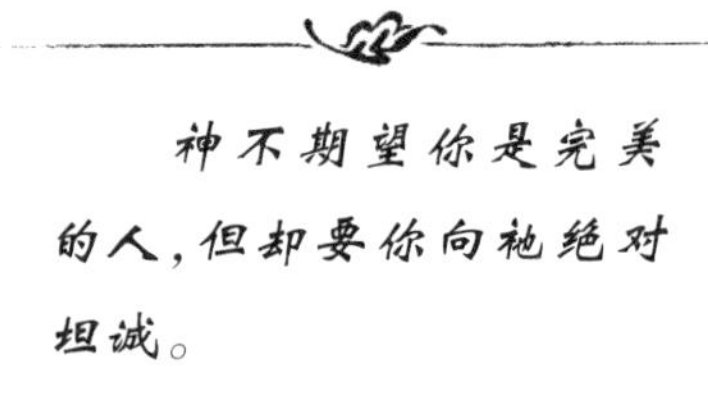

神也耐心聆听大卫多番抱怨祂不公平、出卖他和离弃他。耶利米声言神欺骗了他，神也没有击杀他。神容让约伯在受尽煎熬的时候，宣泄他的怨忿不平；神最后还亲自为约伯的诚实申辩，斥责约伯的朋友不真诚。神对他们说：“你们不管是对我的态度，或是论及我的说话，都不及我的朋友约伯那般诚实……我的朋友约伯现在要为你们祷告，我必接纳他的祈祷。”[2]

还有一个令人惊讶的例子，显示神人之间可以有极其坦诚的相交。[3] 神向摩西直言，祂已极为厌恶以色列人对祂的悖逆。祂告诉摩西，祂会信守承诺，把他们带入应许地，却不会继续在旷野中与他们同行！神已经受够了，神将祂的感受直接告诉摩西。

摩西以“朋友”身份向神说话，也是同样的坦诚，他说：“看，你叫我带领这百姓，却没有让我知道你要差派谁与我同去……如果我在你眼中真是那么独特，就让我参与在你的计划中吧……不要忘记，这是你的百姓、你的责任……如果你不再带领他们，不如就在这里叫他们解散好了！我怎么知道你在这旷野之中与我和你的百姓同在呢？你是否跟我们一同上路？”神对摩西说：“好吧，就如你所说的，这也是我要做的事，因为我熟悉你，你在我眼中是独特的。”[4]

你若向神这样坦率地说话，神能够接受吗？绝对可以！真诚的友谊以坦诚相向作为基础。看似**大胆**的说话，神却看为**真诚**。神爱听朋友真情流露的说话，却厌倦陈腔滥调的宗教术语。你要成为神的朋友，就得向神坦诚，与祂分享你真实的感受，而不是说些你认为“正确”的感受或话语。

你可能需要向神坦白承认，你生命中某些经历令你有被骗或失望的感觉，以致你内心潜藏对神的不满和怨忿。除非我们有足够的成熟程度，能明白到神会使用一切事情，使我们得着益处，否则，我们心中可能会因着自己的外貌、成长背景、祷告未蒙应允、过去的伤痕，或某些我们想改变的事情，而对神感到不满，却一直将这些隐藏在心里。人们经常会把别人所造成的伤害归咎于神。这就造成伯克斯（William Backus）所说的“你与神之间隐藏的裂痕”。

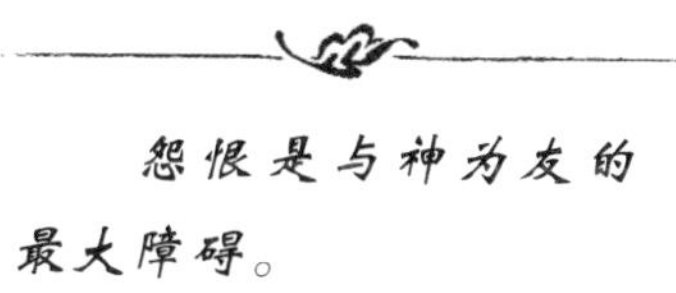

怨恨是与神为友的最大障碍。

怨恨是与神为友的最大障碍。我们会想：神竟然容让**这事**发生，我为何还要跟祂做朋友？化解的方法，当然是要明白神所做的一切，往往是为了你的好处——即使你当时很痛苦，感到不明白。然而，宣泄你的忿怒和剖白你的感受，却是得着医治的第一步。你可以像许多圣经人物一样，直接向神说出你的感受。[5]

神为了教导我们对祂坦诚，特别将诗篇赐给我们。诗篇是一部敬拜手册，其中充满忿怒的申诉、愤慨的陈词、疑问、恐惧、怨忿，以及许多由衷的感恩、颂赞和信心宣言。诗篇几乎涵盖了所有情感。当你念到大卫和其他诗人向神坦露的情感，便明白到神期望你怎样敬拜祂——不向祂隐藏任何感受。你可以像大卫一样祷告说：“我在祂面前倾吐我的苦情,在祂面前陈述我一切的困苦,因我已受不了。”[6]

即使是神最亲密的朋友,如摩西、大卫、亚伯拉罕、约伯等,也都曾充满疑惑;明白了这点,的确使我们感到安慰。然而,他们不但没有用陈腔滥调掩饰他们的疑惑,反倒愿意坦诚和率直地公开向神表白。有些时候,向神剖白疑惑,正是与神关系进深的第一步。

我必须定意凭信遵从神

每次你信靠神的智慧、遵祂的旨意而行的时候,即使你当时不明白为何要这样做,但你与神的关系必因此而进深。通常,我们甚少视顺服为友谊的一种特质,而认为顺服只适用于对父母、老板或上司,朋友之间并无这个需要。然而,耶稣却清楚地指出,顺服是与神建立亲密关系的必要条件。祂说:“你们若然遵守我的命令,就是我的朋友了。”[7]

在上一章,我曾指出耶稣称我们为“朋友”的这个词汇,可以解作“王的朋友”。王的宫中密友虽有某些特权,却仍臣服于王,听王的命令。我们虽然是神的朋友,与祂的关系却不是平等的。祂是我们所爱的领袖,我们要跟从祂。

我们不是基于责任、恐惧,又或被逼顺服神;而是因为我们爱祂,相信祂知道什么对我们是最好的而顺服祂。我们感激基督为我们所做的一切,渴望跟从祂。我们愈紧紧跟随祂,双方的友谊就愈深。

非信徒往往认为,基督徒是基于责任、罪咎,或恐惧惩罚而顺服神,但事实却刚好相反。神已赦免我们的罪,为我们解除罪的束缚,我们因着爱而顺服神——这顺服又为我们带来极大的喜乐!耶稣说:“父怎样爱我,我就怎样爱你们。你们要常在我的爱里。你们顺服我,就可以常在我的爱里,正如我顺服父,就常在祂的爱里一样。我将这些话告诉你们,是要你们充满我的喜乐。是的,你们的喜乐要满溢!”[8]

请留意,耶稣期望我们做的,就只是祂对父所做的事。祂与父的关系,就是我们与祂建立关系的楷模。基于爱,耶稣愿意凡事听从父的吩咐。

真正的友谊绝不是被动的,它会激发正面的行动。当我们听到耶稣吩咐我们要爱人、帮助那些有需要的人、与人分享我们的资源、过圣洁生活、宽恕人,以及带领人归向祂的时候,爱便激励我们立即遵从。

许多人鼓励我们要为神做"大事";但事实上,神更喜欢我们因着爱,顺服地为祂做"小事"。别人也许不曾留意你所做的那些小事,神却看见,还视之为敬拜的行动。

做大事的机会,可能一生只有一次;但我们每天都有很多做小事的良机。譬如说实话、友善待人,或鼓励他人等小事,也会讨神喜悦。神看重这些简单的顺服行动,胜于祷告、赞美和奉献。圣经告诉我们:"什么最能讨主喜悦?是献上燔祭和祭牲,抑或听从祂的话语呢?听命胜于献祭。"[9]

耶稣30岁开始公开传道。在传道前,由施洗约翰为祂施洗。受洗时,神从天上说话:"这是我的爱子,我对祂完全满意。"[10]在过去的30年,耶稣做过什么?祂为什么那样讨神喜悦?圣经没有记述这些年间所发生的事,只是在路加福音二章51节交待了一句:"祂与他们一同回到拿撒勒生活,凡事听从他们。"(Msg)耶稣30年来讨神喜悦的生活,可以简单地用四个字来概括:**凡事听从!**

我必须定意看重神所看重的

这正是朋友之间会做的事——关心对方所看重的。你与神的友谊愈是亲密,你就愈会关注祂所关心的事,令神难过的事也会令你难过,令神快乐的事也会令你开心。

保罗是这方面的好榜样。他关心神所关心的事,热衷神所热衷的事:"令我深感苦恼的是,我竟然如此关顾你们——这是神的激情在我里面燃烧!"[11]大卫亦有同感:"我为着你的殿,心中燃烧着激情;

你与神的友谊愈是亲密，你就愈会关注祂所关心的事。

因此那些侮辱你的人，也就是侮辱我。”[12]

神最关心什么？就是要救赎祂的子民。祂渴望寻回所有走迷的儿女！耶稣正是为此而降生。神看为最宝贵的事，是祂儿子的死。其次是祂的儿女与人分享这件事。你要成为神的朋友，就必须关心身边的每个人，他们都是神所关心的。神的朋友会介绍自己的朋友认识神。

我必须渴望与神为友高于一切

诗篇充分流露了诗人这种渴慕之情。大卫切慕认识神，高于一切。他使用了渴慕、思慕、渴求和渴想这些字眼。他深深渴慕神。他说：“我最想求得的，就是能够有幸在祂的殿中默想，在祂的面前度过每一天，在祂那无可比拟的完全和荣耀中欢喜快乐。”[13]他的另一首诗篇说：“我看重你的爱有甚于生命。”[14]

雅各恳切渴求得到神的祝福，以致彻夜在地上与神角力，直言：“除非你祝福我，否则我不会放你走。”[15]这故事最令人讶异之处，是全能神竟然让雅各在角力中得胜！我们与神“角力”，祂不会有被冒犯的感觉；因为在角力之间，我们与神有“个人”接触，使我们更靠近神！而且角力必须全情投入；神就是喜欢我们对祂全情投入。

保罗是另一个渴慕与神做朋友的人。这是他人生中的头号大事、焦点所在和唯一目的；没有任何事情比这更重要，所以神才会这样重用保罗。以下的圣经译本充分显示了保罗的激情：“我定意要认识祂——更深和更亲密地认识祂，并且更强烈和更清晰地感知、认识和明白祂位格的奥妙。”[16]

事实上，你选择与神有多亲近，就可以与祂有多亲近。能否与神建立亲密的友谊，在于**你的选择**，这不是突然发生的。你必须刻意寻求这关系。然而,你是否真的渴想与神为友,并将这看得高于一切呢?这对你有什么价值?是否值得你为此放弃其他东西呢?是否值得你努力建立某些习惯和技巧,以致能培养这关系?

也许,你曾经对神有过这种激情,但现在却已失去。以弗所教会的信徒就曾面对这样的问题——失掉起初对神的爱。他们做了一切当做的事,但只是基于责任,而不是出于对神的爱。倘若你只是机械式地过你的属灵生活,那么,神容让你的人生出现痛苦时,你就无须感到惊讶了。

痛苦是产生激情的燃料——它激发我们的情感,使我们感到极需要改变,这种力量是我们本身所欠缺的。刘易斯说:"痛苦是神的扬声器。"神藉着它,把我们从属灵的困迷中唤醒。你的困难不是惩罚,慈爱的神藉此唤醒你。神没有生你的气,祂热爱你,竭力使你回转,再次与祂欢聚相交。不过,有一个更容易的方法可以重燃你对神的激情,就是立即求祂赐你这份激情,要不断祈求,直至得着为止。你可以不停地默默祷告说:"亲爱的耶稣,我渴望更亲密地认识你,胜过别的一切。"神曾对被掳到巴比伦的以色列人说:"你们若认真寻求我,且渴望寻见我有甚于其他一切,我就会确保不令你们失望。"[17]

你一生中最重要的关系

世上没有任何事物,比与神建立友谊更重要。这是延续至永远的关系。保罗对提摩太说:"这些人当中,有的错失了人生中最重要的事——他们竟然不认识神。"[18]你是否错失了人生中最重要的事呢?你现在可以立即补救。请谨记,这是你的选择。你愿意与神有多亲近，就可以有多亲近。

第 12 天

思想我的人生目的

思考重点：我选择与神有多亲近，就可以有多亲近。

背诵经文："你亲近神，神就必亲近你。"

雅各书四 8上(NLT)

思考问题：今天我要作出哪些实际的抉择，以致能更亲近神？

13

讨神喜悦的敬拜

你要尽心、尽性、尽意、尽力
爱主你的神。
马可福音十二30（NIV）

神要你全然投入。

神不只要你生命中的一部分，祂要你的全心、全情、全意和全力。神不喜欢有限的委身和顺从，不愿你只摆上剩余的时间和金钱。祂渴望你全人奉献，而不只是献上生命中的一部分。

有一位撒玛利亚妇人与耶稣谈论什么是敬拜的最佳时间、地点和形式。耶稣的回答显示，这些外在因素与真正的敬拜是无关宏旨的。你在哪里敬拜并不重要，重要的是你**为什么**要敬拜，以及当你敬拜的时候，你愿意将自己**献上**多少。不过，敬拜的方式确实有对错之分。圣经说："我们应当感恩，并用神所喜悦的方式来敬拜祂。"[1]讨神喜悦的敬拜有四种特征：

我们敬拜的态度正确，神就喜悦

人们经常说："我喜欢把神想象为……"接着，便分享他们喜欢敬拜怎样的神。可是，我们不应为神创造出一个令自己觉得舒适、又讨众人喜欢的形象来敬拜，因为那只是一个偶像而已。

我们必须依据圣经的真理，而不是自己对神的见解来敬拜神。耶稣对撒玛利亚妇人说："真正敬拜父的人，要以灵和真理拜祂，父正要这样的人来拜祂。"[2]"以真理敬拜"，就是按照圣经所启示的那位神来敬拜祂。

我们真诚敬拜，神就喜悦

耶稣说，你们必须"以灵敬拜"，祂所指的"灵"并非圣灵，而是你的心灵。你是按照神的形象造成的，所以你身体里面有一个灵；神的心意是要你以灵与祂相交。敬拜就是以你的灵回应神的灵。

耶稣说："要尽心、尽性爱你的神。"意思是说你必须真诚和由衷地敬拜。敬拜不仅是说出一些正确的话；敬拜必须心口如一。不真心的颂赞，根本不是颂赞！它是毫无意义的，甚至是对神的侮辱。

我们敬拜的时候，神会察看我们隐藏在说话背后的心态。圣经说："人看别人的外表，但主却看人的内心。"[3]

由于敬拜涉及在神里面欢喜快乐，所以必须有情感的投入。神赐你情感，让你可以全情投入地敬拜——不过，你必须发乎真情，而不是矫情伪饰。神憎恶虚伪。祂不喜欢人用敬拜来炫耀自己的虔诚，也不喜悦矫情伪饰的敬拜。祂所要的，是你出于真心的爱。我们的敬拜可以不完美，却不可以**不真诚**。

当然，单有真诚是不够的；因为你可能真诚却犯错。因此，心灵和真理必须两者兼备，才能保证敬拜是正确而真诚的。讨神喜悦的敬拜，必然充满真情而又教义正确。我们必须心脑并用。

今天，许多人把音乐的触动与圣灵的感动混为一谈，但两者是截然不同的。真正的敬拜，是指你的心灵回应神，而不是指响应某些音乐节拍。事实上，某些太牵动情感和引发自省的诗歌，反而会妨碍敬拜，因为这些歌使你专注于自己的感受，而不能再专注于神。因此，最能使你敬拜时分心的，正是你自己——你所关注的事，以及你担心别人对你的看法。

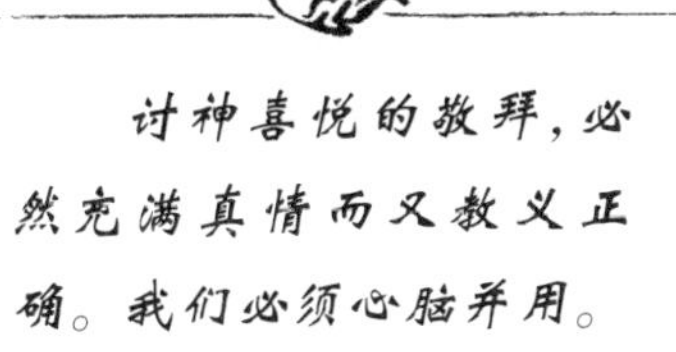

对于用哪种方式颂赞神才最合宜或最真诚，基督徒往往有很多不同的见解；然而，这些争论的背后，通常只能反映个人喜好和背景的差异。圣经提及多种颂赞的形式，包括认罪、唱歌、大声赞美、肃立、跪拜、跳舞、欢呼、见证、弹奏乐器和举手。[4] 其实，你按照神给你的背景和个性，真诚地向神表达你的爱，就是最好的敬拜方式。

我的朋友托马斯（Gary Thomas）留意到，许多基督徒与神之间并没有一种生气勃勃的友谊，他们似乎在死守一套既定的敬拜模式，敬拜变成了不能满足心灵的例行公事。归根究底，是因为他们强逼自己接受某套灵修方法或敬拜模式，这与神造他们的独特个性不符。

托马斯不禁思忖：如果神刻意把我们造成不同的人，我们又为何期望各人都以同样的方式爱神呢？他遍读基督教的经典著作，并与一些成熟的信徒倾谈，终于发现过去两千年来，基督徒曾以多种不同的方式，享受神人之间的亲密关系，包括到户外去、潜心研究、唱歌、阅读、跳舞、创作艺术、服侍他人、静修独处、聚会团契以及参与各项活动等。

他的著作《成圣之路》（Sacred Pathways）指出，人有九种亲近神的方式：**自然主义者**每逢走到户外的自然环境中，就能激发对神的爱；**感觉敏锐的人**喜欢用感官去爱神，他们深深欣赏那些除听觉以外，还能以视觉、味觉、嗅觉和触觉同时参与的敬拜方式；**传统人士**藉着礼仪、礼拜程序、象征标记以及固定的模式来亲近神；**苦修的人**宁愿离群独处，在简朴生活中爱神；**社会行动者**藉着对抗罪恶、争取公义、致力改善社会现状来爱神；**乐于关怀的人**藉着爱护人和满足人的需要来爱神；**热诚的人**以欢庆来爱神；**爱好默想的人**在崇敬中爱神；**知识分子**藉着钻研学问来爱神。[5]

没有一种敬拜模式，或与神为友的方式，是适合每一个人的。但有一件事是可以肯定的：你若试图改变自己成为另一个人，就一定不能够荣耀神。神希望你做你自己。“父正在寻找这样的人：那些来到祂面前敬拜，能够单纯和坦诚地做自己的人。”[6]

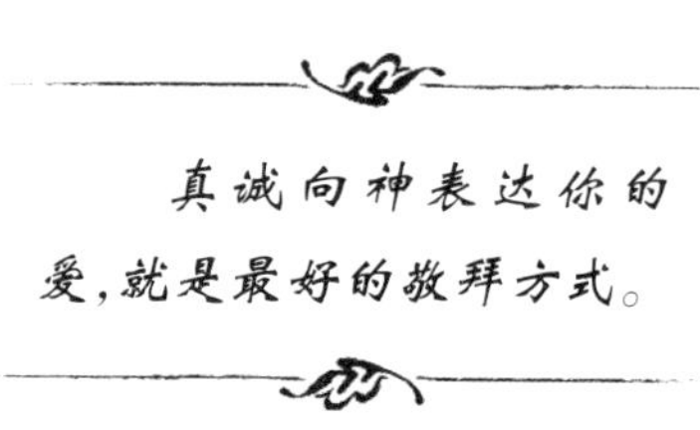

我们的敬拜是经过思考的，神就喜悦

耶稣吩咐我们要“尽性地爱神”，这命令在新约重复了四次。神不喜欢徒具形式的唱诗、泛泛空言的祷告，或因突然想不到要说什么，便随意呼叫“赞美主”。敬拜若是不经思考，根本是毫无意义的。敬拜必须有思想的投入。

耶稣把不经思考的敬拜称为“枉然的重复”。[7] 即使是圣经的词汇，我们若是滥用，也会变成令人厌倦的陈腔滥调，令我们不再思考它的含义。在敬拜中复述一些陈腔滥调，当然比试用一些新词和新方式来荣耀神要容易得多。我鼓励你用不同的圣经翻译本和意译本，这可扩充你的敬拜用语。

在你称颂神的时候，请尝试不要用“赞美主”、“哈利路亚”、“感谢主”或“阿们”这些词汇，而使用其他字词。与其说“我们一心赞美你”，不如改用其他较有新鲜感的同义词，例如**钦佩**、**景仰**、**高举**、**敬**

畏、**尊崇**、**欣赏**等。

此外，敬拜还要来得**具体**。假如有人对你重复说十次“我赞赏你！”，你定然想到“他为什么要赞赏我？”，你宁愿听两句有实质内容的称赞，胜过听十句莫名其妙的赞赏。神也是一样。

我还有一个提议。神有许多不同的名字，你可以把它们列出来，集中思想其含义。神的名字不是随意定出来的，这些名字揭示了神不同的属性。在旧约圣经，我们看到神向以色列民介绍祂不同的名字，藉此向他们启示祂自己；神更命令我们要称赞祂的名。[8]

神同样期望我们的集体敬拜要经过思考。保罗用了哥林多前书十四章整章的篇幅来谈论此事，他的结论是：“所有事情都要用合适和有秩序的方式去做。”[9]

关于敬拜聚会的安排，神要求我们让在场参与的非信徒明白其中的意义。保罗说：“假设有些陌生人来参与你的敬拜聚会，听见你用灵来赞美神。倘若他们不明白你的意思，他们如何晓得说‘阿们’呢？你可以用一种美妙的方式来敬拜神，但其他人却不能有所得益。”[10]在敬拜聚会中，要留意非信徒的需要，这是圣经给我们的命令。漠视这个命令，我们就是背逆神和没有爱心。在《直奔标竿——成为目标导向的教会》（The Purpose-Driven Church）“敬拜能成为见证”那一章里面，我对此作了详细的解说。

我们以实际行动来敬拜，神就喜悦

圣经说：“将你的身体献上当作活祭，是圣洁的，是神所喜悦的——这是你们属灵的敬拜行动。”[11]神为何要你献上身体呢？祂为何不说“将你的心灵献上”？因为没有身体，地上的你便什么事情也做不成。你进入永恒的时候，会有一个全新、更美、更好的身体；但此刻你还在地上，神要对你说：“将你的所有献上！”祂只想我们以实际行动来敬拜。

你也许听过有人说：“我今晚不能参与聚会，但我的灵会与你们在一起。”你明白这话的含义吗？这是毫无意义的废话！只要你仍然活在世上，你的灵就只能随着你的身体。你的身体不在那里，你当然也不在那里了。

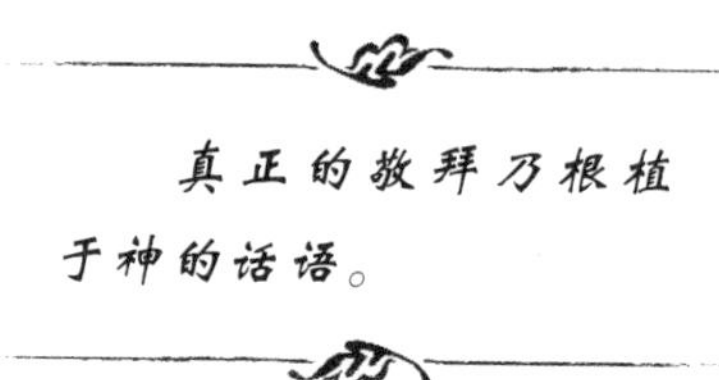

真正的敬拜乃根植于神的话语。

我们敬拜，是“将身体献上当作活祭”。当我们想到“祭物”的时候，通常会联想到已死的祭牲；但神却要你成为活祭。祂期望你为祂而**活**！活祭的最大问题，是它会从祭坛爬走——这正是我们经常出现的问题。我们在主日高唱“基督精兵前进”，星期一却做了擅离职守的逃兵。

在旧约时代，神喜悦各种敬拜的献祭，因为它们都预表了基督为我们牺牲在十架上。如今，神同样喜悦各种敬拜的祭，包括感恩、颂赞、谦卑、悔改、金钱奉献、祷告、服侍，以及帮助有需要的人。[12]

真正的敬拜需要我们付出代价。大卫深明这点，他说道：“我不会将不用付代价的祭物献给主我的神。”[13]

敬拜要付出的其中一个代价，就是要除去我们的“自我中心”。你不能高举神，同时又高举自己；不能刻意让人看见你敬拜，或藉着敬拜来取悦自己。你要立志把注意力转移，不再放在自己身上。

耶稣说：“你要尽力爱神”，意思是敬拜要求我们付出努力和精力。我们不总是可以轻轻松松、舒舒服服地敬拜，有些时候，敬拜完全是出于意志的行动——献上心甘乐意的祭。“被动的敬拜”是自相矛盾的。

当你不想赞美却仍开口颂赞，当你困倦却仍起床敬拜，当你很疲累却仍帮助人，就是向神献上敬拜的祭。这是神所喜悦的。

瑞德曼(Matt Redman)在英国是负责主领诗歌敬拜的，他曾分享他的牧者如何教导会友明白敬拜的真义。这位牧者为了说明敬拜并不限于音乐，特别规定在某段期间，会友不得在崇拜中唱诗，而要以其他方式敬拜神。这段时期结束时，瑞德曼便写完了一首经典的诗歌《敬拜的心》(Heart of Worship)：

我为你带来的不仅是一首歌，
因为歌不是你所要的。
你不看事物的表面，
反而寻索更深的内里，
你正在察看我的内心。[14]

敬拜的核心，是在于我们的心。

第13天

思想我的人生目的

思考重点：神要我全然投入。

背诵经文："你要尽心、尽性、尽意、尽力爱主你的神。"
马可福音十二30(NIV)

思考问题：我的个人敬拜，和现时所参与的集体敬拜，哪样最能讨神喜悦呢？我有什么可改善之处？

14 当神似乎遥不可及

主已在祂百姓面前隐藏起来，
但我信靠祂、仰望祂。
以赛亚书八17（TEV）

不论你的感觉如何，神仍是**真实**的。

当神让你衣食无忧，还有朋友、家人、健康，以及人生各种快乐的时候，在这样平顺的日子中敬拜神是很容易的。然而，人生总有逆境，那时你又会怎样敬拜神呢？当神似乎遥不可及的时候，你会怎样做呢？

最深刻的敬拜，是在痛苦中仍然颂赞神，经历试炼仍然感谢祂，被试验仍然信靠祂，身处苦难仍然顺服祂，在神似乎遥不可及的时候，仍然爱祂。

友情经常要面对分离和沉默的考验；双方或因地理关系，不能一起倾谈。神虽然是你的朋友，但你也不会时常都感觉与祂很亲近。杨腓力（Philip Yancey）的话一语中的："任何关系都会有亲密或疏离的时刻。人神关系不管如何亲密，也会像钟摆一样，从这一端摆到另一端。"[1] 在那一刻，你会很难去敬拜。

为了要使你的友谊渐趋成熟，神会试验你，有时仿佛离开你——在那些时刻，你会感觉神似乎已离弃或忘掉你。你感到神就像在千里之外。十架圣约翰（St. John of the Cross）把这些灵命干涸、充满疑惑、离神很远的日子，称之为"心灵的黑夜"；卢云（Henri Nouwen）称之为"缺席的牧养"；陶恕（A. W. Tozer）称之为"黑夜的职事"；另一些人则称之为"心灵的寒冬"。

除了耶稣之外，大卫要算是神最亲密的朋友了。神满意地称他是"*合祂心意的人*"。[2] 然而，大卫却经常抱怨神不与他同在："*主啊，你为何漠然不理地远远站着？为何在我最需要你的时候隐藏起来？*"[3]"*你为何舍弃我？为何站在远处？不听我的呼求？*"[4]"*你为何离弃我？*"[5]

当然，神没有真的离开大卫，神也不会离开你。神曾多次应许说："*我必不撇下你，也不丢弃你。*"[6] 但神却**没有**应许说："你必经常**感觉**到我的同在。"事实上，神承认祂有时会将祂的脸隐藏起来，使我们看不见祂。[7] 这些时候，神真的好像失踪了，仿佛已不在你的生命中。

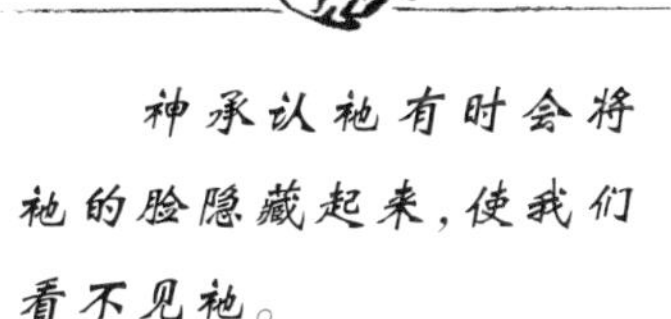

神承认祂有时会将祂的脸隐藏起来，使我们看不见祂。

麦克伦（Floyd McClung）有这样的描述："某天你一觉醒来，所有属灵感觉都完全失去。你祷告，却没有任何事情发生。你斥责魔鬼，却没有丝毫改变。你作属灵操练……请朋友为你代祷……尽力认清每一项罪过，再请所有认识的人宽恕你的过错。你禁食……仍然毫无动静。你开始怀疑这属灵低潮要持续多久。数天？数周？数月？

会否永无止境？……你感觉你的祷告似乎只能到达天花板。你在完全绝望中不禁呼喊说：‘我究竟怎么了？’”[8]

事实上，你完全没有问题！这是神要试验你与祂之间的友谊，使它更趋成熟。**每个**基督徒总会有一次，或者是多次这样的经历。这是痛苦和令人惊惶失措的经验；但这对于建立你的信心，却是绝对必要的。约伯即使感觉不到神的同在，但因为他明白这点，所以仍心存盼望。他说：“我往东走，祂不在那里。我往西走，也找不见祂。我在北方看不见祂，因为祂隐藏起来。我转身走往南方，仍寻不到祂。但祂知道我要往哪里去。当祂试炼我，使我如同火里的精金，祂就会宣布我是清白的。”[9]

当神似乎遥不可及的时候，你可能觉得祂正因为你的某些过犯，在生你的气或要管教你。事实上，罪的确会中断我们与神之间亲密的相交。我们如若悖逆、与人不和、奔波忙碌、与世俗为友，或犯了其他的罪，便会破坏我们与神的关系，使圣灵担忧。[10]

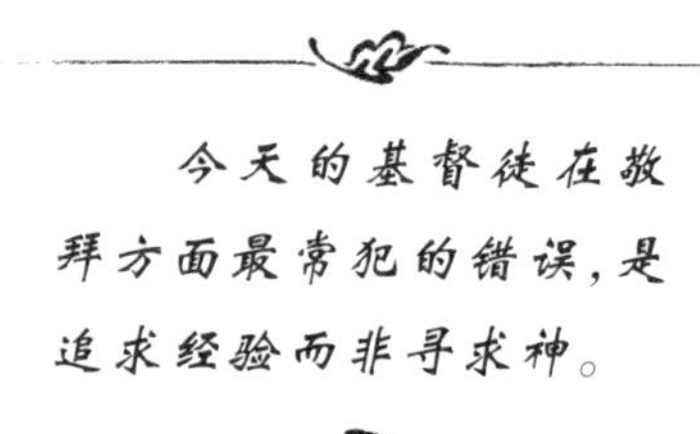

可是，这种被神舍弃或离神很远的感觉，通常与罪无关。这是一种信心的试验，是我们各人都必须面对的：当你感觉不到神的同在，或看不见祂在你的生命中有任何工作，你还会继续爱祂、信靠祂、顺服祂和敬拜祂吗？

今天的基督徒在敬拜方面最常犯的错误，就是追求**经验**而非寻求神。他们追求一种感受；如果有这感受，他们就推论自己确曾敬拜。这是大错特错！事实上，神经常挪去我们的感受，使我们不再依凭感觉。追求某种感受，即使是靠近基督的感受，也不是敬拜。

当你仍是初信的基督徒，神会给你很多情感上的印证，连最不成熟和自我中心的祷告，祂也常常答允，为的是让你知道祂确实存在。但随着你的信心渐长，祂会挪走这一切依赖。

神的无所不在,与神显明祂的同在,是不同的两件事。前者是事实,后者往往涉及感受。纵然你感觉不到,神却一直与你同在;这种同在是那么深刻奥妙,不可能单凭感觉来衡量。

是的,神希望你感受到祂的同在;不过,神关心你是否**信靠**祂,多于你是否**感觉**到祂。讨神喜悦的是信心,而非感觉。

当你的人生濒临崩溃,神却无处可寻的时候,就是可提升你信心的时刻。这正是约伯的经历。他在一天之内尽失**所有**——家人、事业、健康,以至一切财产。而最令人沮丧的是,在连续37章圣经中,神竟默然不语!

当你无法明白当下际遇,而神又沉默不语的时候,你怎能颂赞祂呢?当你处于危难之中,却无法与神沟通,你怎能维持和神亲密的关系呢?当你泪眼模糊,又怎能定睛仰望耶稣呢?你可以像约伯一样:“于是,他俯伏在地敬拜说:‘我赤身出于母胎,也必赤身离去。主给予的,主已收回;愿主的名受称颂。’”[11]

将你的真实感受告诉神

向神倾吐心声,向祂宣泄你的情绪吧。约伯就曾经这样做,他说:“我不能安静!我很气恼和怨忿。我要说出来!”[12]在神似乎遥不可及的时候,他呼喊说:“噢,但愿我回到昔日的黄金岁月,回到我家因神与我亲密为友而蒙祝福的时刻。”[13]神能够处理你的疑惑、气恼、恐惧、忧伤、混乱和所有的难题。

你是否知道,你向神坦白承认你的绝望,那言词也可以成为信心的宣告?大卫便试过既信靠神,但同时又感到绝望,他写道:“我相信,所以我才说:‘我完全毁了!’”[14]这句话听起来好像很矛盾:我信靠神,却要垮掉了!大卫的坦诚显示他有极大的信心:首先,他相信神;其次,他相信神会听他的祷告;第三,他相信神会接纳他讲出自己的感受,并依然爱他。

专注于神那永恒不变的属性

不论你有什么遭遇,或有什么感觉,你必须坚信神是永不改变的。你要提醒自己去思想那些永恒不变的真理:神是美善的,祂爱我,与我同在,祂知道我现在的经历,祂看顾我,祂已为我的一生定下美好的计划。艾德曼(V. Raymond Edman)说过:"当你置身在黑暗中的时候,千万不要怀疑神在光明中对你说过的话。"

当约伯的人生崩溃,神又静默无声的时候,他仍然发现神是配得颂赞的:

- "祂美善又慈爱。"[15]
- "祂是全能的。"[16]
- "我生命中的大小事情,祂都留心察看。"[17]
- "祂仍在掌权。"[18]
- "祂已为我的一生定下计划。"[19]
- "祂必拯救我。"[20]

相信神必信守应许

你的灵命若陷入干涸,你就必须耐心倚靠神的应许,而不是你的情绪;要相信祂正带领你迈向更深的成长。建立在情绪感受上的友谊,只是肤浅的友谊。

你感到被神舍弃,却仍继续信靠祂,那你的敬拜就是最深的敬拜。

因此,你不要被困难所困扰。环境不能改变神的属性。神仍然有丰盛的恩典;祂仍在帮助你——即使你感受不到。约伯虽然面对不利的环境,仍紧握神的话语。他说:“我没有离开祂嘴唇发出的命令;我珍视祂口中的话语,有甚于每天的食粮。”[21]

这份对神话语的信靠,使他在一切都显得荒谬的时候,仍然对神忠心。纵然在痛苦之中,他的信心依然顽强:“神可以杀我,但我必仍旧信靠祂。”[22]

当你感到被神舍弃,却能放下自己的感觉,继续信靠祂,那你的敬拜就是最深的敬拜。

谨记神为你所做的事

纵使神从没为你成就任何事情,只单单因着耶稣在十架上为你成就的事,祂已配得你用一生来不断颂赞祂。**神的儿子为你被钉死!**这是我们敬拜的最大理由。

遗憾的是,我们已忘了神为我们被痛苦钉死的残酷细节。熟悉,反而使我们产生倦怠。神的儿子被钉十架前受尽凌辱:被人剥去衣服,被鞭打至血肉模糊,遭受讥笑和谩骂,戴上荆棘的冠冕,被人轻蔑地吐唾沫。祂受尽虐待和讥笑,那些毫无人性的人待祂连牲畜也不如。

祂几乎因失血而昏迷,还被逼背着沉重的十架上山。祂忍受钉十架的酷刑,被慢慢折磨至死。当祂的血一点一滴地流尽,围观的人还在叫嚣起哄,高呼侮辱的话,讥讽祂的痛苦,并质疑祂自称是神。

最后,耶稣背负了全人类的罪孽,令神转眼不看祂,耶稣在完全绝望中呼喊说:“我的神,我的神,你为什么离弃我?”耶稣完全可以救自己,但祂若这样做,就救不了你。

言语无法描述那一刻的黑暗。神为何容让和忍受这种惨绝人寰的恶待?为什么?正是为免你永留地狱,让你可永远分享祂的荣耀!

圣经说："基督是无罪的，但神为着我们的缘故，要祂承担我们的罪，以致我们藉着与祂联合，能分享神的义。"[23]

耶稣撇下一切，以致我们能得着一切。祂受死，为叫你能永远活着。**单是这一点**，就值得你不断地感恩和颂赞了。你永远不该再问神有什么值得你感恩。

第 14 天

思想我的人生目的

思考重点：不论我的感觉如何，神仍是真实的。

背诵经文："因神曾经说过：'我必不离开你，也必不离弃你。'"
希伯来书十三 5(TEV)

思考问题：我怎样专注于神的同在——尤其是在祂似乎遥不可及的时候？

·人生目的 #2·

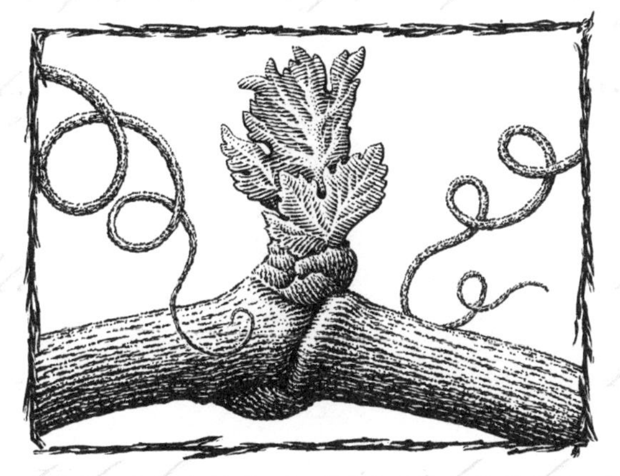

神要你成为
祂家里的人

我是葡萄树，你们是枝子。

约翰福音十五5 (*CEV*)

基督使我们成为一个身体……

互相连接。

罗马书十二5 (*GWT*)

要成为神家里的人

神是创造万物的那一位，
万物都是为祂的荣耀造成。
祂希望有众多儿女分享祂的荣耀。
希伯来书二10上(NCV)

看我们的天父何等爱我们，因祂让我们
被称为祂的儿女，我们也真是祂的儿女！
约翰壹书三1(NLT)

神要你成为祂家里的人。

神想要一个家庭，祂造你是要你作祂的家庭成员。这是神为你定下的第二个人生目的，早在你出生之前就已计划好了。整部圣经就是神建立一个大家庭的故事，家中所有成员都爱祂、尊荣祂，并永远与祂一同作王。圣经说："一直以来，祂那永不改变的计划就是要藉着耶稣基督带领我们到祂面前，收纳我们进入祂的家。这给祂极大的喜乐。"[1]

神是爱，所以祂重视关系。神以"关系"来显示祂的属性，以家庭的用语来界定自己：圣父、圣子和圣灵。这三位一体的关系，就是神自身之间的关系。这是和谐关系的完美模式，我们必须探讨其含义。

神三个位格之间一直享有爱的关系，因此祂绝不孤单。祂**不需要**一个家——但祂渴望有一个家，因此，祂便定下计划，要创造我们，带领我们进入祂的家，将祂所有的一切与我们分享。这给祂极大的喜乐。圣经说："当祂藉着祂话语的真理，赐给我们新生，使我们按照祂的计划，在祂的新家庭中成为初生的儿女，这对祂而言就是快乐的一天。"[2]

我们相信基督的时候，神就成了我们的天父，我们成为祂的儿女，其他信徒就是我们的弟兄姊妹，而教会便成了我们属灵的家。神家的成员，包括过去、现在和将来的所有信徒。

每一个人都是神**创造**出来的，然而，并非人人都是神的**儿女**。人只能藉着重生进入神的家。第一次的出生，使你成为人类这大家庭的一分子；第二次的出生，却使你成为神家的儿女。"神已赐给我们重生的特权，以致我们如今成了神家的成员。"[3]

世上所有人都获邀加入神的家，[4] 但是有一个条件：**要相信耶稣**。圣经说："你们藉着相信基督耶稣，全都成了神的儿女。"[5]

你属灵的家，比肉身的家更重要，因为它将持续至永恒。

你属灵的家，比肉身的家更重要，因为它将持续至永恒。我们地上的家，虽是神美好的恩赐，却是短暂和脆弱的，往往被离婚、分隔、年迈或无可避免的死亡所破坏。反之，我们属灵的家，即我们与其他信徒的关系，却能持续至永恒。相比于血缘关系，这是更坚固、更长久的珠联璧合。每当保罗思想神为我们定下的永恒计划，他都由衷地发出颂赞说："当我想到祂的计划所包含的智能和规模，我就要屈膝，向这位在家中作众人之父的神祷告（家中的成员有些已在天上，有些仍在地上）。"[6]

神家的好处

当你在灵里重生,成为神家的一分子,你便立即获得一些令你惊讶的生日礼物:家族的姓氏,家族的特征,家中的特权,家人亲密的相交,以及家族的产业![7] 圣经说:"你们既是祂的儿女,祂拥有的一切都属于你们了。"[8]

新约圣经非常强调我们那丰厚的**产业**。它告诉我们:"我的神会按照祂在基督耶稣里的荣耀丰盛,满足你们一切的需要。"[9] 作为神的儿女,我们得以分享家中的财富。如今,我们在地上会获得"祂恩典的……丰盛……恩慈……忍耐……荣耀……智慧……能力……和怜悯"。[10]待将来到了永恒,我们会继承更多产业。

保罗说:"我希望你们明白,祂将何等丰盛和荣耀的产业赐给祂的百姓。"[11]那产业实质包含什么呢?首先,我们将永远与神在一起。[12]其次,我们将完全改变成基督的形象。[13]第三,我们将免除死亡、一切的痛苦和苦难。[14]第四,我们将获得赏赐,得到重新委派的事奉岗位。[15]第五,我们将分享基督的荣耀。[16]这是何等丰富的产业!你的富足,远超过了你所想象的!

圣经说:"神已为祂的儿女保留了一份无价的产业。现在为你存留在天上的产业,是纯洁和无玷污的,是永不改变和永不朽坏的。"[17]这表示你那永恒的产业是无价、纯洁、永存和有保障的。没有人可以夺去你的产业;它也不会被战争、经济衰退或天灾所摧毁。你要盼望和努力争取的,是这份永恒的产业,而非退休金。保罗说:"无论你们做什么,都要全心全意去做,像是为主做的,不是为人做的,因你们知道将来必从主领受一份产业作为赏赐。"[18]等待退休,只是个短视的目标;朝向永恒,才是你应有的生活态度。

洗礼：归入神家的标记

来自健康家庭的人，会因这身份而感到自豪，绝不会羞于承认自己是这家里的一分子。可悲的是，我认识不少信徒，他们从来没有按照耶稣的命令，藉着洗礼公开表明自己是属灵大家庭的一分子。

洗礼不是你可以随意选择，或任意推迟的礼仪。洗礼是表明你被纳入神的家，是公开向世界宣告："我不羞于成为神家的一分子。"你受洗了没有？耶稣命令祂所有家人作这美事。祂吩咐我们"去使万民作我门徒，奉父、子和圣灵的名给他们施洗"。[19]

多年来，我一直不明白耶稣在颁布大使命的时候，为何如此看重洗礼，其重要性竟等同于传福音和教导这两项重任。洗礼为何那样重要？后来我才明白，它之所以那样重要，是因为它具体地象征了神给你定下的第二个人生目的：加入神那永恒之家的群体中。

洗礼满有意义。洗礼是你信仰的宣告，表明你与基督同死，也和祂一同复活，象征你的旧人已死，并宣告你已在基督里得着新生。它又是个庆典，庆贺你加入神的家。

洗礼体现了一个属灵的真理。它表明了神领你进入祂家里的那一刻所发生的事："我们有些是犹太人，有些是外邦人，有些是作奴仆的，有些是自由的。但我们全都藉着一个圣灵，受洗归入基督的身体，我们全都领受同一个圣灵。"[20]

洗礼不能**使**你成为神家的一分子，只有相信基督才能领你进入神的家。然而，洗礼却能**表明**你是神家里的人。这就像结婚戒指一样，它具体象征了内心的承诺。洗礼是**起步**的行动，无须待灵命成熟时才作。圣经为洗礼定下的唯一条件，就是相信。[21]

在新约圣经中，人们一旦相信，便立即受洗。在五旬节那天，有3000人接受基督，并于**即日**受洗。此外，一名埃塞俄比亚太监在路上悔改信主，他也**当场**受了洗。保罗和西拉在腓立比的狱中，在**深夜**

时分为狱卒和他的家人施洗。在新约圣经中，没有人拖延不受洗。你若未曾藉着受洗，表明你已相信基督，就请你按照耶稣的命令尽快受洗吧。

人生最大的特权

圣经说："耶稣与使之成圣的百姓，同属一个家庭。因此，祂称他们为祂的弟兄姊妹，并不感到羞愧。"[22]让这个奇妙的真理沉浸在你的心中。你是神家里的人，因耶稣已使你成圣，神为你感到骄傲！耶稣的话十分清楚明白："（耶稣）指着祂的门徒说：'他们就是我的母亲和弟兄。凡遵行天父旨意的，都是我的弟兄姊妹和母亲！'"[23]成为神家里的人，是你一生中所能获得的最高荣誉和最大特权，其他事情根本难以相比。每当你感到自己微不足道，或缺乏爱和安全感的时候，请回想你是属神的。

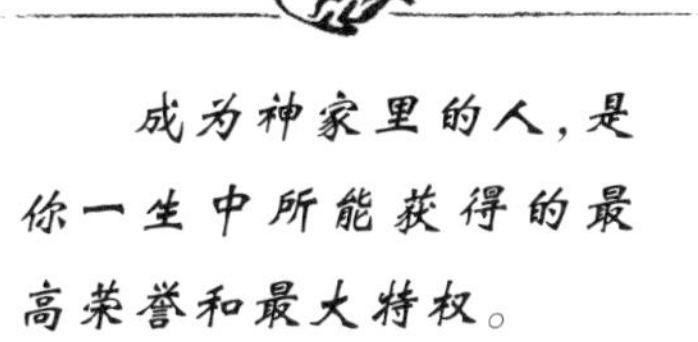

第15天

思想我的人生目的

思考重点：神要我成为祂家里的人。

背诵经文："一直以来，神那永不改变的计划都是要藉着耶稣基督带领我们到祂面前，收纳我们进入祂的家。"

以弗所书一5上(NLT)

思考问题：我可以怎样开始对待其他信徒，像对我家人一样呢？

16

什么是最重要的？

不管我说什么、信什么或作什么，
若没有爱，我仍然是彻底失败。

哥林多前书十三3下（*Msg*）

按照神的吩咐而活，这就是爱。
正如你们从起初所听见的，
祂的命令就是要活出爱的人生。

约翰贰书一6（*NCV*）

人生全关乎爱。

因为神是爱，祂要你在地上学习的最重要的功课，当然是如何去爱。我们去爱的时候，就是最像神的时刻；因此，祂给我们的一切命令，都是以爱为基础："全部律法都可归纳为一条命令，就是'爱人如己'！"[1]

学习无私的爱，并不是件容易事。这是违背人以自我为中心的本性的。为此，神让我们用一生去学习爱。神希望我们爱每一个人，但祂特别强调的，是要我们学习爱祂家里的其他人。正如我们所指出的，这是你第二个人生目的。彼得教导我们说："要特别爱护属神的人。”[2] 保罗也有这样的教导：“我们若有机会，就当帮助人，对信徒的大家庭就更要特别关心。”[3]

神为何坚持要我们特别爱护和关心其他信徒呢？他们为何优先获得我们的爱呢？因为神希望祂的家最为人所称道的，是家中有爱。耶稣说，我们向世人所作最大的见证，并非教义性的信仰，而是**彼此相爱的心**。祂说：“你们若能彼此切实相爱，就能向世人证明你们是我的门徒了。”[4]

将来在天堂，我们会永远享有神的家；但此刻在地上，我们要先经历艰苦的锻炼，为那永恒的爱预备好自己。神训练我们的方法，是给予我们一些“家庭责任”，而最首要的是实践**彼此相爱**。

神希望你与其他信徒有固定而亲密的团契生活，使你能培养爱的技巧。你无法在独处中学会爱，你必须活在人群中，就是在那些惹人生气、不完美和令人沮丧的人中间。在团契生活中，我们可以学到三个重要的真理。

去爱，就是善用人生

爱必须成为你的最优先的项目，最主要的目的，最远大的志向抱负。爱不只是人生中一个美善的部分，还是最重要的部分。圣经说：“你们要以爱作为最大的目标。”[5]

你若说：“我一生期望做到的事情之一，就是去爱。”仿佛爱是你人生十大任务之一。这显然是不够的。你必须将人际关系放在人生的首位。为什么呢？

没有爱的人生毫无价值

保罗直言：“不管我说什么、信什么或作什么，若没有爱，我仍然是彻底失败。”[6]

许多时候，我们好像是勉强地把人际关系挤进我们的时间表一样。我们会说,我们要**找**时间陪伴儿女,或挤出时间见某人。这种说法,令人觉得人际关系只是人生众多任务之一;但神却直言人生全在于人际关系。

十诫的头四诫涉及我们与神的关系,其余六诫则涉及我们与其他人的关系,十诫全都谈及关系!耶稣将神看为最重要的事归纳为两点:爱神和爱人。祂说:“你们必须尽心……爱主你们的神。这是最重要的第一条诫命。第二条诫命同样重要,就是爱你们的邻舍如同自己。其他一切诫命和先知的一切命令,都是以这两条诫命作为基础。”[7] 除了学习爱神之外(即敬拜),学习爱人就是你的第二个人生目的。

人生中最重要的是人际关系,而不是追求成就或物质。既然如此,我们为什么把人际关系放在次要的位置呢?当我们的时间表愈来愈密集,我们便开始删减花在人际关系上的时间、精神和关注,但这些都是建立互爱关系所必需的。于是,所谓紧迫的事情便取代了神所看重的事。

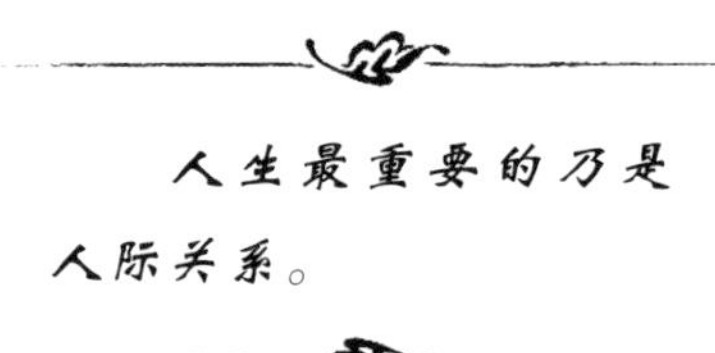

忙碌是人际关系的大敌。我们的心思意念完全被干活、工作、付账和完成目标所占据,仿佛这一切就是生活的重点。然而,生活的重点却不是这些,而是要学习去爱——爱神和爱人。人生减去爱,就等于零。

爱必持续至永恒

神吩咐我们要将爱视为最优先项目的另一个理由,是因为爱是永存的:“信、望和爱都会持续至永远,而其中最大的是爱。”[8]

爱会留下丰富的遗产。对后世造成最深远影响的,不是你的财富、成就,而是你能遗爱人间。正如德蕾莎修女所说的:“最重要的,不在于你做些什么,而在于你投放多少爱。”惟有爱,才能永留人间。

我曾经在许多人的床边，陪伴他们经历临终的时刻。站在这永恒边缘的一刻，我从没听过有人说："把我的证书拿来！我想再多看一眼。还有，我要看看我的奖状、奖牌，以及别人送给我的金腕表。"当地上的生命即将终结时，没有人希望陪伴自己的，只是一堆堆东西；在这一刻，人们只希望所爱的亲人和朋友陪伴在身旁。

在临终的一刻，我们各人都会猛然醒觉，人生最重要的乃是人际关系。愈早认识这真理，便愈有智慧。不要等到这最后的一刻，才发现其他一切都只属次要。

神以爱作为评判的标准

你为何要将学习去爱列为人生目的呢？第三个理由就是神在永恒的时候，将会以此评判我们。神衡量我们属灵的成熟程度，其中一个标准就是看我们的人际关系。神在天上审判我们的时候，祂不会说："把你在事业方面的表现、银行存款的数目，以及你的嗜好告诉我。"反之，祂会检视你怎样待人，尤其是那些有需要的人。[9] 耶稣说，爱神家里的人，关心他们的实际需要，就等于爱祂："我实实在在告诉你们，你们作在我家中最小的一个成员身上，就是作在我的身上。"[10]

在你进入永恒的时候，你将要遗留下一切。你能够带走的，就只有你的品格。因此，圣经说："惟有那藉着爱表达出来的信，才是最重要的。"[11]

你既已明白这真理，我提议你每天起来，便跪在床边或坐在床沿，向神祷告说："神啊，无论我今天要做什么，我都希望我能谨记要爱你和爱人，因为这是人生首要的事。我不想浪费今天。"你若浪费时间，神又为何要赐你新的一天呢？

付出时间就是爱的最佳表达

我们是否看重某件事，就要看我们愿意为它花多少时间了。你花的时间愈多，便愈显示你重视这件事。你想知道某人的优先次序，只要看看他如何运用时间就可以了。

时间是你最珍贵的礼物，因为你只拥有有限的时间。你可以赚取更多金钱，却无法赚得时间。你把时间给予某人，就等于将你生命的一部分给他，这是你不能够取回的。你的时间就是你的生命；因此，给别人时间，就是你最贵重的大礼。

你单单说人际关系很重要，是不够的；我们必须投放时间，才能证明它真的重要。没有行动的空言是没有价值的。“我的孩子们，我们爱人，不要只在言语和谈话上，总要藉行动将真爱表明出来。”[12]人际关系是需要付出时间和精力的；付出时间最能表达爱。

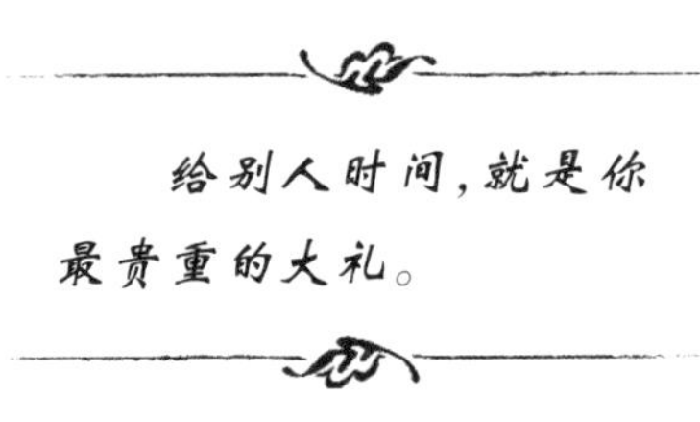

爱的真义，不在乎我们为人设想些什么、作些什么或提供些什么，而在于我们摆上自己有多少。男士往往特别不明白这个真理。许多人对我说：“我真是不明白我的太太和子女。我已经尽量满足他们的需要，他们还想要什么？”他们想要你！你的眼睛和耳朵，你的时间和关注，你的陪伴和专注。总之，就是你的时间，那是无可代替的。

人最渴望得到的爱心礼物不是钻石、玫瑰、巧克力，而是全心全意的关注。爱使人完全专注在对方身上，以致忘掉自己。这种关注让对方感到：“我非常重视你，我愿意将我最宝贵的资产送给你，那就是我的时间。”每当你付出时间，就是作出牺牲，而爱的真义就是牺牲。耶稣为我们立下榜样：“对人要满有爱心，正如基督爱你们，为除去你们的罪，把自己当作祭物献给神。”[13]你可以付出而不爱，但不能爱而不付出。“神爱世人，甚至赐下……”[14]爱意味着放下，愿意为着别人的好处，放下自己的喜好、舒适、目标、安全感、金钱、精力或时间。

此刻就是爱的最佳时机

拖延去做一件小事，有时也情有可原。但爱人既然事关重大，就需要放在最优先的位置。圣经一再强调这点："我们若有机会，就当向众人行善。"[15]"善用每个机会去行善。"[16]"只要你能行，就当向需要帮助的人行善。倘若你今天能帮助邻舍，就不要叫他等到明天。"[17]

为什么此刻就要去爱呢？因为不知道机会何时会消失。环境会变；人会死；儿童会长大；你不能保证自己能活到明天。如果你想向人表达爱，就要紧握机会。

你既知道最终必要站在神面前交账，此刻便要思考下列问题：过去有某些时刻，你认为计划或事物比人更重要，你将如何解释这个呢？你应该多花时间在谁身上呢？为了实践这意愿，你要从时间表上剔除哪些活动呢？你需要作出什么牺牲？

去爱，就是善用人生。**付出**时间就是爱的最佳表达。**此刻**就是爱的最佳时机。

第 16 天

思想我的人生目的

思考重点：人生全关乎爱。

背诵经文："全部律法都可以归纳为一条命令，就是'爱你的邻舍如同自己'。"

加拉太书五 14(NIV)

思考问题：让我扪心自问，我是否将人际关系放在人生的首位？我如何确保我真正将它放在首位？

17

归属之处

你们是神的家中成员，
是神国的子民，
你们与其他基督徒同属神的家人。
以弗所书二19下(LB)

神的家就是永生神的教会，
是真理的柱石和根基。
提摩太前书三15下(GWT)

神不单呼召你相信，还要你有所归属。

即使在完美、没有罪恶的伊甸园，神仍然说："那人独居不好。"[1]神造我们，是要我们过群体生活，与人团契相交，组织家庭；没有人单靠自己能成就神的目的。

圣经没有记载离群索居的圣徒，或不接触其他信徒、不与人团契相交的属灵隐士。圣经指出：我们被聚集起来，连结在一起，同被建造，互为肢体，同为后嗣，彼此配搭，相爱相助，将来会一同被提。[2]你不再是孤身一人。

你与基督之间存在个人关系，但神却从来不把它私有化。在神家里,你与其他信徒互相连结,永远彼此相属。圣经说:“我们众人在基督里成为一个身体,各成员都彼此相属。”[3]

跟随基督不单要相信,还要有所**归属**。我们是教会的**成员**,教会也就是基督的身体。刘易斯指出,“成员”(membership)这个词乃源自基督教,但世人已忘记它的原义。商店给与会员折扣优惠,广告公司将会员姓名变成商品广告的邮寄名单。而教会的成员,则往往变成点名册上的一个名字,不需要任何资格,亦无任何期望。

对保罗来说,教会的“成员”好像人体的一个重要器官,是基督身体不可或缺、不可分割的一部分。[4]我们需要找回并实践圣经中“会员”一词的含义。教会是一个身体,而非一座建筑物;她是一个有机体,而非一个组织。

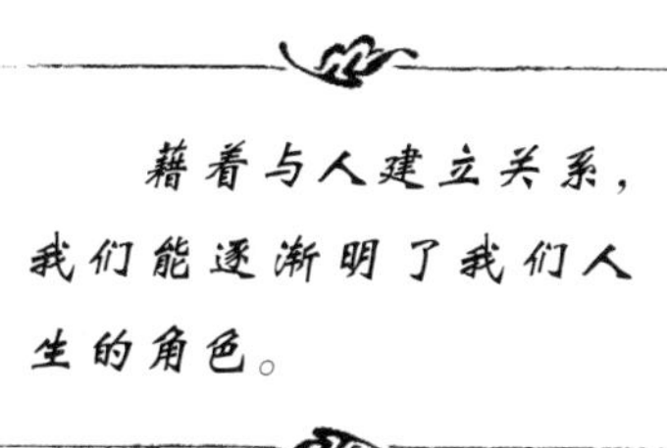

体内各器官若要履行它被造的目的,就必须与身体连结起来。同样地,作为肢体的你,也要与基督的身体连结起来。神造你成为一个独特的角色,如果你没有与一个有生命力的地方教会连结起来,你便不能实现你的第二个人生目的。藉着与人建立关系,你能逐渐明了你人生的角色。圣经告诉我们:“身体的每一部分都能从整体找到本身的意义。我们所谈及的身体,就是基督拣选的人所组成的身体。身体的每一个部分,都能找到本身的意义和作用。但我们如果像一只被割下来的手指或脚趾那样,就不会再有什么价值了,对吗?”[5]

我们如果把某个器官从身体割下,它便会枯萎、死亡。它不能单独存在——你也是一样。如果你不与一个具有生命力的地方教会连结,你的属灵生命是割离的,便会枯萎,至终会死亡。[6]因此,灵命倒退的第一个征兆,就是不常参与敬拜或其他聚会。每当我们轻忽对待团契生活时,其他一切便开始倒退。

即使这世界过去，教会仍然永存，我们在教会的角色亦不会改变。

作神家里的人，并不是可有可无，或随便轻忽的事。教会是神为世人而设的。耶稣说："我必建立我的教会，地狱的一切权势必不能征服她。"[7] 教会是坚不可摧和永远长存的。即使这世界过去，教会仍然永存，你在教会的角色亦不会改变。那些说"我不需要教会"的人，不是傲慢，就是无知。教会是那么重要，以致耶稣甘愿为她钉身十架。"基督爱教会，为她献上生命。"[8]

圣经称教会为"基督的新妇"和"基督的身体"。[9] 我很难想象你可以对耶稣说："我爱你，但我不喜欢你的新妇。"或说："我接受你，但我不接受你的身体。"每当我们脱离教会，贬低或批评教会，我们就是在说这样的话。其实，神命令我们要像耶稣一样深爱教会。圣经说："要爱你属灵的家。"[10]可悲的是，许多基督徒只利用教会，而不爱教会。

你的地方教会群体

圣经每次运用"教会"一词，除了有几处重要的事例，是指古往今来所有的信徒以外，其余都是指各地方那些参与活动的群体。新约圣经假定所有信徒都是地方教会的成员。只有那些明显犯了严重罪行的信徒，才要接受教会纪律，被逐出聚会相交的群体。[11]

圣经指出，没有参与教会的基督徒，就像从身体割下的器官、离开羊群的孤羊、无家可归的孤儿，都是处于不正常的状态。圣经说："你们与其他所有基督徒都是神家里的人。"[12]

现代文化所强调的个人主义，制造了许多属灵孤儿——他们像"邦尼兔(Bunny Believers)般的信徒"，经常跑到不同的教会，没有任何身份、责任或委身。不少人相信，即使不加入地方教会(甚或不上教会),也可以作个“好基督徒”;但神却强烈反对这种想法。圣经提出很多令人信服的理由,强调信徒要委身和积极参与地方教会的群体。

你为何需要一个教会家庭?

加入教会家庭,证明你是真正的信徒

我若不加入基督徒的任何群体,就不能自称为跟随基督的人。耶稣说:“你们彼此相爱,就能向世人证明你们是我的门徒了。”[13]

我们是一群来自不同背景、种族和社会阶层的人,因着爱而走在一起,组成一个教会家庭,在世人眼中这就是有力的见证。[14]你若孤身一人,就不算是基督的身体。你要与其他信徒连合,才算是基督的身体。这身体是指信徒的连合,而不是指个别信徒。[15]

教会家庭令人不再自我中心

地方教会是一个课堂,让信徒在神家中学习如何相处。她是一个实习场所,让信徒实践无私和怜悯的爱。作为教会的一员,你可以从中学习关心别人,分享别人的经历:“身体若有一肢体受苦,其他众肢体便与它一同受苦。又或身体某肢体得荣耀,其他众肢体都同得荣耀。”[16]只有经常接触平凡和不完美的信徒,我们才能学习真正的相交,才能亲身体验新约教导的真理,明白互相连结和彼此相依的意思。[17]

圣经教导的团契相交,要求信徒彼此委身,正如我们委身于耶稣基督一样。神期望我们为对方舍命。很多基督徒熟悉约翰福音三章16 节,却忽略了约翰壹书三章 16 节的教导:“耶稣基督为我们舍命;我们也当为弟兄舍命。”[18]神期望我们以这种牺牲的爱来彼此相待——愿意去爱其他信徒,像耶稣爱我们一样。

教会家庭有助你灵命成长

如果你只参加敬拜聚会，做个被动的旁观者，就永远不能长大成熟。惟有全身投入地方教会的生活，你的灵命才能逐渐成长。圣经说："由于每个部分也有它独特的工作，它便能帮助其他部分成长，以致全身都能健康地成长，并满有爱。"[19]

"彼此"或"互相"这些词，在新约出现超过50次。神命令我们要彼此**相爱**、互相**代求**、彼此**劝勉**、互相**劝戒**、彼此**问安**、互相**服侍**、彼此**教导**、彼此**接纳**、彼此**尊重**、彼此**分担重担**、彼此**饶恕**、彼此**顺服**、彼此**亲热**，以及其他许多共同的职事。这就是圣经所谈及的"成员"责任！神期望你在地方性的相交群体中，履行你这些"家庭责任"。你将要与谁一起履行这些责任呢？

耶稣没有应许建立你的事奉；祂只应许建立祂的教会。

身边若没有人挑战你的抉择，要成为圣洁似乎不难；但那只是虚假和未经考验的圣洁。孤立会衍生自欺；没有人冲击我们的信仰，我们便容易以为自己很成熟。我们要在人际关系中，才能考验自己是否真正成熟。

除了读圣经，我们的成长也有赖于信徒相交。在彼此学习和互相承担时，我们便会成长得更快、更稳健。听别人分享神对他们的教诲，我们也得以成长。

基督的身体需要你

神要你在祂家里承担一个独特的角色，这就是你的"事奉"，神亦已赐你所需的恩赐来完成这差事："我们各人已得着属灵的恩赐，可用以帮助整体的教会。"[20]

神的心意是要你在地方教会发掘和运用你的恩赐。你可能还有其他更多的事奉,但那是服侍地方教会以外添加的。耶稣没有应许建立你的事奉;祂只应许建立祂的教会。

你要分担基督在世的使命

基督活在世上的时候,神藉着基督的**肉身**来作工;今天,神要继续使用基督那**属灵**的身体。教会就是神在地上使用的器皿。我们不但要彼此相爱,以活出神的爱,还要把这份爱一同带到世界各地,这是我们共同领受的无上特权。我们就是基督身体的手、脚、眼睛和心脏,祂藉着我们继续在地上作工,我们各人都有可贡献之处。保罗告诉我们:“祂藉着基督耶稣创造我们,为要与祂同作祂的工,就是祂已为我们预先安排的善行,我们理应要作的工。”[21]

教会家庭保守你免于倒退

没有人可免受试探。我们在面对试探的时候,随时都有犯罪的可能。[22]神知道我们的软弱,所以吩咐我们要承担彼此守望的责任。圣经说:“天天彼此劝勉……以致你们当中没有一人被罪迷惑,而变得硬心。”[23]“只管自己的事”并非基督徒当说的话;神呼召和命令我们要关心别人的事。你若知道某人的信心正在动摇,你就有责任关心他,将他带回信徒的群体。雅各告诉我们:“你若知道有人离弃神的真理,就不要置之不理。要关心他们,领他们回转。”[24]

地方教会还有另一个好处,就是有敬虔的领袖为信徒提供属灵的保护。神要这些牧人领袖负起看守、保护和护卫群羊的责任,并关顾他们属灵的幸福。[25]圣经告诉我们:“他们的工作是要看守你们的灵魂,他们知道自己要向神负责。”[26]

撒但喜欢离群的信徒,让他们与基督的身体割裂,叫他们离开神的家,使属灵领袖无法照顾他们;因为他知道这些信徒对他的诡计全无防御和还击之力。

一切都在教会

我在《直奔标竿——成为目标导向的教会》(The Purpose-Driven Church)一书中指出,参与健康的教会,对你属灵生命的成长是至为重要的。我盼望你也能念这书,因为它能使你明白神所设立的教会,将如何助你实现神为你定下的五大人生目的。神设立教会,是为了满足你里面五个最深切的渴求,就是要找着生活的目标、共同生活的群体、生活的原则、可实践的信仰,以及生活的力量。除了教会以外,地上再无别处可让你同时找着这五样好处。

神为教会所定的目的,正好配合神为你所定的五个目的。敬拜可助你专心仰望神;团契相交的生活可助你面对人生的难题;门徒训练可巩固你的信仰;事奉可助你认识自己的才干;传福音可助你完成使命。地上再无别处可与教会相比!

你的抉择

婴孩出生以后,便自动成为人类大家庭的一员。然而,这婴孩同时也需要有他/她自己的家庭,从中得着喂养和照顾,以便能健康、茁壮地成长。属灵生命也是如此。你重生以后,便自动成为神普世大家庭的一员,却仍需要参与地方教会,那是神的家。

你可以做教会的观众,或做她的成员,两者的分别在于**委身**。观众只袖手旁观;成员却参与事奉。观众来消费;成员来贡献。观众只想从教会获得好处,而不愿分担责任。他们就像只想同居,而不愿委身结婚的人。

你为何必须参与地方教会呢?因为这能证明你对弟兄姊妹有承担,而不是空谈理论。神希望你去爱现实生活中的人,而不是理想中的人。你可以花毕生时间去寻找完美的教会,却永不可能找到。神呼召你去爱不完美的罪人,就像神爱罪人一样。

在使徒行传,我们看见耶路撒冷的基督徒非常切实地彼此承担。他们完全投入相交的群体。圣经说:"他们矢志遵守使徒的教训,大家一起生活、共膳和祷告。"[27]神期望你今天同样投入教会的生活。

基督徒的生命不仅要委身基督,还要委身于其他的信徒。马其顿的信徒深明这点。保罗说:"他们先将自己献给主;然后,又照着神的旨意,同时将自己献给我们。"[28]你成为神的儿女之后,自然要参与一个地方教会,成为她的成员。你委身于基督,便成为基督徒;你委身于特定的信徒群体,就成为教会的一员。第一个抉择使你得着救恩;第二个抉择为你带来团契相交的生活。

第 17 天

思想我的人生目的

思考重点:神不单呼召我相信,还要我有所归属。

背诵经文:"我们众人在基督里成为一个身体,各成员都彼此相属。"

罗马书十二 5(NIV)

思考问题:我在地方教会的参与程度,能否显明我爱神的家,并委身于她?

一同经历生命

你们各人都是基督身体的一部分，
被拣选要和睦共处。
歌罗西书三15（CEV）

神的百姓和睦共处，
是何等美好，何等愉快！
诗篇一三三1（TEV）

生命必须互相分享。

神的心意是要我们一同经历生命。圣经把这种经验分享称为"**团契**"（Fellowship）。然而，时至今日，这词汇的圣经含义已渐次失去。"团契"往往是指日常的交谈、社交联谊、吃喝和玩乐。"你在哪儿团契"其实是指"你上哪个教会"，"请留步参与团契"通常是指"留下来享用茶点"。

真正的团契绝对不只是出席聚会，而是**一同经历生命**。这是指无私的爱、坦诚的分享、切实的服侍、牺牲的奉献、怜恤和安慰，以及新约圣经一切关乎"彼此"的命令。

团契人数的多寡是一个问题：**人数较少会更好**。你可以与多人一同敬拜，却不能独自一人团契。然而，每当小组人数超过10人，通常最安静的那个人便会开始不参与，而小组亦会被几个人所垄断。

耶稣的职事以门徒训练小组的形式来进行。祂原可以拣选更多门徒，但祂知道，若想每位小组成员都参与，12个人大概是极限了。

基督的身体就如你的身体一样，由许多细小的细胞所组成；生命包含在细胞之中。因此，每个基督徒都必须参与教会的小组，不管是家庭团契小组、主日学还是查经小组。在小组里面才有实质的相交，那是在一大群人的团契聚会里所得不到的。倘若你把你的教会想象为大船，那么，各小组就是附属的救生艇。

神给信徒小组赐下宝贵的应许："因为无论在何处，有两三个信徒奉我的名聚集，我就在他们中间。"[1] 但令人遗憾的是，即使参与小组也不能保证你一定有真正的相交。许多主日学和小组只停留于表面的相交，却不知道怎样才能经验到真正的团契相交。真正的和虚假的团契究竟有什么分别呢？

信徒在真正的团契中经验到真诚

真诚的团契相交，不会停留于表面和浮浅的闲谈，而是坦诚、真心，有时甚或有发自内心深处的分享。人要坦诚面对自己和生活中的际遇，才能与人真诚相交。他们愿意让别人分担自己的伤痛，剖白自己的感受，承认自己的失败、疑惑、恐惧和软弱，并寻求别人的帮助和代祷。

然而，你在某些教会遇到的情况却刚好相反。信徒之间不但没有坦诚与谦卑，反而充满虚假、伪装、尔虞我诈，只有表面的客套和肤浅的交谈。人们都戴上面具，对别人存有戒心，只报喜而不报忧。

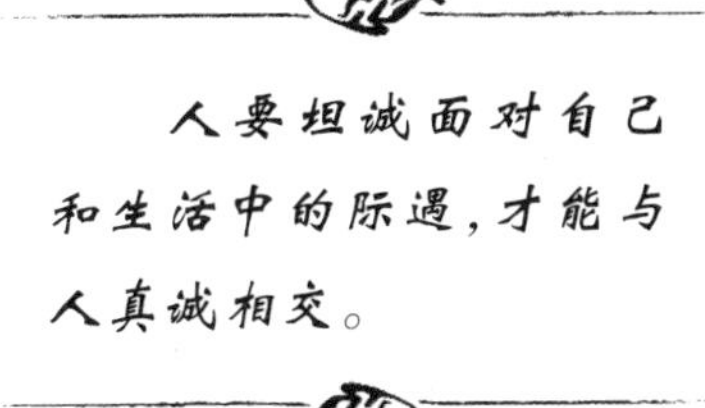

这些态度便窒息了真正的团契相交。

惟有当我们愿意去剖白自己，才会有真正的团契相交。圣经说：“我们若活在光明中，如同神在光明中，我们就能彼此团契相交……我们若说自己无罪，就是自欺。”[2] 世人以为只有在黑暗里，才能找着亲密的关系；但神却说，在光明中有亲密的相交。我们在黑暗中隐藏自己的伤痛、错失、恐惧、失败和瑕疵，却在光明中显露这一切，并承认自己的本相。

当然，我们需要有勇气和谦卑，才能与人真诚分享。要坦诚相对，就意味着我们要克服剖白自己时，可能遭人拒绝和再次受伤害所带来的恐惧。我们为什么要冒这个险呢？因为惟有坦诚相交，我们的灵命才能成长，情绪才有健康。圣经说：“你们应当经常彼此认罪、互相代求，这样你们便能完好和健康地共处。”[3] 我们必须冒险，才能成长；而最大的冒险，就是坦诚地面对自己和他人。

信徒在真正的团契中彼此相依

彼此相依是一种施与受的艺术，是互相依赖的关系。圣经说：“神设计我们的身体，是要作为一个典范，让我们明白作为一间教会该如何共处：每个肢体都倚赖其他肢体。”[4] 彼此相依是团契相交的核心：建立互惠的关系，共同承担责任，互相帮助。保罗说：“但愿我们能因着彼此的信心而得着帮助。你的信心能够帮助我，我的信心能够帮助你。”[5]

有人同行和鼓励，我们就会在信仰的道路上走得更坚定。圣经吩咐我们要彼此承担，互相劝勉，互相服侍，彼此推让。[6] 这类“彼此”和“互相”的教导，在新约圣经出现超过50次。圣经说：“要尽力去作那些带来和睦和彼此造就的事。”[7]

你无须为每位基督的肢体负责，却有责任关心他们。神期望你竭尽所能帮助他们。

信徒在真正的团契中经验到怜恤

怜恤不是提供意见,不是方便时给予的表面帮助;怜恤是体会和**分尝**别人的痛苦。怜恤表示"我明白你的处境;你的感受一点儿也不奇怪,也绝非不正常"。今天有人会称它为"感同身受";但圣经的用语是"怜恤"。圣经说:"作为圣洁的人……你们要怜恤、恩慈、谦卑、温柔和忍耐。"[8]

怜恤能够满足人性的两项基本需求:被理解,以及有人认同自己的感受。每次你理解并肯定他人的感受,你就是在建立团契相交的关系。问题是我们经常忙东忙西,根本没有时间怜恤别人。我们常常只看到自己的伤痛,自怜会使我们失去怜恤的心。

团契相交有不同的层次,不同时间便需要作不同层次的相交。最简单的层次是互相**分享**和一同**查考**神的话语。较深的层次是一同**服侍**,例如一同参与使命旅程或关怀行动。最深入和最紧密的层次是一同**受苦**,明白对方的痛苦和忧伤,并互相承担重担。[9]对这一层次认识最深的基督徒,就是世界各地那些因为信仰而受逼迫、被藐视、甚至殉道的信徒。

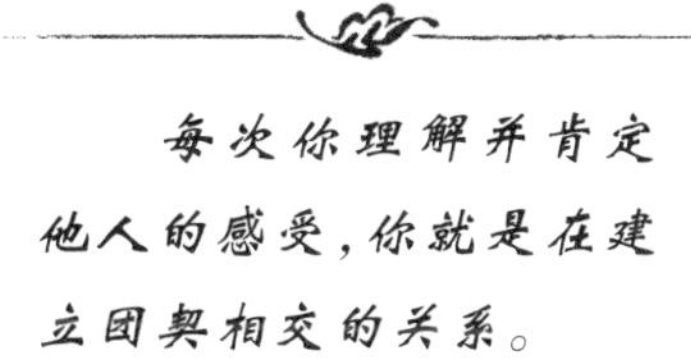

每次你理解并肯定他人的感受,你就是在建立团契相交的关系。

圣经吩咐我们:"要互相担当对方的困扰和难题,如此便遵行了基督的律法。"[10]我们遇到极大的危机、忧伤和疑惑时,最需要对方的担当。我们受压过甚,以致信心开始动摇时,最需要信徒在身边支持。我们需要信徒群体的扶持,帮助我们渡过难关。信徒在小组群体中,能实在地感受到基督身体的真实,哪怕他当时感到神似乎遥不可及。这正是约伯在受苦时最迫切渴望得到的。他呼喊说:"绝望的人需要有忠心的朋友,纵然他舍弃对全能者的敬畏。"[11]

信徒在真正的团契中经验到怜悯

团契是恩典之地;大家不隐藏过错,只会抹掉彼此的过失。当怜悯超越公义,信徒就有真正的团契。

我们各人都需要别人的怜悯,因为我们会绊跌仆倒,需要人扶持我们归正。我们要懂得怜悯人,也要愿意接受别人的怜悯。神说:"当有人犯罪,你们应当宽恕和安慰他们,以免他们在绝望中放弃。"[12]

没有宽恕,就没有团契。神劝戒我们:"永不对人怀怨。"[13]因为恼怒和积怨常常破坏团契。我们都是不完美和有罪的人,相处久了,总免不了有彼此伤害。我们有时故意伤害人,有时却是无心之过;但无论如何,我们实在需要极多的怜悯和恩典,才能维系团契相交的生活。圣经说:"你们总要以宽大的心原谅别人的过失,宽恕那冒犯你们的人。当记着,主怎样饶恕你们,你们也当怎样饶恕别人。"[14]

神对我们的怜悯,驱使我们怜悯别人。要谨记,神不会要你宽恕某人多于神宽恕你。每当别人伤害你,你便要作出抉择:我是要运用我的精力和情感去报复,还是要和解呢?你必须二择其一。

许多人不愿意对人显出怜悯,因为他们不明白信任与宽恕的分别。宽恕是让过去成为过去;信任则涉及将来的行为。

不论对方有没有请求饶恕,你也要尽快宽恕。信任是要用时间来重建的;对方在一段时间内有良好表现,才能再次赢得你的信任。倘若某人屡次伤害你,神要你宽恕他,却不期望你立即信任他,更不能让他继续伤害你。他们必须用时间来证明自己已经改变。在信徒彼此鼓励和互相负责的小组里面,那种互相支持的气氛最有助于重建信任的关系。

真正的小组相交生活,能带给你很多其他好处。这是不可或缺的基督徒生活,你绝对不能忽视。在过去两千多年来,基督徒经常以小组形式团契。倘若你从来没有参与这类小组,你实在不知道自己有多大损失。

在下一章,我们将会检视要具备什么要素,才能与其他信徒建立这类相交群体;但我希望本篇所描述的小组的好处,已足以使你渴求经历团契生活的真诚,彼此相依、怜恤和怜悯。神造你是要你过群体生活。

第 18 天

思想我的人生目的

思考重点: 我的生命需要他人。

背诵经文: "要互相担当对方的困扰和难题,如此便遵行了基督的律法。"

加拉太书六 2(NLT)

思考问题: 我应该在哪方面前进一步,以便能与其他信徒建立坦诚相对的相交关系?

建立团契相交的群体

惟有你努力与众人和睦相处，
以尊严和荣誉来彼此相待，
才能建立一个健康、强壮的群体，
活出神的义，和享受它所结出的义果。

雅各书三18（Msg）

他们矢志遵守使徒的教导，一同生活、共膳和祷告。

使徒行传二42（Msg）

只有委身，才能建立相交的群体。

只有**圣灵**才能在信徒中间建立真正的团契；但祂只会按照我们的意愿和委身程度来建立这群体。保罗以下的一番话，就指出了这种双向的责任："你们是藉着圣灵用和平连合起来的，所以你们务必竭尽所能，保持这连合。"[1]换言之，要建立爱的群体，同时有赖神的能力和人的努力。

遗憾的是，许多基督徒都在不健康的家庭关系中成长，所以不懂得一些建立真正团契相交关系的人际技巧。他们要学习怎样在神的家里，与其他信徒相处和建立关系。幸好新约圣经在这方面有很丰富的教导。保罗写道："我写这些事给你们……（让）你们知道怎样在神家里生活。这家就是教会。"[2]

倘若你已厌倦虚假的相交，渴望在你的小组或教会里面，建立真正的团契和爱的群体，那么，你就要作出一些艰难的抉择和冒险。

要坦诚，才能建立相交的群体

你要关心你的群体，愿意用爱心说诚实话——哪怕你已经不想去探究那问题、不想去理会那件事，还是应该把它说出来。当你看见身边的人在犯罪，伤害了自己或他人，保持沉默是最容易的，但那却不是有爱心的表现。遗憾的是，大多数人都没有遇到一个对他们有着至深的爱，即使痛苦，也愿意对他们直言相劝的人。他们只能继续走在自毁的路上。许多时候，我们**知道**自己该向某人直接说出他的问题，却因恐惧而却步。很多团契因恐惧而被破坏：在组员犯罪跌倒时，并没有人敢直言相劝。

圣经教导我们要"在爱中说诚实话"，[3]因为信徒之间若没有坦诚，就不可能有相交的群体。所罗门说："坦诚的回答，是真友谊的标记。"[4]这意味着当一位信徒犯罪，或面对引诱时，要基于关怀，以爱心责备他。保罗说："弟兄姊妹们，倘若你的小组中间有人做错事，你们这些属灵的人就当走到那人面前，以温柔的提醒来使他改正。"[5]

许多教会团契和小组的相交都流于表面，因为大家都害怕冲突，每当有问题出现，便回避敷衍，宁愿维持一种虚假的和睦，也不愿使大家感到紧张或不安。通常总有一位"和睦使者"出现，尽力去安抚各人，却永远没有把问题处理好，以致各人的心里都感到懊恼，只是装作若无其事。各人都知道问题所在，却没有人公开谈论它。这就制造了一个隐瞒事实的病态环境，流言蜚语不断在背后滋生。保罗的解决方法是直截了当：

“不要再说谎，不要再伪装。将实情告诉你的邻舍。归根究底，我们在基督的身体里是彼此连结的。你若向别人撒谎，至终只会变成向自己撒谎。”[6]

不论是婚姻、友谊或教会信徒之间的相交关系，都贵在坦诚。事实上，任何人际关系之间的冲突，都是通往更亲密关系的必经路径。除非你们重视关系，愿意疏解那些潜藏的障碍，否则便无法建立更亲密的关系。我们若能合宜地处理冲突，在共同面对和化解分歧的时候，大家的关系就会变得更亲密。圣经说：“归根究底，人欣赏坦诚，远胜过讨好的说话。”[7]

我们若能合宜地处理冲突，大家的关系就会变得更亲密。

然而，坦诚却不是许可证，让你在任何地方、任何时刻随意乱说话。坦诚有别于无礼。圣经教导我们，万事的成就，也有其适当时机和合宜的方式。[8]说话冲动会留下长久的伤痕。神教导我们在教会中，要像与亲爱的家人说话一样：“永不可用严厉的言词指正长者，却要劝他像劝你的父亲；劝青年人像劝你的兄弟；劝年长的妇女像劝你的母亲；劝年青女子像劝你的姊妹。”[9]

可悲的是，信徒之间缺乏坦诚，毁了不少团契。保罗责备哥林多教会的信徒，他们明知教会里面有人犯了奸淫罪，却默不作声、姑息纵容。由于没有人有勇气直接斥责他的罪过，保罗便说：“你们不能只管佯作不知，盼望它自行了结。必须将事情公开和直接处理……宁可带来伤害和尴尬，也胜过被定罪……你们把它当作小事地轻轻略过，但它其实不是……当你们的基督徒同伴正在犯淫乱或悖逆的罪、正轻慢神或得罪朋友、醉酒或变得贪婪和纵情享乐，你们不能表现得若无其事。你们不能继续容忍，仿佛它们是可接受的行为。我不用去负责教外人的行为；但对于信徒群体中间出现的罪，难道我们真是没有一点儿的责任吗？”[10]

要谦卑，才能建立相交的群体

最能摧毁团契关系的，莫过于看重自己、自命不凡和顽梗自大。自大在人心之间筑墙；谦卑在人心之间筑桥。谦卑是使人际关系畅顺的润滑油。因此，圣经说："你们要以谦卑为装束，彼此相待。"[11]谦卑的态度，正是团契相交之道。

上述经文的后半部分说："……因为神敌挡骄傲人，赐恩给谦卑人。"[12]这是我们要谦卑的另一个原因。我们若要成长、改变、得医治和帮助别人，就不可缺少神的恩典，但骄傲却阻碍神向我们施恩。我们若谦卑承认我们需要神的赐恩，神就会赐下祂的恩典。圣经直言，我们何时骄傲，何时就是敌挡神！这是非常愚昧和危险的生活态度。

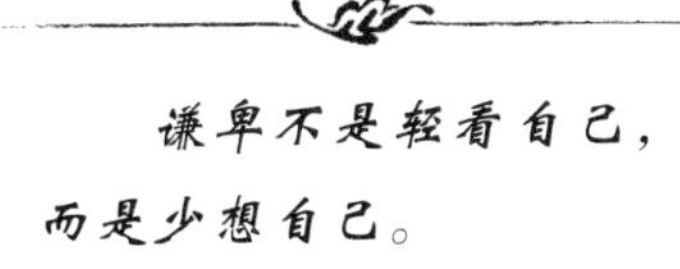

你可以借助一些具体的方法，来培养谦卑的品格，包括承认你的软弱、忍耐别人的软弱、愿意改过，以及将焦点放在别人身上。保罗劝勉说："要彼此和睦共处。不要显得自命不凡，反要乐于与平凡人交往。不要自以为什么都知道！"[13]他写信给腓立比的信徒说："要让别人多得荣耀。不要只顾自己的事，倒要顾及别人的事。"[14]

谦卑不是轻看自己，而是少想自己，多想别人。谦卑的人专注于服侍人，以致很少想到自己。

要谦恭有礼，才能建立相交的群体

谦恭有礼是尊重各人的不同特点，顾及别人的不同感受，忍耐那些激怒我们的人。圣经说："我们必须背负他人的'重担'，就是顾及他人的疑惑和恐惧。"[15]保罗吩咐提多说："属神的人应当宽大和谦恭有礼。"[16]

任何教会或小组，通常总会有一个或几个"难缠"的人。他们可能有特殊情绪问题、严重缺乏安全感、容易惹人生气或欠缺社交技巧,你可以称他们为“需要额外恩典”的人。

神将他们放在我们中间,是为爱他们,也是为爱我们。他们为大家提供了成长的契机,也成为对团契的考验:我们会不会爱他们如同爱弟兄姊妹,以尊重的态度对待他们呢?

家人对我们的接纳,不在乎我们是否聪明、漂亮或有才干。只因我们同属一家人,就能彼此接纳。我们会维护和保护家人。某个家人也许较为愚蠢,但仍是家里的一员。圣经教导我们说:“要彼此亲热如同挚爱的家人。要善于表达对各人的尊重。”[17]

事实上,我们每个人都会有些许怪癖和容易惹人生气的脾性。然而,群体相交的基础不在乎性格是否相近,而在于我们与神的关系:我们同是一家人。

要待人谦恭有礼,秘诀是要了解对方的成长背景和人生经历。了解他们的经历,使你更能体谅。不要考虑他们还要多长时间才能完全改变,而要想到他们已努力摆脱过往的创伤,现在已比从前大有进步了。

谦恭有礼的另一个表现,是不贬低别人的疑惑。正如你不害怕某些事物,并不表示别人没有理由感到害怕。人只有相信让别人分担疑惑和恐惧,不会惹来批评时,才能放心让人分担,这样彼此才会有真正的相交。

要能保密,才能建立相交的群体

人只有处于安全的环境,感受到亲切的接纳,并相信别人会保守秘密,才能坦诚说出埋藏心底的创伤、过失和需要。保密的意思不是明知弟兄姊妹犯罪,仍然保持缄默。而是指这些事情,只应让组员知道;小组必须处理跟进,而不应该让事件传开。

神讨厌人说长道短,特别是卑鄙地伪装成是传达别人的“代祷需要”。神说:“少德的人散播是非;他们挑起争端,破坏友谊。”[18]是非往往带来伤害和分裂，神清楚地吩咐我们，要责备那些在基督徒中间制造纷争的人。[19]他们受了责备，可能会大发脾气、忿然离开小组或教会，但教会的团契相交，比任何个人更为重要。

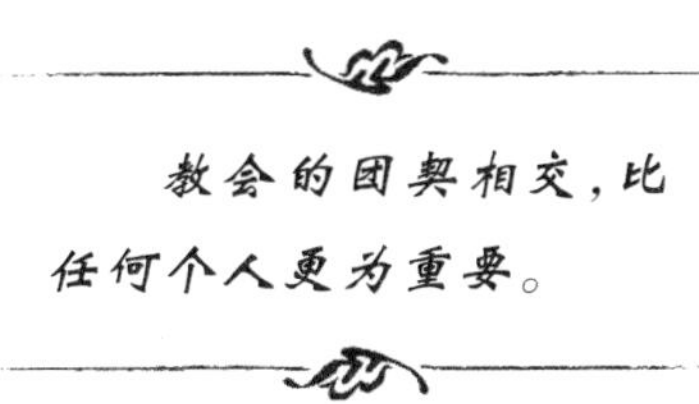

要经常聚会，才能建立相交的群体

你与其他组员必须有恒常而定期的接触，才能建立真正的团契。关系需要时间培养。圣经教导我们："不要停止一起聚会的习惯，像那些停止惯了的人；倒要彼此劝勉。"[20]我们必须建立一起聚会的习惯。要养成习惯，就必须经常而不是偶尔去做。要与人建立深厚的关系，就必须花时间——花很多的时间。许多教会的信徒只有肤浅的团契生活，因为没有花足够时间一起聚会；我们的时间，往往只花在聆听一个人的讲话上。

相交群体的建立不能基于个人的方便和随意（"我喜欢，就会参与聚会"）；每个成员必须持守信念：要有健康的灵命，就必须参与。如果你想建立真正的团契，那么，即使在你不想出席聚会时，仍要坚持参与，因为你相信这是重要的。初期教会的信徒更是天天聚会呢！"他们每天恒常在圣殿一起敬拜，分小组在家中守圣餐，且怀着极大的喜乐和感恩一同用膳。"[21]团契相交必须付出时间。

倘若你是小组或查经班的组员，我鼓励你为小组订立一个"约章"，其中列出圣经提到团契相交的九个特征：我们要分享真实的感受（坦诚）、彼此劝勉（建立彼此相依的关系）、互相支持（怜恤）、互相饶恕（怜悯）、用爱心说诚实话（诚实）、承认自己的软弱（谦卑）、尊重大家的差异（谦恭有礼）、不说长道短（保密），以及将参与聚会列为最优先（恒常聚会）。

细看以上各点，你就会明白真正的团契相交为什么那样罕见。

这表示我们要除去自我、放下自主,以致能互相依靠。团契相交生活的好处,远超过我们所付出的代价,这是为我们进入天堂作预备。

第 19 天

思想我的人生目的

思考重点:只有委身,才能建立相交的群体。

背诵经文:“当我们知道基督为我们舍命,就明白何谓爱了。那表示我们必须为其他信徒舍命。”

约翰壹书三16(GWT)

思考问题:我可以怎样帮助我的小组和教会建立成真正的相交群体?

20 修复破裂的团契生活

神已藉着基督
修复我们与祂的关系，
并将这修复关系的职事交给我们。
哥林多后书五18（GWT）

破裂的关系永远值得我们去修复。

人生的意义在于学习如何去爱，因此，神希望我们重视关系，并竭力维系，而不是每遇到嫌隙、伤害或冲突便分开。圣经告诉我们，神已将修复关系的职事交给我们。[1]因此，新约用了许多篇幅来教导我们如何与人相处。保罗写道："你们若然因为跟随基督而得着什么好处，祂的爱若然改变了你们的生命，圣灵的团契若然对你们有什么意义……就要有相同的思想，彼此相爱，成为属灵的深交。"[2]保罗教导我们，懂得与人和睦共处，正是灵命成熟的标记。[3]

基督希望祂的家为人所认识的，是我们能彼此相爱；[4]而破裂的关系，在非信徒眼中就是羞耻的见证。因此，当保罗眼见哥林多教会的信徒分门结党，甚至互相告上法庭时，他感到非常尴尬。他写道："你们真令人丢脸！你们当中至少应有一个智慧人，能够化解信徒之间的纷争。"[5]令他感到震惊的是，教会竟然没有一个成熟的人，能以和平方式化解纷争。他在同一封书信中写道："我要迫切地劝你们：你们必须和睦共处。"[6]

你如果想蒙神祝福，并想让人看出你是神的儿女，就必须学习做和平使者。耶稣说："神祝福那些为和平而努力的人，因他们必称为神的儿女。"[7]请留意，耶稣不是说："爱和平的人有福了"，因为所有人都**爱**和平。耶稣也不是说："心境平和的人有福了"，因为他们从来不受困扰。耶稣是说："**为和平努力**的人有福了"，因为他们愿意化解冲突。和平使者是罕有的，因为使人和睦是吃力不讨好的苦差。

你既然是神家里的人，而你的第二个人生目的是要学习去爱人和与人建立关系，那么，如何使人和睦就是你要掌握的重要技巧之一。可惜，我们大都没学过如何化解冲突。

使人和睦有异于**避免冲突**。逃避问题、假装没问题，或避而不谈，都是懦弱的表现。耶稣是"和平之子"，却从不害怕冲突。在某些场合，祂甚至为了各人的好处而挑起冲突。我们有时需要避免冲突，有时却需要挑起冲突，或化解冲突。因此，我们必须求圣灵不住地引领。

使人和睦也有异于**事事让步**。像逆来顺受的可怜虫一样，经常让步，绝非耶稣的心意。耶稣在许多问题上都拒绝让步，即使面对恶势力的攻击，他仍坚守自己的立场。

如何修复关系

作为信徒,神已经“呼召我们要修复彼此的关系”。[8]圣经为我们提供了以下七个修复关系的步骤。

先对神说,再与人谈

将问题带到神面前,与祂讨论。倘若你先为冲突祷告交托神,而不先与人谈论,你往往发现神会改变你的心,甚至无须你的协助而改变另一个人。倘若你多一点为人际的问题祷告,你的人际关系将会更顺畅。

我们要像大卫一样,在祷告中**求神为我们伸冤**。将一切令你沮丧的事情告诉神,呼求祂的帮助。祂永不会因为你的怒气、痛苦、恐惧或其他一切情绪,而感到吃惊或不满。你只管把你真实的感受告诉祂。

人的需求未获满足,是大多数冲突的成因。某些需求只有神才能够满足。倘若你期望人——你的朋友、配偶、上司或家人——去满足只有神才能满足的需要,你就注定会感到失望和怨忿。除神以外,没有人能满足你的一切需要。

使徒雅各指出,许多冲突是源于缺乏祷告:“你们中间的争斗和争吵是什么造成的呢?……你们希望得到却得不着……你们得不着,是因为你们不向神求。”[9]我们不仰望神,反而期望别人使我们开心;他们做不到,我们便生气。神却说:“你为何不先向我求呢?”

经常采取主动

不论是你冒犯人,抑或你被冒犯,神都希望你能主动去和解,你要先走到他们面前,而不要等别人采取主动。修复破裂的关系是那样重要,以致耶稣命令我们,要先与人和解,然后才参与群体敬拜。

他说："倘若你进入敬拜之地，快要献祭的时候，突然想起你与某位朋友之间有嫌隙，你就要放下祭物，立即离去，走到你朋友面前与他和好。然后才回去向神献祭。"[10]

倘若团契关系出现紧张或裂痕，便要立即安排和解会议。不要拖延、用借口来推搪，或说"我稍后会处理"。你要尽快安排组员面对面倾谈。拖延只会加深忿怒，使事情变得更糟。在冲突事件中，时间不但没有医治作用，反而使创伤更恶化。

迅速处理亦可减少对灵性的伤害。圣经说，人一切的罪，包括未曾解决的冲突，除了令我们苦恼，还会妨碍我们与神的相交，使我们的祷告不蒙应允。[11]约伯的朋友提醒他："因怨忿而烦恼至死，是愚昧、无知的行为。"又说："你的怒气只会伤害自己。"[12]

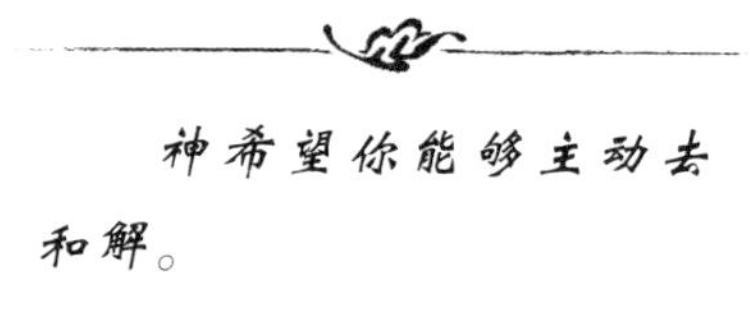

和解会议能否成功，往往在乎举行的时间和地点是否正确。不要选择任何一方感到疲累、匆忙或会被打扰的时刻。双方状态好，就是最佳的时间。

感同身受

要多用耳朵，少用嘴巴。在处理任何争议之前，必须聆听各人的感受。保罗提议说："探视别人所关注的事，而不只是自己的事。"[13]"探视"的希腊原文是 Skopos，后来英文的 Telescope（望远镜）和 Microscope（显微镜）便是从它衍生出来的。它表示要仔细留意！要留意他们的感受，而不是事实。要先感同身受，而不是只求解决办法。

不要一开始便否定对方的感受。要用心聆听，让他们宣泄情感，除去防卫的心理。纵然你未必同意他们的看法，也可以点头示意你明白他们的感受。感受未必一定是正确或合乎逻辑的。事实上，怒气会引发愚蠢的行为和想法。大卫承认说："当我的思想充满怨忿、我的感受被伤害时，我就像牲畜一样愚蠢。”[14]我们受伤害时，会表现得像牲畜。

圣经说：“人的智慧使他忍耐；宽恕过失是他的荣耀。”[15]忍耐来自智慧，智慧来自聆听别人的看法。聆听，表示“我重视你的意见，重视我们的关系，我重视你”。古语说得对：人们不关心我们知道什么，除非他们知道我们关心他们。

要修复关系，“我们必须背负他人的‘重担’，就是顾及他人的疑惑和恐惧……我们要讨别人的喜悦，而不是自己的喜悦，并让他得到益处。”[16]要忍受别人的怒气，尤其是无理的怒气，是一种牺牲。但要记着，耶稣昔日正是为了拯救你，忍受过无理、恶毒的怒气：“基督也不求自己的喜悦……正如经上说：‘辱骂你的人的辱骂，都落在我的身上。’”[17]

承认你要对冲突负责任

你若想认真修复关系，就必须先承认自己的错失或罪过。耶稣指出，只有这样才能看清事物：“先除去你眼中的梁木，然后，你或许才能看得更清楚，去处理你朋友眼中的刺。”[18]

由于我们各人都有盲点，所以，你可能要在处理冲突之前，先向第三者求助，请他帮你评估你的行动。同时，亦求神让你知道出现这问题，有多少是基于你的错。你要反躬自问：“问题是否在我身上？我是否太不切实际？我太迟钝？还是太敏感？”圣经说：“我们若说自己无罪，就只是自欺。”[19]认错是修复关系最有效的工具。我们处理冲突的方法，往往造成更大的伤害。倘若你先谦卑承认自己的过错，对方便会减少怒气和停止攻击，因他们原以为你会维护自己。不要用借口解释或推卸责任；只须真诚地承担你在冲突中的责任，认错并请求宽恕。

处理问题而非针对人

如果你要追究责任,就不能处理问题。你必须二择其一。圣经说:“柔和的回答使怒消退,尖刻的舌头燃点怒火。”[20]你如果怒气冲冲,是绝对不能解决问题的,因此你必须有智慧地选择用语。柔和的回答一定胜过尖酸的回答。

在化解冲突时,**说些什么**固然重要,但说话的**态度**亦同样重要。如果你以冲撞的态度说话,对方就只会防卫。神教导我们:“智慧、成熟的人必显出他的明辨。说话愈和蔼可亲,就愈有说服力。”[21]一味指责是没有用的。暴躁的时候必无说服力。

在冷战时期,交战双方同意不采用某些武器,因为它们的杀伤力太大。时至今日,仍然禁用生物武器;储存的核武亦逐步减少和销毁。为了顾全相交的关系,你必须销毁一切对人际关系极具杀伤力的武器,包括指责、轻视、比较、标签、侮辱、自视过高,以及对人尖酸刻薄。保罗作出这样的总论:“不说伤害人的话,只说造就人的话,就是能建立人和满足人需要的话,以致凡你所说的,都能为听的人带来益处。”[22]

尽量合作

保罗说:“你要竭尽所能与众人和睦共处。”[23]与人和睦总要付出代价。这代价有时是我们的尊严;但通常是我们的自我中心。为着相交关系的缘故,你要尽量妥协、与别人合作,先满足别人的需要。[24]耶稣所讲的第七福可意译如下:“你们若能显出如何与人合作,而不是竞争或争斗,就必蒙祝福。那时你们将发现自己的真正身份,以及你们在神家中的位置。”[25]

重点在重修旧好,而不在解决事情

期望每个人对每件事都意见一致,是不切实际的。重修旧好是针对关系,而解决事情则是针对问题。当我们的焦点是重修旧好,问题便变得次要,往往变得不太重要了。

重修旧好是针对关系,而解决事情则是针对问题。

即使我们不能化解分歧,也可以重建关系。基督徒之间常有很多合理、真诚,却不一致的看法,然而,我们可以和而不同。一枚钻石从不同角度看,有着不同的面貌。神要我们合一,而不是统一;即使我们不是对每件事都意见如一,却仍可以并肩而行。

这并不表示不用找出解决方案。你们可能需要继续讨论,甚至是辩论,但要在和谐的气氛中进行。这表示你们已言归于好,但不一定已解决问题。

读完本章之后,你有没有想到要找谁和解呢?你是否要去与某人修复相交的关系?不要再拖延了,立即将你们之间的问题带到神面前吧。然后提起电话,开始修复彼此的关系。上述七个步骤看似很简单,却不是能轻易做到的。修复关系要付上很大的努力。因此,彼得劝勉我们:"要尽力与众人和睦。"[26]当你致力使人和睦,就是在做着神的工作了;所以神才会把使人和睦的人称为祂的儿女。[27]

第20天

思想我的人生目的

思考重点:破裂的关系永远值得我们去修复。

背诵经文:"你要竭尽所能与众人和睦共处。"

罗马书十二18(TEV)

思考问题:我今天要与谁重修旧好呢?

保守你的教会

你们是藉着圣灵用和平连合起来的，
所以你们务必竭尽所能，保持这连合。
以弗所书四3（NCV）

最重要的，是让爱来引导你们的生活，
如此，教会整体必能在完全的和睦中团结起来。
歌罗西书三14（LB）

保守教会合一，是你的责任。

教会合一是那么重要，以致新约圣经看重它，甚于天堂或地狱。神深切渴望我们经历到**合一**，能够和睦共处。

合一是团契相交的灵魂。破坏合一，就是从基督的身体挪走心脏。合一是群体生活的本质和核心；神的心意是要我们在祂的教会内，大家一同经验生命。三位一体就是合一的最高典范；圣父、圣子和圣灵全然合而为一。我们在神的身上，看到牺牲的大爱、以别人为中心的谦卑，以及完全和睦的最高典范。

我们的天父正如所有父母一样，喜欢看见儿女们和睦共处。耶稣被兵丁捉拿之前，为我们的合一恳切祷告祈求。[1]在祂最痛苦的时刻，心中最记挂的，就是我们的合一，说明合一这个主题是何等重要。

在神眼中，世上没有任何东西比教会更重要。祂为教会付上最高昂的代价；祂期望教会得蒙保守，特别是免受分裂、冲突和纷争的致命伤害。你若是神家的一分子，就有责任保守所属相交群体的合一。耶稣基督差派你在教会和信徒中间，竭尽所能去保守合一、保持团契相交，并促进和睦。圣经说："藉着和睦的连结，竭力保守圣灵的合一。"[2]我们怎样才能做到呢？圣经为我们提供了一些实际的建议。

强调同一而非分歧

保罗教导我们："要集中关注那些使我们和睦的事，以及提升彼此品格的事。"[3]我们同为信徒，同有一位主、一个身体、一个目的、一位父、一位灵、一个盼望、一信、一洗，和同一的爱。[4]我们有同一的救恩、同一的生命和同一的将来——这些因素的重要性，远胜过我们所能列出的分歧。我们应该重视这些共通点，而不是个别的分歧。

我们必须谨记，是神定意使我们有不同的性格、背景、种族和喜好，因此，我们应该珍惜和享受这些差异，而不仅是勉强忍受。神要我们合一而非统一。但为了持守合一的心，我们永不可因差异而分裂。我们必须将焦点放在最重要的事情上，就是要学习彼此相爱，正如基督爱我们一样，并成就神给教会及我们各人的五个目的。

冲突的出现，通常显示我们已将焦点转移到一些较次要的问题上，即圣经所指的"引起辩论的事"。[5]当我们将焦点放在性格、喜好、诠释、形式或方法上，就会出现分裂。但我们若强调彼此相爱和成就神的目的，就会带来和睦。保罗劝勉我们说："你们中间要有真正的和睦，教会就不会出现分裂。我劝你们要有同一个心思，就是有同一个意念和目的。"[6]

期望要实际

当你明白神的心意，是要信徒有真正的团契相交，却发现在教会的实际中,出现了**理想**与**现实**的差距,便很容易感到泄气。教会虽有瑕疵,但我们仍要热爱她。在渴求理想的同时,只懂得批评现实,是不成熟的表现。但另一方面,甘于现实而不再追求理想,却是过于自足的表现。惟有活在这种张力之中,才是成熟的标记。

有些信徒**可能**令你失望和懊恼,但你却不能因此而停止与他们团契相交。即使他们的表现不像神的儿女,但他们始终是你的家人,你不能撇下他们不顾。反之,神教导我们:“要彼此忍耐,要因着爱的缘故而宽容彼此的过失。”[7]

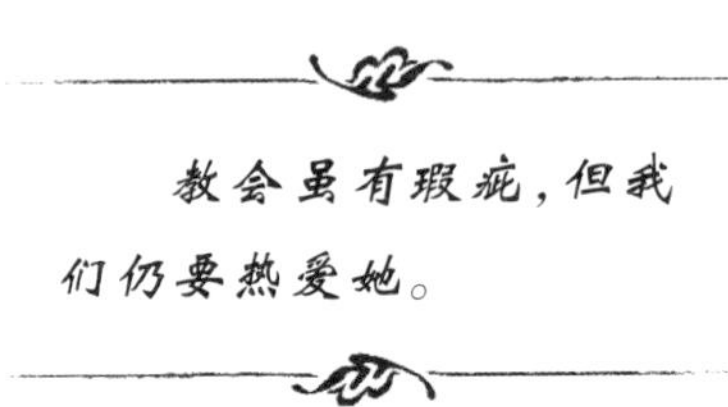

许多人对教会感到很失望,实在有很多可以理解的原因。他们看见教会出现冲突、伤害、虚伪、漠不关心、褊狭、律法主义和其他的罪。我们不要对此感到震惊和诧异,反而要谨记教会是由真正的罪人所组成,包括我们自己。我们既是罪人,便会在有意无意之间彼此伤害。但我们不应因此离开教会,而是要留下来,尽力作出改善。只有努力修复而不放弃,才能建立更坚强的品格和更深入的团契相交。

对教会一感到失望或困惑便离开,是不成熟的表现。神在好些事情上要教导你和其他人。而且,世上根本没有一个完美的教会,每个教会都有她的软弱和问题,不久又会令你失望。

马格鲁(Groucho Marx)有句名言:凡愿意接纳他做会员的俱乐部,他都不会去参加。如果你要找到一个完美的教会,才感到满足,那么,即使你找到了,她也不会接纳你做成员,因为你并不完美!

因为反纳粹而殉道的德国牧师潘霍华(Dietrich Bonhoeffer)写了一本有关团契相交生活的经典著作,名为《团契生活》(Life Together)。他在书中指出,我们对地方教会感到失望是件好事,因为这就可以摧毁我们那追求完美的错误期望。我们愈早放弃“教会要完美,我才爱她”这种幻觉,就会愈早停止装假,并开始承认我们**所有人**都并不完美,都需要神的恩典。这就是真正相交的起点。

每个教会都应放置一个标记,写着:“完美的人不用进来。这里只供承认自己有罪、需要恩典和愿意成长的人参与。”

潘霍华说:“人若爱他梦想的群体生活,多于基督徒的群体本身,就会为后者带来破坏……在我们所处的基督徒团契内,纵然没有重大的经历、没有发现宝库,反倒有很多软弱、小信和难处,尽管如此,我们仍要天天为她献上感恩。反之,如果我们不住地抱怨一切都是无意义和无价值的,我们就是在妨碍神带领我们的团契成长。”[8]

多鼓励,少批评

站在一旁,对事奉的人指指点点,当然比投身参与、作出贡献容易得多。神三番两次提醒我们,不要彼此批评、比较和论断。[9]倘若某信徒凭着信心和真诚信念来服侍,你却出言批评,你就是干预神的工作了:“你怎么有权去批评别人的仆人?只有他们的主可以判断他们是否做得正确。”[10]

保罗补充说,倘若其他信徒的信念跟我们不同,我们绝不可加以论断或轻看他们:“这样,你为何要批评你弟兄的行为?为何要轻看他?终有一天,我们各人都要接受审判,但不是以各人的标准,甚或我们自己的标准,而是按照基督的标准。”[11]

每当我论断另一位信徒,便立即发生四件事情:我与神的团契相交中断了;我显出了自己的骄傲和缺乏安全感;我使自己要被神审判;我伤害了教会的团契相交。批评的态度是代价沉重的恶癖。圣经称撒但是“那控告我们弟兄的”。[12]魔鬼的工作是怪罪、控诉和批评神家的成员。每当我们这样做,就是被骗去为撒但办事。当谨记,你与其他基督徒的意见无论有多大分歧,他们都不是你真正的敌人。我们花在比较或批评其他信徒上的时间,都应该用来建立群体的合一。圣经说:“让我们承诺要竭力和睦共处。用鼓励的话帮助人;不互找错处来弄垮大家。”[13]

拒绝听是非

人若散播一些与他无关而他又无法帮助的事情,他就是在说是非。你明白散播是非是不对的,如果你想保守教会,就连听也不要听。听是非就像接受贼赃一样,同样会使你产生罪咎感。

倘若某人想跟你说是非,你要有勇气说:“请不要告诉我,我无须知道这件事。你有没有直接跟当事人说呢?”向你说别人是非的人,也会向别人说你的是非。他们是不可靠的。你如果听是非,神便会说你是惹是生非的人。[14]“惹是生非的人,听惹是生非的人说话。”[15]“这些分裂教会的人,只管想着自己。”[16]

可悲的是,在神的群羊中造成最大伤害的,竟然是羊而不是狼。保罗警戒信徒要提防那“属肉体的基督徒”,他们“彼此吞食”,[17]破坏整个群体。圣经指出,我们必须避开这些惹是生非的人。“播弄是非的人泄露秘密;因此不要跟好说闲言的人同伙。”[18]终止教会或小组冲突的最快捷方法,就是用爱心责备和劝止那些散播是非的人。所罗门说得对:“没有燃料,火就熄灭;没有人传舌,纷争就止息。”[19]

用属神的方法解决纷争

除了上一章所列举的原则外,耶稣还赐予教会一个简单的“三步曲”:“如果有一位信徒伤害你,你便直接到他面前告诉他——与他单独解决问题。如果他听,你便得了这朋友。如果他不肯听,就另外带一两个人同去,在见证人面前再坦诚地处理事件。如果他仍然不听,就去告诉教会。”[20]

当出现纷争的时候,我们很容易会向第三者申诉,却不敢向令你生气的人用爱心说诚实话。这种态度只会令问题恶化。你必须直接找当事人,与他私下处理问题。

私下直接对话,就是处理问题的第一步,而且必须尽快行动。倘若你俩不能将问题解决,下一步就是邀请两三个见证人,来协助你们厘清问题和重建关系。要是对方依然固执己见,那怎么办呢?耶稣说,要将事件告诉教会。如果那人连教会也不听,你就要把他当作非信徒那样看待了。[21]

支持你的牧者和领袖

世上没有完美的领袖,但神已将保守教会合一的责任和权柄交给他们。在发生人际冲突的时候,要保守信徒合一是一件吃力而不讨好的事。牧者通常要负起这项艰辛的任务,在受伤、不和及不成熟的信徒中间作调停。他们还要尽量做到使每个人都满意,这是不可能的任务,连耶稣也难以做到!

圣经已清楚教导我们,要如何对待服侍我们的人:"你们要听从牧养你们的领袖。听从他们的教诲。他们要警醒留意你们的生活情况,并在神严厉的监督下工作。你们要加添他们作领导时的喜乐,而不是叹息。你们为何要加增他们的困难呢?"[22]

终有一天,牧者都要站在神面前,交待他们是如何看守你们的。"他们看守你们,像必须交账的人一样。"[23]不过,你也要交账!要向神交待你是如何跟从你的领袖的。

至于如何处理在相交群体中分门结党,圣经已给予牧者非常清晰的指示。他们要避免争论;温柔地教导,同时祈求他们能够改变;告诫那些好争辩的人;劝勉信徒保持和睦与合一;斥责那些不尊重领袖的人;分门结党的人若被警戒两次无效,就要把他们逐出教会。[24]

我们若敬重那些服侍我们的领袖,就能保守整体的合一。牧者和长老需要我们的代祷、鼓励、欣赏和爱。圣经命令我们:"要敬重那些在你们中间劳苦作工的领袖,就是那些负责去劝勉,和在你们的顺服中引导你们的人。要给他们极多的欣赏和爱!"[25]

我们若敬重那些服侍我们的领袖,就能保守整体的合一。

我鼓励你去接受挑战：承担保守及提升教会合一的责任。你要为此尽心竭力，这是神所喜悦的。这不是一件容易事。有些时候，你要为着教会的好处而先顾及别人，放下自己。神要我们成为教会这个家庭的一分子，正是为了要我们首先学习无私。在相交的群体中，我们要学会说“我们”而不是“我”、“我们的”而不是“我的”。神说：“不要只想自己的好处，要想到其他基督徒，以及怎样对他们最好。”[26]

神会将福气赐给合一的教会。马鞍峰教会的每位成员都签了一份约书，当中包括承诺要保守群体的合一。结果，教会从没发生过会酿成分裂的冲突。而且，由于它是一个相爱和合一的教会，许多人都想加入呢！在过去7年，我们的教会为超过9100位初信者施洗。神既然要使大量初生信徒出生，祂就当然会找最温暖的教会来照顾初生婴儿了。

就你个人而言，你可以做些什么来使你的教会成为温暖而相爱的家呢？在你的小区中，有很多人正在寻找爱和可归属的地方。事实上，**每个人**都需要和渴望被爱；他们若找着一个真诚相爱和彼此相顾的教会，是不会离去的，除非你把大门锁上。

第21天

思想我的人生目的

思考重点：保守教会合一是我的责任。

背诵经文：“我们要集中关注那些使我们和睦，以及使我们的团契成长的事。”

罗马书十四19(Ph)

思考问题：此刻我可以做些什么，来保守我的教会成为合一的家呢？

·人生目的 #3·

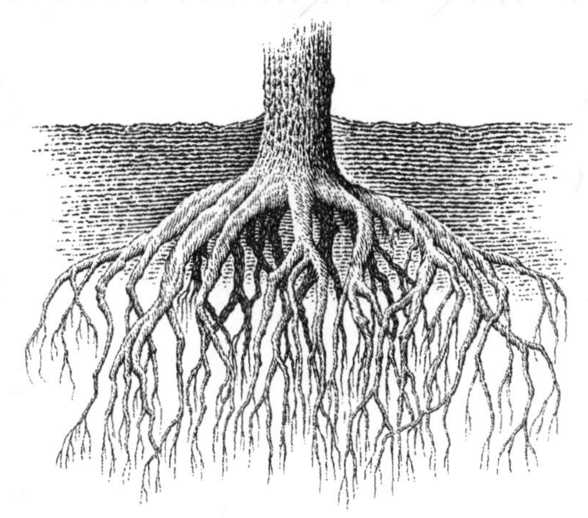

你被造
是要活像基督

你们要扎根在基督里，

从祂吸取养分。

要看见你们在主里不断成长，

在真理中长得强健和茁壮。

歌罗西书二7（LB）

22 被造是要活像基督

神由一开始便知道自己在做什么。
祂在起初已决定，祂要用模塑祂儿子
生命的相同方式，来模塑爱祂的人的生命……
我们在祂里面，看见我们生命的原本和理想样式。

罗马书八29（Msg）

我们注视这儿子，便看见神对受造万物的原初计划。

歌罗西书一15（Msg）

你被造是要活像基督。

打从一开始，神的计划就是要使你活像祂的儿子耶稣。这是你的终极目标和第三个人生目的。神在创造人类的时候，已表明这个心意："然后神说：'让我们按照我们的形象和样式造人。'"[1]

在一切受造物中，只有人类是"按照神的形象"造成的。这既是极大的特权，又给予我们尊严。我们不知道神那句话的全部含义，却相信它的意思至少包括：我们像神一样，有着**属灵的本质**——地上的身体虽会死去，我们的灵却永生不灭；我们是**有理智的**——会思想、能理解及解决问题；我们像神一样，渴求**建立关系**——能够付出和接受真爱；我们也有**道德意识**——能分辨善恶，因此便要为自己的抉择向神负责。

圣经说，全人类都拥有神一部分的形象，这并非信徒所独有。因此，谋杀和堕胎都是错误的。[2]然而，这形象已不再完全，已被罪所破坏和扭曲。所以神差派耶稣来到世上，要回复我们已失落的形象。

神那完美无瑕的"形象和样式"是什么样的呢？就像耶稣基督！圣经说，耶稣"就是神的形象"，"是那不可见的神的可见形象"，"是祂本质的真象"。[3]

人们经常用"有其父必有其子"这句谚语，来指父子之间的近似特征。别人说我的孩子像我，我会感到很高兴。神同样希望祂的儿女有祂的形象和样式。圣经说："你们……被造，是要像神那样有真正的公义和圣洁。"[4]

我要非常清楚地说明：你永远不会变成神，或像神一样。撒但起初就是用这个令人自大的谎话来试探人。撒但信誓旦旦地告诉亚当和夏娃，他们只要听他的建议，就会"像神一样"。[5]许多宗教和新纪元运动哲学仍然推销这个古老的谎言，说我们拥有神性或能够变成神。

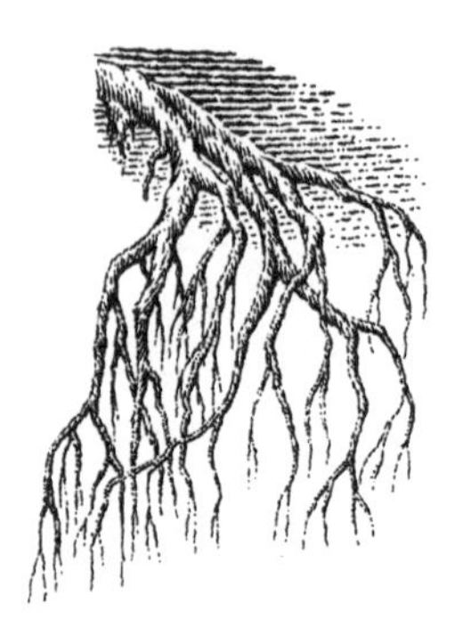

每当我们想控制环境、想操控我们的未来和身边的人，就会流露出这个要成为神的欲望。然而，我们既是受造物，就永远不可能变成创造者。神没有希望你变成神；祂希望你变得像个属神的虔诚人——拥有祂的价值观、态度和品格。圣经说："接受一套崭新的生活方式——就是有神的样式，内里更新，将神在你里面改造的品格完全活出来的生活方式。"[6]

神为你所定的人生目的，最终不是为了追求安逸的人生，而是追求品格的成长。祂期望你的灵命成长，活像基督的样式。活像基督的样式并非表示失去自己的性格，或变成一个不会独立思考的复制人。神既然造你成为一个独特的人，当然不会将你的独特性摧毁。

因此，活像基督的样式是要转化你的品格，而不是你的性格。

神期望你建立的那些品格，已记载于耶稣的“论八福”、[7]“圣灵的果子”[8]以及保罗论爱的伟大篇章，[9]还有彼得所列生命有果效和能结果子的那些特征。[10]每当你忘记神为你定下的人生目的，是要你的品格得以成长，你就很容易因着坎坷的际遇而变得灰心。你可能会问：“这件事为何发生在我的身上？我为何要经历这种困难？”其中一个答案是：因为人生**原本**充满困难！困难会帮助我们成长。我们要谨记：我们是活在地上而并非活在天堂！

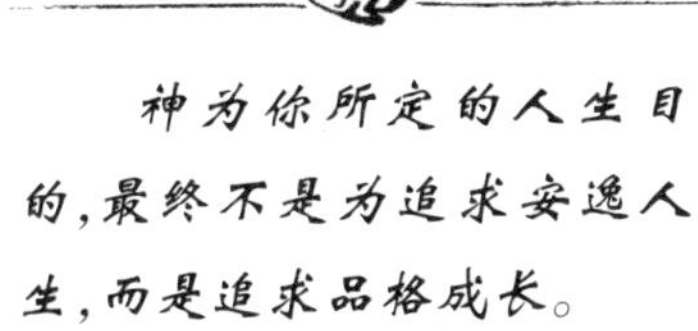

神为你所定的人生目的，最终不是为追求安逸人生，而是追求品格成长。

许多基督徒把耶稣应许的“丰盛生命”，[11]误解为非常健康、生活安逸、时常快乐、梦想成真，以及能够藉着信心和祷告，立即解决所有问题。简言之，他们期望基督徒的人生过得轻松自在；地上的生活就犹如天堂。

这种只求满足自我的人生态度，就好像把神当作一个仆人，祂的存在只是为了满足你个人的私欲。然而，神**不是**你的仆人。倘若你天真地假定人生是很轻松自在的，你最终会变得极端灰心，以至完全否定现实。

永远不要忘记，人生不是为了让你个人得到满足！你是为神的目的而活，不是神为你的目的而活。神既已计划了真正美好的事物，留待永恒给你，怎能还会让你活在地上如在天堂？神给我们在世的光阴，是为了建立和锻炼我们的品格，好叫我们将来上天堂。

圣灵在你心里作工

圣灵在我们心中作工，为的是要使我们长成基督的品格。圣经说：“因着圣灵在我们里面作工，我们变得愈来愈像祂，和愈能反照祂的荣耀。”[12]这个使我们变得愈来愈像基督的过程，称为成圣的过程；而你的第三个人生目的就是要追求成圣。

你不能靠自己变得像基督。不管你怎样认真地作新年立志、用个人的意志力决志做好，都是不够的；只有圣灵才能使我们按照神的心意改变。圣灵说：“神在你们里面作工，使你们有渴慕遵从祂的心志，并有行祂喜悦的事的能力。”[13]

当提到“圣灵的能力”，许多人便想到激昂的情绪和行异能奇事。然而，圣灵往往用安静而不夸张的方式，在你身上释放祂的能力，往往是你察觉不到或感受不到的。祂常用“微小的声音”[14]来呼唤我们。

要长成基督的样式，并非靠模仿，而是要让基督住在我们心中。“因为秘诀是在于：基督住在你们心里。”[15]那么，这事将怎样发生在现实生活中呢？它取决于我们的抉择。我们在现实的处境中，选择做正确的事，信靠圣灵会将能力、爱心、信心和智慧赐给我们，以致我们能贯彻实行。圣灵既住在我们心里，我们只要祈求，就必得着这一切。

我们必须与圣灵同工

全本圣经都不断向我们说明一个重要的真理：当你迈出信心步伐的那一刻，圣灵就将能力赐给你。当约书亚率领众民来到约旦河边，却无法通过的时候，只有当众支派的领袖听从指示，凭信心将脚踏进河水之后，湍急的河水才分开了。[16]神为了人的顺服而释放祂的能力。

神等待你首先行动，你却不要等到感觉满有能力或信心时，才作出行动。你要在软弱中继续前进，不管有任何恐惧和感受，都坚持做正确的事。如此，你便能与圣灵同工，也能建立你的品格。

圣经用种子、儿童的成长，以及房子的建造来比作灵命的成长。它们都需要人的积极参与：种子需要人种植和培养，房子需要人建造，儿童必须进食和做运动才会长高长大。

我们虽然不能靠人的努力获得救恩，却要努力使灵命成长。新约至少有八处经文，劝勉我们要“努力”[17]成长，变得像耶稣。你不能无所事事地坐着，呆等自己成长。

保罗在以弗所书四章22至24节，说明我们在学像耶稣这方面要负的三个责任。首先，我们必须决意放弃旧有的行事方式。“凡与旧有的生活方式有关的东西，都要完全撇弃。它会一直败坏下去。必须丢弃它！”[18]

其次，我们必须改变思想方式。“让圣灵改变你的思想方式。”[19]圣经说，我们要藉着思想更新而“改变过来”。[20]“改变过来”的希腊文原文是“Metamorphosis”（见于罗马书十二2和哥林多后书三18），今天被用来形容毛毛虫蜕变成蝴蝶的奇妙过程。这个蜕变的过程，正是我们的思想被神改变后，属灵生命出现新的美丽写照。那是里里外外的彻底改变；我们变得更美丽，可以自由地在空中飞舞。

第三，我们必须“穿上”基督的品格，就是建立一些新的、敬虔的生活习惯。把你的日常习惯总合起来，就会成为你的基本性格，也就是你的惯常行为。圣经说：“穿上你的新人，这新人是按着神的真实公义和圣洁造的。”[21]

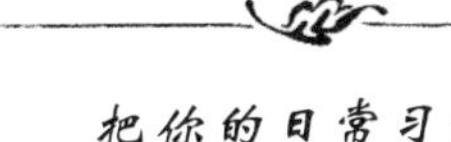

把你的日常习惯总合起来，就会成为你的基本性格。

神用祂的话语、属祂的人和各种处境来塑造我们

品格的成长不可缺少这三项要素：神的话语给我们**真理**；属神的人给我们**支持**；各种处境让我们在现实的**环境**中操练怎样活像基督。只要你勤读和实践圣经，与其他信徒经常保持相交，并在各种艰难的境况中学习信靠神，我敢保证你必会变得愈来愈像耶稣。我们将会在以后的篇章，逐一检视这三个成长的要素。

不少人以为，他们只要读经和祷告，灵命就会成长。然而，人生中的某些事情，却从不是单靠读经和祈祷就可以改变的。神会用人来改变事情。许多时候，祂宁愿透过人来工作，甚于施行神迹；这样，我们才能在群体生活中学会彼此相依。神喜欢我们一起成长。

有些宗教认为那些与世隔绝、隐居在深山寺院的修士，才是灵性最高超和神圣的。但这只是一个误解。基督徒不能离群索居去追求个人的灵命成长！你要长成基督的样式，就不能离群独处。你要处身在人群当中，与他们保持交往。你要作教会和群体的一分子。为什么？因为灵命要真正成熟，不外乎要学习像耶稣那样去爱人。你必定要在人群之中，通过与人交往，才能学像耶稣那样去爱人。要记住，关键是在于爱——爱神和爱人。

学像基督是一个漫长而缓慢的过程

灵命成熟不是一蹴而就或自动达成的，这是一生之久的进程，要循序渐进地成长。对于这个过程，保罗说："它会一直持续，直至我们……成熟，正如基督一样，那时我们将会完全像祂。"[22]

你是一项尚未完成的工程。你要用尽一生的光阴来建立灵命，使自己长成耶稣的品格。但即使如此，你在地上仍然不能完成整个改变的过程。直至你上天堂，或耶稣再来的日子，才完成整个过程。那时，你尚未完成的品格转化过程将会来个总结。圣经说，当我们最终看见完全的耶稣，我们才能变得完全像祂："当基督再来的时候，我们将会是什么样子，现在是难以想象。但我们知道，当祂再来，我们便会像祂，因为我们将会看见祂真正的样子。"[23]

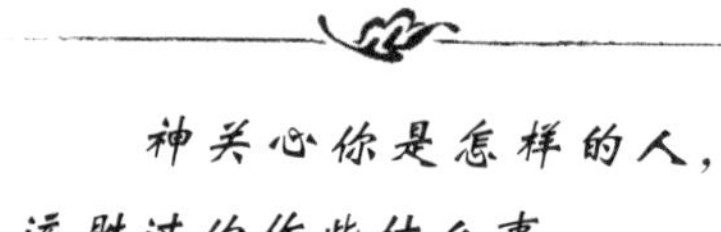

神关心你是怎样的人，远胜过你作些什么事。

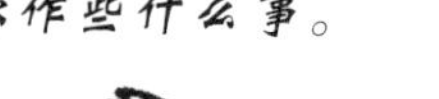

基督徒人生中的很多困惑，究其原因乃是忽略一个简单真理：神关心你品格的建立，远胜过其他一切。我们就某些具体的问题，例如"我该选择什么职业？"来求问神的意见时，神似乎默然不语，我们便感到很困惑。事实上，**许多**不同的职业都合乎神的心意。神最关心的是,无论你作何事,都学效基督的榜样去作。[24]

神关心你是怎样的一个人,远胜过你作些什么事。你的为人,远远重要于你的工作,因为将来只有你这个人可以上天堂,你所作的一切都要留在地上。

圣经告诫我们说:"不要完全适应你的文化,以致连想也不想便套进去。反之,要定睛仰望神。你要从里而外地改变过来……你周遭的文化,总是想把你拖下来,到它那个不成熟的层次;但神却要将你最好的引出来,在你里面建立完全的成熟。"[25]你必须做一个反潮流的决定:要专心一意学像耶稣。否则,其他的影响力,包括从朋辈、父母、同事和文化而来的影响力,都会力图塑造你成为他们的样子。

可悲的是,只要略为涉猎当今许多受欢迎的基督教著作,不难发现许多基督徒都安于个人的成就和安稳的感觉,而放弃追求神为我们定下的人生目的。这是满足于自我,而不是门徒应有的表现。耶稣在十架上受死,不是为了让我们过舒适安逸的生活。祂有更深远的目的:祂希望我们上天堂之前,能够变得像祂。这是我们莫大的荣幸,现时的责任,也是我们的终极目标。

第 22 天

思想我的人生目的

思考重点:我被造是要活像基督。

背诵经文:"因着圣灵在我们里面作工,我们变得愈来愈像祂,和愈能反照祂的荣耀。"

哥林多后书三 18下(NLT)

思考问题:我生命中有哪一方面需要圣灵加赐能力,以致我能变得像基督?

成长之道

神希望我们成长……
在一切事上像基督。
以弗所书四15上(Msg)

我们不该永远停留作儿童。
以弗所书四14上(Ph)

神希望你成长。

你的天父为你所定的目的,是要你长大成熟,建立耶稣基督的品格。可悲的是,为数极多的基督徒只会变老,而不会长大。他们永远停留在属灵婴儿的阶段,仍要用尿布和穿着娃娃鞋。他们不长大,是因为他们从来没有长大的意愿。

灵命不会自动成长,我们必须定意委身才行。你必须**渴望**成长,**定意**要成长,**努力**去成长,**坚持**不断地成长。学像基督的过程,也就是作门徒的过程,必然是由一个决定来开始的。耶稣呼召我们,我们便作出回应,情形如同:"'来,作我的门徒。'耶稣对他说。马太便站起来去跟从祂。”[1]

当首批门徒选择跟从耶稣的时候,他们并不明白这决定的全部含义。他们只是响应耶稣的邀请。你开始的时候,也只需像他们一样:**决定**要作门徒。

没有任何决定,比你作出的委身决定更能影响你的生命。你的委身决定可以建立你,也可以摧毁你;但无论如何,它都会深深影响你。你只要告诉我,你委身于什么,我便可以告诉你,你20年后会变成怎样。我们委身于什么,就会变成它的样子。

大部分人就在这个作委身决定的关口,错失了神为他们所定的人生目的。不少人害怕委身,他们只想随波逐流地过活。另一些人则半心半意地委身给几个相互冲突的价值取向,结果只带来失望与平庸。其他人则完全委身给属世的目标,例如争名逐利,但最终只换来失望和怨忿。每个选择都会带来永恒的结果,因此,你要作出明智的抉择。彼得提醒我们说:“我们周遭的一切既要这样销融,你们当过怎样圣洁、敬虔的生活!”[2]

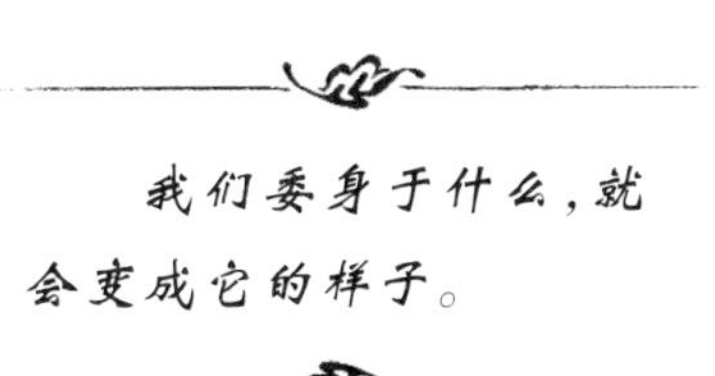

神的角色和你的责任

你要活像基督,就必须作出学像基督的决定,然后倚靠圣灵帮助去实践这个决定。你既决定要认真地活像基督,就要以崭新的方式行事。你要弃除一些旧习,培养一些新的生活习惯,并刻意改变你的思想方式。你可以放心,圣灵必会帮助你改变。圣经说:“要继续以恐惧和战兢的心,去作出你的救恩,因在你心里作工的神,必使你的思想和行动都能按照祂那美好的旨意。”[3]

这节经文显示灵命成长包含两个部分:“实行”和“作工”。你有“实行”的责任;而神就会负起“作工”这角色。你的灵命成长,有赖你与圣灵共同努力。圣灵不但在我们里面作工,也与我们一起同工。

这节经文不是论得救之道，而是论信徒成长之道。经文不是要你凭着“实行”得着救恩，因为你不能在耶稣所作的工以外，再加添什么。你“实行”操练，是为了强化你的身体，而不是要得着一个身体。

你在“实行”一副拼图的过程时，早已拥有全副拼图，你只需把每小块拼凑起来。农民“实行”耕作时，他不是要**得**一块地，而是去发展一块已得之地。神已将新生命赐给你，如今你就有责任“以恐惧和战兢的心”培育这生命。换言之，你要认真地使你的灵命成长！人若以轻忽的态度看待自己的灵命成长，就说明他还未明白其永恒的含义（正如我们在第四章和第五章所指出的）。

改变你的自动操舵装置

要改变你的人生，就必须改变你的思想方式。你的一切行为都是由你的思想所操控。每个行为都由背后的一个信念所推动，而每个行动都是由一种心态促成的。早在几千年前，当心理学家尚未明白这个道理的时候，神就告诉我们：“要谨慎思想，因你的思想塑造你的生命。”[4]

假设你正在一个湖泊上，利用自动操舵装置来驾驶一艘快艇往东边走。倘若你决定要转往西边走，你可以有两种改变航线的方法。第一种方法是紧握舵轮，用力**强行**使它朝相反方向驶去。自动操舵装置仍然是驶往东面的，但你凭着意志力，也许可以使快艇驶往西面，可是，你会感受到持续的阻力。你的手臂最终会感到乏力，当你一松手，快艇便立即按照原先设定的方向，往东边驶去。

当你运用意志力去改变你的生命时，情况就会是这样。你说：“我要**强迫**自己少吃一些……多做运动……做事不再那么散漫、不再迟到。”是的，意志力**可以**带来短暂的改变，却经常产生内在的压力，因为你并没有解决根本问题。这不是自然的改变，所以你最后会放弃，停止节食，不再做运动，很快便重拾昔日的生活习惯。

其实还有一个更好、更容易的方法，就是改变你的自动操舵装置——也就是改变你的思想方式。圣经说:"让神改变你的思想方式,藉此将你改变成一个新人。"[5]灵命成长的第一步,就是改变你的**思想**方式。任何改变,都要先从你的头脑开始。你的思想会直接影响你的**感受**;你的感受则直接影响你的**行动**。保罗说:"你的思想和心态必须有一个属灵的更新。"[6]

你要活像基督,就必须先有基督的心思。新约圣经将这种思想上的改变称为"**悔改**",希腊文的字义是"改变你的思想"。每当你改变自己的思想方式,去采纳神的想法——包括对你本人,对罪、对神、对他人、生命、你的未来及其他一切事物的想法,这就是悔改。你悔改的那一刻,就意味着你愿意接受基督的人生观和看法。

你的思想直接影响你的感受;你的感受则直接影响你的行动。

圣经要我们"意念与基督耶稣的心思相同"。[7]要做到这点,有两个步骤。首先,我们要停止那些以自我为中心和自我满足的**不成熟**思想。圣经说:"不要再像小孩子那样思想。在恶事上要作婴孩,但在思想上却要作成年人。"[8]按本性而言,婴儿都是自私的,他们只想到自己和自己的需要。他们没有付出的能力,只会接受。这就是不成熟的思想。遗憾的是,许多人的思想一直停留在婴儿阶段,从来没有成长。圣经指出,犯罪行为的根源,就在于这种自私自利的思想:"那些随从本身恶欲的人,只想着其恶欲所想的事。"[9]

要有基督的心思,第二个步骤是**开始成熟**地思想,即多为别人设想,而少想到自己。保罗在论真爱的伟大篇章中总结说,成熟的标记就是多想到别人:"当我还是孩子的时候,我说话像孩子,思想像孩子,理解像孩子。当我长大成人,就把幼稚的行径丢弃了。"[10]

今天许多人仍然以为,我们可以从一个人拥有圣经知识的多少,对教义理解的深浅,来衡量他的灵命是否成熟。诚然,知识是衡量成熟的标准**之一**,却不是唯一的标准。基督徒的生命——包括他的操守和品格——远比教义和信条重要。我们的行为必须与信仰一致;我们必须有效法基督样式的行为,来承托我们的信仰。

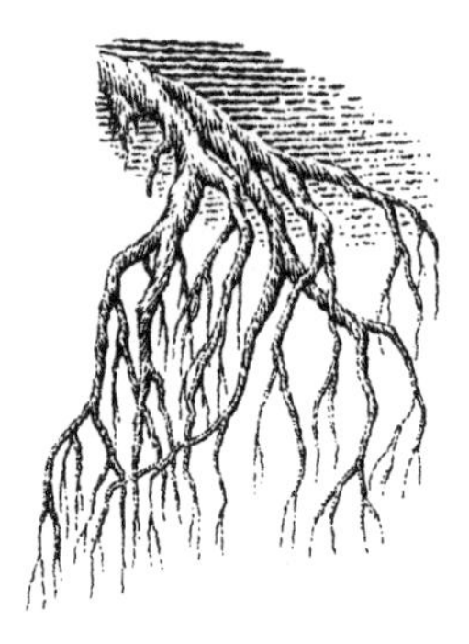

基督教并非一个宗教或一套哲学,而是一种关系和一套生活方式。这套生活方式的核心,就是要像耶稣一样,多想到别人,少想到自己。圣经说:"我们当为他们的好处设想,做他们喜悦的事,藉此来帮助他们。即使基督也不求自己的喜悦。"[11]

为别人设想,正是活像基督的精髓,也是灵命成长的最佳证据。这种思想方式有违人的本性,它是反潮流的、罕有的,也是很难实践的。幸好我们有好帮手:"神已将圣灵赐给我们。因此,我们的思想不像世人的思想。"[12]在接续的几篇,我们将检视圣灵会用什么工具,来帮助我们成长。

第 23 天

思想我的人生目的

思考重点:任何时刻都可以开始成长,永远不会嫌晚。

背诵经文:"让神完全改变你的思想,藉此来改变你的内心。然后你便能认识神的旨意——什么是好的,是祂所喜悦的,并且是完全的。"

罗马书十二2下(TEV)

思考问题:我在哪一方面要立即停止旧有的思想方式,而开始采纳神的思想方式?

藉着真理得改变

人活着，不单需要食物，
更要靠神的每一句话来喂养。
马太福音四4（NLT）

神那……恩惠的道能使你变成
祂心意中的你，并将你一切需用的赐给你。
使徒行传二十32（Msg）

真理使我们改变过来。

灵命的成长是以真理取代谎言的一个过程。主耶稣祈求父神："用真理来使他们成圣；你的话就是真理。"[1]成圣的过程需要神的启示。神的灵藉着神的话语，使我们变得像神的儿子。我们要活像耶稣，我们的生命就必须满载祂的话语。圣经说："神的道使我们聚合起来，并装备我们去完成神为我们所定的任务。"[2]

神的话有别于其他一切的话；神的话是有生命力的。[3]耶稣说："我对你们所说的话是灵，是生命。"[4]神说话，事物就会改变。你周围的一切——所有受造物——都因着"神说有"而被造成。没有神的

神的灵藉着神的话,使我们变得像神的儿子。

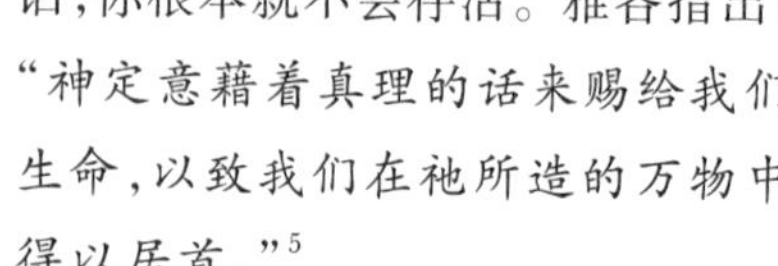

话,你根本就不会存活。雅各指出:“神定意藉着真理的话来赐给我们生命,以致我们在祂所造的万物中得以居首。”[5]

圣经远不只是一本教义指南。神的话孕育生命,建立信心,带来改变,击退撒但,产生神迹,医治伤痛,建立品格,改变环境,传递喜乐,克胜逆境,战胜试探,生出盼望,释放能力,洁净思想,创造万有,并永远保证我们有将来!我们不能没有神的话!**永不可**把它视作平常。你要视它如食物般重要,没有它便不能生存。约伯说:“我珍爱祂口中的话,甚于每天的食粮。”[6]

要实现自己的人生目的,你就必须以神的话作为灵粮。圣经被称为我们的灵奶、面包、主食和甜品。[7]圣灵为了使我们的灵命不断增强和成长,为我们提供这份包含四种食物的属灵餐单。彼得劝勉我们说:“要渴慕那纯正的灵奶,使你藉着它得以在救恩中成长。”[8]

住在神的话语中

今天印行的圣经数量是前所未有的;但是,一本放在书架上的圣经是毫无价值的。今天有数以百万计的信徒患上属灵厌食症,因缺乏属灵的营养而濒临死亡。你若要做耶稣健康的门徒,就必须得着神话语的喂养,将此放在生活的首位。耶稣称这为“住在”。祂说:“你们若住在我的话里,就真是我的门徒了。”[9]每天住在神的话语中,包括三方面的行动。

我必须接受圣经的权威

我必须以圣经的准则,作为生活的权威性准则。换言之,圣经是助我寻找人生方向的指南针,是助我作明智抉择的金石良言,又是助我量度一切事物的准绳。圣经在我的生命中,必须享有最先和最后的决定权。

我们碰上了许多难题，都是因为我们依据了一些不可靠的权威来作决定，诸如文化（“人人都是这样做”）、传统（“我们一直以来都是这样做”）、理性（“事情似乎很合理”）或情感（“我觉得应该是这样”）。这四方面早已在人类堕落之后受到亏损。我们需要的是一个永远不会带领我们走错方向的完美准则，只有神的话语能满足这个需要。所罗门提醒我们：“神的话语句句都是完美无瑕的。”[10]保罗又指出：“经书上的一切都是神的话语。它们能用于教导和帮助人，又能纠正他们，给他们指明生活之道。”[11]

葛培理（Billy Graham）在事奉初期，曾经有一段时间，因质疑圣经的真确性和权威，内心出现很大的挣扎。在一个月明之夜，他跪在地上泪流满面地告诉神，他虽不明白某些难解的经文，但他决定由那一刻开始要全然信靠圣经，以圣经作为人生及事奉的唯一权威。自那天起，葛培理的生命便蒙神祝福，彰显了莫大的能力和果效。

今后，当你作人生的抉择时，要依据什么作为最终的权威呢？今天，你要作一个最重要的决定：下定决心，不再以文化、传统、理性或情感作为权威，而定意选择以圣经作为你的最终权威。在作出抉择前，要先问：“圣经怎么说？”此外，你还要下定决心，神的话语若要你做某件事，不管你是否觉得合理或是否喜欢，你都信靠、遵从。请以保罗的话坚定你自己的信心：“一切律法和先知书上所记的，我都相信。”[12]

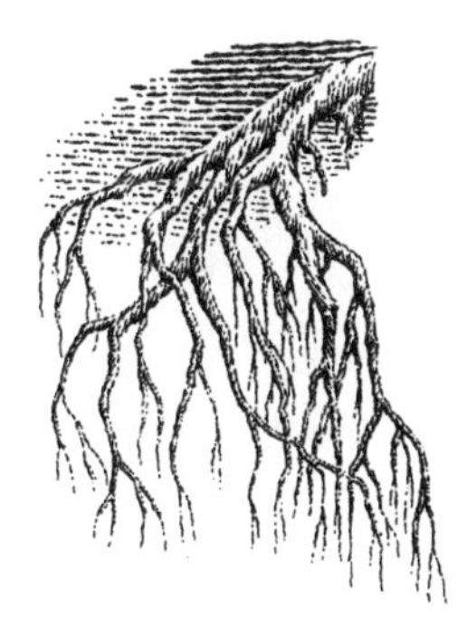

我必须吸收圣经的真理

单单相信圣经是不够的，还必须时刻思想神的话语，使圣灵可以用真理来改变我。这个过程包括五个步骤：领受圣经、研读圣经、查考圣经、背诵圣经和默想圣经。

首先,以开放和受教的心来聆听和接受神的话语,便是领受真理。撒种的比喻生动指出,我们有没有受教的心,会影响神的话能否在我们的生命中扎根和结出果子。耶稣指出三种不肯领受的心态:封闭的思想(硬土)、肤浅的思想(浅土)和散漫的思想(长有杂草的泥土),祂最后提出忠告说:“你们当审慎思考该怎样听。”[13]

每次当你听完讲道或主日学课程之后,若觉得一无所得,就当检讨自己的心态,特别是骄傲的心态,因为神能够藉着一个最沉闷的教师来向你说话,只要你有谦卑和领受的心。雅各劝告我们说:“以谦卑(温柔、谦逊)的心,领受和迎接那在你们心中栽种和生根的道,那道能拯救你们的灵魂。”[14]

第二,在两千多年的教会历史中,大部分时间都只有神职人员才可以读圣经,但今天我们各人都有机会读圣经。可惜的是,许多信徒每天读报比读经更有恒心,难怪我们没有长进了。我们不能期望自己每天看三小时电视,然后读三分钟圣经,就能好好成长。

许多宣称自己相信全本圣经的信徒,却从未读过全本圣经。

许多宣称自己相信全本圣经的信徒,却从未读过全本圣经。其实,你只要每天读 15 分钟,就能一年读完一遍圣经。你只要每天少看电视 30 分钟,转而读经,就能一年读毕两遍圣经了。

每天读经使你能听见神的声音。因此,神吩咐以色列王要经常将祂的话语放在身边:“他要将它时刻放在身边,每天都去诵读。”[15]然而,你不要单单将圣经放在身边,还要恒常阅读!在这方面,一个简单的每天读经表便能够帮助你。它可以防止你随意地翻到某一页,然后便匆匆一瞥,遗漏了很多重要部分。

第三,查考或**研读**圣经是另一个实际途径,让我们可以住在神的话语中。读经和研经的分别,是后者还包含另外两个行动:针对所读的经文,提出一些深入探究的问题,以及写下研读心得。除非你将心得写在纸上或记在电脑中，否则便不算是研经。

由于篇幅所限，我在这里不能介绍各种研经法。你可以找一些有用的研经法参考书，其中包括我在20多年前写的一本书。[16]研经的秘诀很简单，最重要是学会提出正确的问题。不同的方法会问不同的问题。你读经的时候，只要经常停下来，提出一些简单的问题，诸如：何人？何事？何时？何地？为何？如何？你便能深入地明白经文的意思。圣经说："那些小心研读那使人自由、完全的律法，和不断查考它的人，就是真正快乐的人。他们不是听了便忘记，而是遵行神所教导的话。凡这样作的人都必然快乐。"[17]

要住在神话语里的第四个途径，就是要**背诵**圣经。你的记忆力是神的恩赐。你也许以为自己的记忆力很差，其实，你已记忆了无数的思想、真理、事实和数据。你认为**重要**的事，你一定记得。神的话语既然是那样重要，便值得你花时间去背诵它。

背诵经文会给你带来很多益处，帮助你抗拒试探、作明智抉择、减少压力、建立信心、提供好意见，以及更有效地与人分享信仰。[18]

你的记忆力就像肌肉一样，你运用得愈多就愈强，你背经愈多便愈容易记得。你可以先在本书挑选一些触动你的经文，将它写在一些小卡片上，随身携带。然后，你可以随时把卡片拿出来，**大声**朗读经文。无论是在工作、运动、驾车、等候或睡前，你都可以背经。背经的要诀就是反复重温。圣经说："当谨记基督的教训，让祂的话语丰富你们的生命，并使你们有智慧。"[19]

住在神话语里的第五个途径是反思，圣经称之为"**默想**"。当提到默想时，许多人的脑海中便浮现一些奇怪的观念，以为默想便是要摒除一切思想，让意念自由浮动。圣经所讲的默想，与此相反。默想是**专注地**思想，所以要努力排除杂念。你要选择一节经文去反复思想，这就是默想。

正如我在第11章提过，你如果知道什么是忧虑，就懂得什么是默想。忧虑就是反复不断地思想一些负面的事情。默想也是反复不断地思想，不同之处是在于专心思想神的话语，而不是思想某个难题。

没有一种习惯，比每天默想经文更能改变你的生命，使你变得像耶稣。只要我们花时间默想神的真理，认真默想基督的榜样，我们“就能改变成祂的形象，不断加增荣耀”。[20]

假如你将圣经中论及默想的经文全部找出来，就会惊讶地发现，原来神应许将很多好处，赐给那些昼夜思想祂话语的人。神称大卫为“合神心意”[21]的人，原因之一是因为他喜爱思想神的话语。大卫向神说：“我何等爱慕你的教训！终日不住地思想。”[22]认真默想神的真理，就是祷告得蒙应允和生活成功的秘诀。[23]

我必须应用真理的原则

我们若不实践真理，那么领受、研读、查考、背诵和默想圣经都是没有作用的。我们必须成为“行道的人”。[24]这是最难的一步，因为到了这一步，撒但会对我们进行最猛烈的攻击。只要你不把学到的真理付诸实践，撒但并不介意你一直参加查经小组。

真理必使我们得自由，但得自由以先，真理却会令我们先感到痛苦！

我们若以为，只要听了、读了或查考完某个真理之后，就等于吸收了真理，那么，我们就是在自欺。事实上，你可能为赶一堂课，或参加研经班和讲座，以致无暇去把学到的真理实践出来。你在赶去上课途中，已把刚才所学到的抛到九霄云外。我们若不实践真理，参加多少个查经班都没有意义。耶稣说：“凡谨记我的话又遵行的人，就像聪明人把房子建在磐石上。”[25]耶稣同时指出，只有遵从真理，而不仅是知道真理的人，才能得到神的祝福：“如今你们知道这些事，如果去实行，就会得到祝福。”[26]

我们逃避实践真理的另一个原因，可能是因为怕难，甚至是怕受苦。真理**必**使我们得自由，但得自由以先，真理却会令我们先感到痛苦！神的话揭露我们的动机，指出我们的错误，斥责我们的罪，并期望我们改变。人的本性是抗拒改变的，要实践神的话并不容易。因此，与其他人分享你个人实践的经验，就变得非常重要。

我绝对没有夸大参加查经小组的价值。我们经常是在别人身上学到一些真理，靠我们自己是永远不能学会的。其他人会帮助你洞见一些你看不见的东西，并帮助你在实际生活中应用神的真理。

成为一位“行道者”的最佳方法，就是要经常把读经、研经或默想神的话语之后的实践步骤记下来。要培养写笔记的习惯，把你的计划清楚记下来。行动的步骤必须**个人化**（要求**你自己**去做）、**实际**（你能够**做得到**的），以及**可评估**（例如设定一个**限期**）。每一次实践的行动，总离不开改善你与神的关系、改善你与别人的关系，或改变你个人的品格。

在进入下一章之前，请用一些时间来思考这个问题：神已藉着祂的话吩咐你去做些什么，是你一直拖延没有去做的？请你写下一些行动方案，让你可以把知道的真理实践出来。你可以将你的计划，与一位你信任的朋友分享。正如慕迪（D. L. Moody）说过的：“神把圣经赐给我们，不是为了加增我们的知识，而是为了改变我们的生命。”

第 24 天

思想我的人生目的

思考重点：真理使我改变过来。

背诵经文：“你们若常在我的话里，你们就真是我的门徒了；你们将认识真理，真理必能使你们得自由。”

约翰福音八 31－32（KJV）

思考问题：有哪些是神已藉着祂的话语吩咐我去做，而我却迟迟没有开始去做的？

藉着患难得改变

因为那些轻微和短暂的患难，
要叫我们得着永远的荣耀，
它们便显得微不足道了。

哥林多后书四17(NIV)

惟有苦难的火，才能炼出敬虔的精金。

盖恩夫人(Madame Guyon)

每个困难的背后，都有神的心意。

神利用各种处境来建立我们的品格。事实上，祂着重以人生的处境来雕琢我们，使我们像耶稣，有甚于藉着我们的读经。理由很明显：你每天24小时都要面对不同的处境。

耶稣早已提醒我们，我们在世上会遇到困难。[1]没有人能免受痛苦，或与苦难绝缘；没有人能完全风平浪静地度过一生。人生就是一连串的问题。每当你解决了一个问题，另一个问题又来了。并非所有问题都是大问题，但是，在神为你所定的成长过程中，它们全都有着深远的意义。彼得安慰我们说，有困难是正常的："当你经历面前的火的试炼，不要感到困惑或吃惊，因为并不是什么奇怪和不寻常的事临到你们身上。”[2]

神使用各式各样的困难来吸引你靠近祂。圣经说：“主亲近心灵破碎的人；祂拯救那些心灵被压伤的人。”[3]你在最黑暗的日子里对神的敬拜，会给你留下最深刻、最亲密的相交经验——那时，你心灵破碎，感到被遗弃，走投无路，极为痛苦，你只好投靠神。惟有在苦难中，我们才学会最真挚、最由衷和最坦诚地向神祈祷。惟有在痛苦中，我们才不会浪费精力去作肤浅的祷告。

玖妮(Joni Eareckson Tada)指出：“当生活顺遂的时候，我们或许知道一些耶稣的事迹，也会模仿祂、引用祂说的话，并谈论祂，日子就这么轻轻地溜走。但惟有在苦难中，我们才真正**认识**耶稣。”我们在苦难中对神的认识，是不可能藉着其他方式来获得的。

神完全可以使约瑟免于入狱，[4]使但以理免于被丢进狮子坑，[5]使耶利米免于被丢进井中的淤泥，[6]使保罗免于经历三次沉船的意外，[7]并使那三位希伯来青年免于被丢进烈焰的洪炉[8]——但神却没有这样做。祂让这些苦难发生，而经历这些苦难的每一个人，结果都更靠近神。

困难迫使我们不再靠自己，而懂得仰望神和倚靠神。保罗为此见证说：“我们认定自己是必死的，深刻体会到我们是何等的无力自救；但这是好的，因惟有这样，我们才会将一切交回神的手中，惟有祂才能救我们。”[9]当你只能倚靠神时，你才明白其实你只需要神。

你在最黑暗的日子里对神的敬拜，会给你留下最深刻、最亲密的相交经验。

困难的出现纵有不同原因，但只有得着神的允准，它才会临到你身上。在神儿女身上发生的每件事，都经过**父神的过滤**；纵然撒但和其他人想藉此伤害你，但父神的心意却是要藉此使你获益。

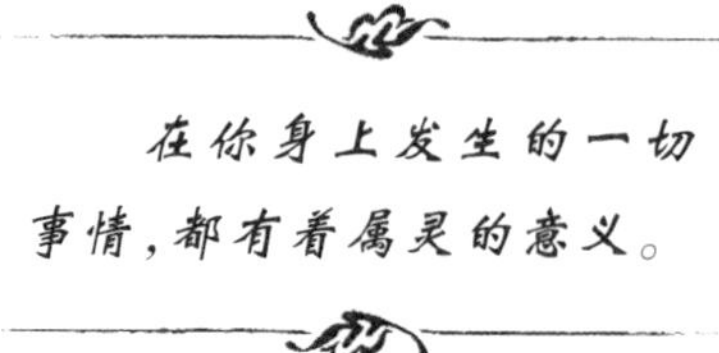

神既是至高的掌权者，那么在你身上发生的所有“意外”，都是神为你所定美好计划中的一些事件。神在你出生之前，已将你生命的每一天都记在祂的册上，[10]因此，在你身上发生的**一切事情**，都有着属灵的意义。的确，是每件事情！罗马书八章28至29节对此作了解释：“我们知道，神使万事一同效力，为着那些爱神，并按祂旨意被召的人得到益处。因神预先知道祂的百姓，且拣选他们去变得像祂的儿子。”[11]

罗马书八章28至29节的解释

这是其中一段经常被误用和误解的经文。它不是说“神使万事照我的心意成就”。这显然是错的。它也不是说“神使万事效力，以致人生在世有一个快乐的终结”。这同样不真确。人生在世有许多不快乐的终结。

我们在堕落的世界中生活。只有在天堂，万事才会完全按照神的心意而行。因此，耶稣才教导我们祷告说：“愿你的旨意行在地上，如同行在天上。”[12]你想要完全明白罗马书八章28至29节，就必须逐字逐句思考它的意思。

“我们知道”：在困难的时刻，我们的盼望并非建立在积极思想、许愿式或乐观的想法上。我们是基于相信神完全掌管这个宇宙，以及祂爱我们这两个真理而常存盼望。

“神使”：一切事情的背后，都有一位伟大的设计师。你的人生不是机缘、命运或者巧合的结果；神已经为你设定了一幅蓝图。历史（History）就是**祂的故事**（His Story）。神在背后指挥。我们会犯错，神却不会。神**不可能**犯错——因为祂是神。

“万事”：神为你一生所定的计划，涉及到你身上发生的一切事情——包括你的错误、罪恶和痛苦，也包括患病、欠债、灾难、离婚和挚亲的离世。神可以使最可怕的事情成为美好，正如祂在加略山所成就的。

“**一同效力**”：事情并非割裂或独立存在。在神的计划中，一切发生在你身上的事情都**一同效力**。它们并非独立事件，而是相关过程的一部分，为要使你像基督。你要烤蛋糕，就必须将面粉、盐、鸡蛋、糖和油混合。若单独品尝每种材料，一定不太好吃，甚至是很难吃。可是，把所有材料调配起来，却可以烤制出美味的蛋糕。只要你将所有难受和不快的经历交给神，神就可以将它们调配起来，使它们产生美好的果效。

“**得到益处**”：这不是指人生的一切全是美事。人世间会发生许多邪恶和败坏的事，但神却善于使恶事变成美好。在耶稣基督的家谱中，[13]有四位女性的名字：他玛、喇合、路得和别示巴。他玛设计骗她的公公与她同床，使她怀孕生子。喇合是一名妓女。路得甚至不是犹太人，她与犹太裔男子结婚，是触犯律法。别示巴与大卫行淫，导致丈夫被杀。她们都不算有好名声，神却化腐朽为美好，让耶稣生于她们的族系。神的旨意远超过我们的问题、痛苦，以至罪恶。

“**那些爱神和被召的人**”：这应许只给神的儿女，而不会给所有人。那些敌挡神、偏行己路的人，万事合起来，只会使他们受损。

“**按祂旨意**”：那是何旨意？就是叫我们能“**变成像祂的儿子**”。神允许在你身上发生的事，都是为了成就这个旨意！

建立基督的品格

我们好像宝石，逆境就如锤子和凿子，在我们身上雕琢。倘若锤子不够坚硬，不能将宝石的粗糙边缘凿下，神会改用大锤。我们若是过于顽梗，神会用轻型的凿岩机。总之，祂会用尽一切方法。

每个困难都是建立品格的机会；愈是困难的境况，就愈能建立强健的灵命和道德品格。保罗说:“我们知道这些患难生出忍耐。忍耐生出品格。”[14]在你生命中发生的事情,远不及你生命内在的改变重要。一切境遇都会过去,唯独你的品格却要长存。

在你生命中发生的事情,远不及你生命内在的改变重要。

圣经经常用炼净金属杂质的火来形容试炼。彼得说:“这些患难临到,是要证明你们有纯全的信心。这种纯全的信心比金子更可贵。”[15]有人问一位银匠:“你怎么知道它已变成纯银呢?”银匠回答说:“我若看见它反照我的样子,它就够纯了。”你被炼净之后,别人就能从你身上看见耶稣的样式。雅各说:“在压力下,你的信心生命便被逼要打开,显露它的本相。”[16]

神的心意既是使你像耶稣,祂就必然会领你走耶稣走过的路。这包括要经历孤单、试探、压力、批评、被排挤,以及其他许多困难。圣经说,耶稣“因苦难而学会顺服”、“因苦难而变得完全”。[17]神既然让祂的儿子去经历这一切,我们又怎能免除这些经历呢?保罗说:“我们要经历基督所经历的一切。我们若与祂一同经历艰难的时刻,那么,就当然可以与祂一同经历美好的时刻!”[18]

以耶稣的态度面对困难

困难不会自然生出神所期望的结果。许多人在经历患难之后,不是变得更好,而是变得充满怨忿、不再成长。我们必须以耶稣的态度面对苦难。

要谨记:神的计划最美好

神知道什么对你最好,祂永远为你的好处着想。神对耶利米说:“我为你们所定的计划,是使你们得兴旺,而不是使你们受伤害的计划；是赐给你们盼望和未来的计划。”[19]约瑟深明这个道理，所以对卖他为奴的哥哥说：“你们的本意是要害我，但神的心意却是为我好。”[20]希西家重病垂危，痊愈后亦发出同样的感喟：“我经历这些艰困的时刻，原是为我的好处。”[21]每次神拒绝你的祈求，没有为你解困，你都要记着：“神现在所做的，是为了我们的最大得益，锻炼我们去活出神至高的圣洁。”[22]

重点是你必须经常专注于神的计划，而不是自己的痛苦或困难。耶稣就是以这种态度来面对十架的痛苦，圣经也劝我们学效祂的榜样：“要定睛仰望那位作我们领袖和导师的耶稣。祂甘愿羞耻地死在十架上，因为祂知道将来必得着喜乐。”[23]彭柯丽（Corrie ten Boom）曾在纳粹的集中营里受尽煎熬，但她亲身体验过“专注”所产生的能力：“你若看世界，只会感到悲愁；你若看自己，只会感到绝望；但你若仰望基督，便得着安息！”你“专注”于什么事物，将会影响你的感受。忍耐的秘诀，是在于不断提醒自己：痛苦是短暂的，赏赐却是永恒的。摩西甘愿忍受人生的困苦，“因为他期盼前面的赏赐。”[24]保罗也是这样忍受苦难。他说：“我们现今的患难只是轻微和短暂。然而，它们却为我们带来无可估量的巨大荣耀，是永远长存的！”[25]

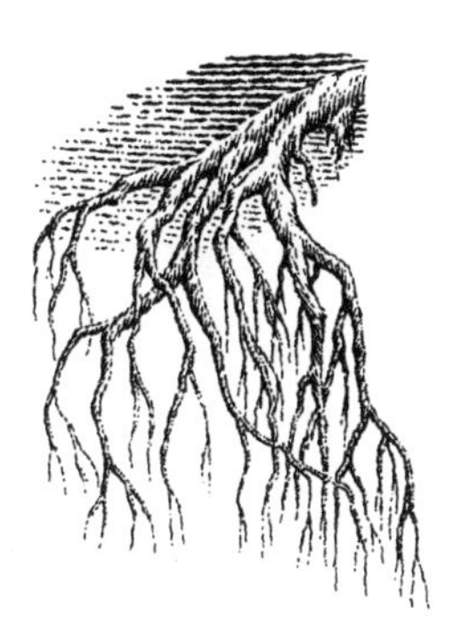

不要随从那短视的思想，而须专注于最终的结果：“我们若要分享祂的荣耀，就必须分尝祂的痛苦。我们如今所受的苦，若与祂将来赐给我们的荣耀相比，根本是微不足道。”[26]

喜乐和感恩

圣经教导我们要“在任何情况下都要感恩，这是神在基督耶稣里为你们所定的旨意”。[27]我们怎可能做到呢？请留意，神吩咐我们“**在**任何情况下都要感恩”，而不是“**为**所有情况感恩”。神不会要你为恶事、罪恶、苦难,或它们对世界造成的痛苦而感恩。反之,神要你为着祂借助各样难题来成就祂的旨意,而向祂感恩。

圣经说:"要在主里常常喜乐。"[28]它不是说:"为你的痛苦而喜乐。"这是受虐狂。你要"**在主里喜乐**"。无论发生了什么事,你都可以因着神的爱,神的看顾、智慧、能力和信实而喜乐。耶稣说:"那时要充满喜乐,因为天上已有大赏赐正等着你们。"[29]

我们知道神会与我们一同经历痛苦,我们也可以因此而喜乐。我们所服侍的,并不是遥远而疏离的神,只置身事外站在一旁,说些陈腔滥调的安慰话。反之,祂愿意进入我们的苦难之中。昔日,道成了肉身,显明耶稣愿意参与我们的苦难;今日,圣灵也是这样在我们里面作工。神永不离弃我们。

拒绝放弃

我们要忍耐,坚持到底。圣经说:"让过程继续下去,直至你们建立完全的忍耐,而你们将会发现,你们已变成品格成熟的人……再没有弱点。"[30]

品格的建立是一个缓慢的过程。每当我们避免或逃避人生的苦难,就是试图缩短这个过程、延误自己的成长,最终只会造成更深的痛苦——因着否定和逃避苦难而承受不必要的痛苦。当你明白品格建立所带来的永恒意义,便会减少求神"安慰我",("帮助我,令我感觉好一点!")而会更多求神"改变我"。("求你使用这件事来改变我,使我像你。")

当你在难以预料、令人困惑和似乎是没有意义的人生处境中,开始看见神的手在作事,你就知道自己是迈向成熟了。

要是你此刻正面对困境,请不要问:"为何是我?"反要问:"你想让我学些什么功课?"然后信靠神,按正道而行。"你们需要忍耐,继续跟随神的计划,以致你们可以在场亲身见证应许的成就。"[31]不要放弃,要坚持成长!

第 25 天

思想我的人生目的

思考重点：一切困难的背后都有神的心意。

背诵经文："我们知道，所有事情里面都有神的工作，好使那些爱祂，并按祂旨意被召的人得到益处。"

罗马书八 28（NIV）

思考问题：我曾经历什么困境，对我的成长带来极大的帮助？

在试探中成长

在试探中不让步和不犯错的人，
乃是快乐的人；因为他后来
必得着生命的冠冕作为赏赐，
这是神应许赐给爱祂的人的。

雅各书一12（LB）

我的试探一直是我的神学老师。

马丁路德（Martin Luther）

每个试探都是一个择善而行的机会。

在迈向灵命成熟的道路上，倘若你明白试探可让你择恶而行，也可让你择善而行，那么，甚至连试探也可成为成长的台阶，而非绊脚石了。试探仅仅为你提供了选择。试探虽然是撒但用来摧毁你的主要武器，神却要用它来建立你。每当你选择行善而不行恶，你就是在建立基督的品格。

要明白这点，你必须先认识耶稣品格的素质。要简明扼要地描述耶稣的品格，最好的方法之一，就是借用"圣灵的果子"："当圣灵掌管我们的生命，祂就会在我们里面生出这种果子：仁爱、喜乐、和平、忍耐、恩慈、良善、信实、温柔和自律。”[1]

这九个特质就是最大诫命的延伸，也是耶稣基督的美丽写照。在耶稣一人身上，显出了**完全的**仁爱、喜乐、和平、忍耐和其他所有特质。要结出圣灵的果子，就等于要活像基督。

那么，圣灵如何使你的生命具备这九个特征呢？是否会由祂立刻便造出来呢？你会不会某天醒来，便赫然发现自己的生命完全拥有了这九个特征呢？不！果子总是要经过**漫长**的成长过程，才会长大成熟。

以下是你必须学会的重要属灵真理之一：为了使你结出圣灵的果子，神会容让你在某些处境中受试探，被引诱作出与圣灵果子**相违**的表现！品格的建立总是关乎抉择；而试探正提供了这样的机机会。

为了使你结出圣灵的果子，神会容让你在某些处境中受试探，被引诱作出与圣灵果子相违的表现！

例如，神把一些**不可爱**的人放在我们身边，为了教导我们如何去**爱**。爱一些可爱的人或爱你的人，根本不需要特别的品格。神让我们经历忧伤，以致我们学会倚靠祂，由此得着真正的**喜乐**。快乐是源自外在的环境因素；但喜乐是基于我们内心与神的关系。

神并没有让我们事事称心，反倒让我们经历混乱和困惑的时刻，叫我们体验到什么才是内心真正的**平安**。任何人在观赏美丽的日落，或是在轻松度假时，都会感到平静安稳。我们要想知晓什么是真正的平安，就要在容易令人忧虑或害怕的境况里，仍然定意选择信靠神。同样，也惟有置身于被逼等待，或容易令人生气和恼怒的境况，我们才学会什么是**忍耐**。

神使用与圣灵果子相对的种种负面处境，让我们可以作出抉择。倘若你从来没有被引诱作坏事，就不能自称为好人。倘若你从来没有背叛的机会，就不能自称是忠心。惟有被引诱做不诚实的事情，却胜过试探，这才算是忠诚。惟有面对试探，却拒绝变得骄傲，才会生出真正的谦卑。惟有在试探中永不言弃，才能培养出真正的忍耐。每次你胜过试探，就变得多一些像耶稣！

试探的模式

撒但的伎俩是完全可以预计的，明白了这点，将会对你有帮助。自创世以来，撒但一直运用同一套策略和骗术。所有试探都依循同一个模式。因此，保罗说："我们非常熟悉他的诡计。"[2]圣经记载撒但怎样试探亚当、夏娃，以及耶稣，我们从中得知试探包含四个步骤。

试探的第一步，是撒但找到你心中的一个**欲求**。这可能是犯罪的欲求，例如想报复或操控人；但这也可能是正常而合理的欲求，例如渴望被爱、被重视或得到快乐。试探始于撒但试图（利用一个意念）说服你，去屈从于一个犯罪的欲求，或是利用错误的方法，或在错误的时刻满足一个合理的欲求。要常常小心，不走任何快捷方式，它们通常都是试探！撒但会在你的耳边说："这是你应得的！你应该立即得到它！它会令人兴奋……舒服……或令你感觉好些。"

我们以为试探都是外在的引诱，神却指出，试探始于我们内心。

我们以为试探都是外在的引诱，神却指出，试探始于我们**内心**。倘若你的内心没有欲求，试探就不能吸引你。试探往往始于你的思想而非外在环境。耶稣说："因为从人心里生出恶念、淫乱、偷盗、谋杀、奸淫、贪婪、邪恶、诡诈、渴求肉欲的享乐、嫉妒、诽谤、骄傲和愚妄；这一切恶事都是从人里面出来的。"[3]雅各告诉我们："在你里面有一整支恶欲的军队。"[4]

试探的第二步是**质疑**。撒但会设法令你质疑，他所引诱你去做的事，神是否看为罪——"这真是不对吗？""神真是说过不可做这事吗?""神是不是指某些人或在某些时刻不可做这事?""神不是想我活得快乐吗?"圣经告诫我们说:"当心!不要让任何恶念或疑惑使你离弃永生神。"[5]

试探的第三步是**欺骗**。撒但是不会说真话的,所以被称为"说谎言之人的父"。[6]他告诉你的全是谎言,或是半真半假的话。撒但会以他的谎言取代神的真理。撒但说:"你不会死的,你会像神一样聪明。你一定可以逍遥法外,不会有人知道的。你若这样做,问题就能迎刃而解了。再者,其他人都这样做,这只是小罪过罢了。"然而,小罪过就像妇人怀胎一般,最终会显露出来。

试探的第四步是**悖逆**。你终于听从那个哄骗你的谎话,照着你的意念去行;一个恶念终于生出行为。你向引诱你的欲念屈服,相信了撒但的谎言,堕入他的陷阱。那正是雅各告诫我们要提防的:"我们受试探的时候,是被本身的私欲牵引诱惑。然后,我们的恶欲既怀了胎,就生出罪来;罪既完全长成,便生出死来。我亲爱的朋友们,不要受骗!"[7]

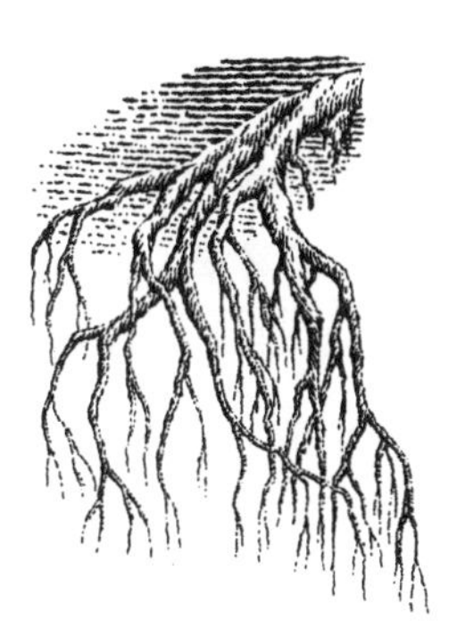

胜过试探

明白试探的运作模式,可使你有所警惕;但你仍要采取一些具体的步骤来胜过它。

拒绝受威吓

每当出现引人犯罪的念头,许多基督徒便会被吓怕或感到泄气,因为自己不能"超越"试探而感到罪咎。他们仅仅因为受试探而感到羞愧。这是对灵命成熟的误解,你**永远不会**成熟到这样一个地步:可以完全不受试探。

从某个角度看，你可以把试探视为一种赞赏。对于那些依从其恶念而行的人，撒但根本不用试探他们，他们早已是撒但的人。你受试探，显示撒但憎恨你，但并不表示你软弱或属世。你既然活在这个堕落的世界，受试探也是很正常的。不要因试探而感到奇怪、震惊或泄气。你要切实地认识到，试探是无可避免的；你永远不可能完全避开它。圣经说："当你受试探的时候……"它不是说"如果你受试探……"保罗劝勉我们说："当记着，你们所受的试探，与其他人所受的并无分别。"[8]

你受试探，显示撒但憎恨你，但并不表示你软弱或属世。

受试探不算犯罪。耶稣也曾受试探，祂却没有犯罪。[9]惟有在试探中跌倒，这才算是犯罪。马丁路德说过："你不能禁止雀鸟在你头上飞过，却可以阻止它们在你头上造窝。"你不能阻止魔鬼不断向你献计，却可以阻止这些坏思想进驻你的心，并拒绝照着做。

例如，许多人不懂得被异性吸引与好色之间的分别。两者是有分别的。神造人有男女之别，这是好的。被异性的美态所吸引、对异性产生好感，是神所赋予的自然和正常的反应。然而，好色却是**刻意的行动**，容让脑海中不断出现纵欲的思想。许多人，特别是男性基督徒，每当神所赐的荷尔蒙产生作用，就立即感到罪咎。每当他们情不自禁地注视一位富有吸引力的女性，他们就以为自己是好色，因而感到羞愧和罪咎。被吸引并不是好色，除非你老是想着对方而产生欲念。

事实上，你愈长进、愈亲近神，撒但便愈想引诱你。在你成为神儿女的那一刻，撒但就像犯罪集团的主脑，要派他的手下打击你。你是他的敌人，他正密谋要把你打垮。

撒但有时会在你祷告的时候，给你一个古怪甚或邪恶的念头，藉此令你分心和感到羞耻。你不要为此而惊恐或羞愧，而要明白撒但很害怕你祈祷,他要用尽一切方法来阻止你。与其责备自己"我为何会有这种思想?"倒不如视之为撒但的诡计,不再纠缠下去,立即专心仰望神。

留意自己被试探的模式,并为此而作好准备

在某些情况下,你会更容易受试探。某些处境几乎会令你立即跌倒,但另一些处境却难以干扰你。这些情况都是针对你的弱点,你必须有自知之明,因为撒但当然知道你的弱点!他**清楚**知道什么能绊倒你,于是经常制造这些处境来引诱你。彼得说:"要保持警醒。魔鬼会随时扑击,而且最擅于在你毫无防备时抓住你。"[10]

你要问自己:"我什么时候最容易受试探?在每周的哪一天?在每天的哪个时刻?"再问自己:"我在什么地方最容易受试探?在办公室?在自己家中?在邻居的家里?在某个娱乐场所?在机场或外地的宾馆?"你还要问自己:"我跟谁在一起的时候,最容易受试探?朋友?同事?在陌生人中间?还是独自一人的时候?"并要再问自己:"我通常在哪种情况下,最容易受试探?"可能是你疲倦的时候,或是你感到孤单、沉闷、沮丧,或压力很大的时候;也可能是你刚刚被人伤害或触怒,或正在忧虑的时候,抑或是你刚刚取得重大成就或经历属灵高峰之后。

你必须找出你受试探的典型模式,然后尽可能避免陷入那些情况。圣经不断提醒我们,要防备试探,也要作好准备面对试探。[11]保罗说:"不要给魔鬼任何机会。"[12]明智的计划能减少被试探的机会。你要听从箴言的忠告:"要小心计划你要做的事……避开恶事,只管向前直走,不要偏离正道。"[13]"神的百姓会避开恶道,他们会保守自己,因而谨慎自己所去的地方。"[14]

向神求助

天堂设有一条24小时的紧急热线。神希望你求助祂,以致克胜

试探。祂说:"在患难的时候呼求我,我必拯救你,而你必尊荣我。"[15]

我把这种祷告称为"微波"祷告,因为它简短而中的:"救命!快来救我!"当试探袭来的时候,你没有时间与神长谈,只能直截了当地求救。大卫、但以理、彼得、保罗和其他无数人,都曾这样在急难中随时向神祷告求助。

圣经向我们保证,神必垂听我们的呼求,因为耶稣深明我们的挣扎。祂像我们一样,面对过同样的试探。祂"明白我们的软弱,因为祂像我们一样,也曾受过各方面的试探,只是祂没有犯罪"。[16]

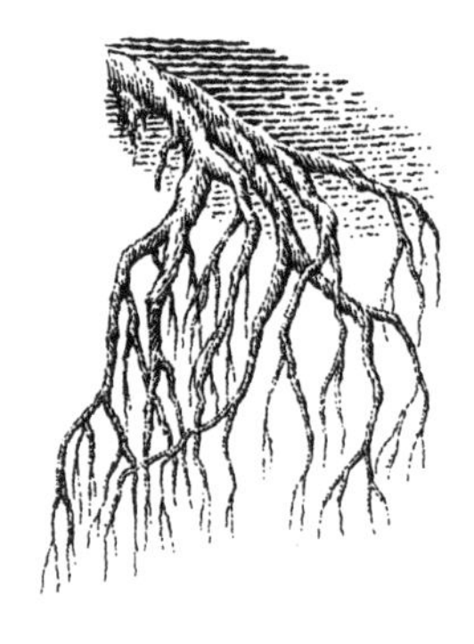

神既然在等候我们求助,要帮助我们克胜试探,我们为何不常常向祂呼求呢?坦白说,我们有时根本不想让神帮忙!我们明知是错,也想向试探屈服。在那一刻,我们自以为比神更加了解什么是对自己最好。

但有些时候,我们因自己不断向同一种试探屈服,而愧于向神求助。然而,神不会因我们屡犯屡改而被激怒、懒得理睬或不再宽容。圣经说:"所以,我们要有信心,来到神的施恩宝座前,领受祂的怜悯,并得着祂的恩典作随时的帮助。"[17]

神的慈爱长存,祂的忍耐持续至永远。倘若你为了要克胜某个试探,一天向神呼求200次,祂仍然会急于赐下怜悯和恩典。因此,请放胆来到祂的面前吧。求祂赐你能力去做正确的事,并相信祂必将能力赐给你。

试探使我们懂得时刻倚靠神。正如经常受风吹的树,它的根会长得更牢固。同样地,倘若你每次都顽强地抵抗试探,你也会愈来愈像耶稣。即使你跌倒——这事必然会发生——也并不会致命。你不可让步和放弃,倒要仰望神,祈求祂的帮助,并记着有赏赐待你领取:"当人受试探,仍能保持刚强,他们必然是快乐的。他们证明他们的信心之后,神必赏赐他们永生。"[18]

第 26 天

思想我的人生目的

思考重点:每个试探都是一个择善而行的机会。

背诵经文:“神祝福那些恒心忍耐试炼的人。他们往后必领受生命的冠冕,是神应许赐给爱祂的人的。”

雅各书一 12(NLT)

思考问题:倘若我能克胜自己最常面对的试探,我能够建立哪种基督的品格呢?

胜过试探

你要逃避一切使你产生恶念的东西……
但要靠近一切使你渴望行义的事物。
提摩太后书二22 (LB)

当记着,你们所受的试探,与其他人所受的并无分别。
神是信实的,祂必不容许试探强过你们能抵受的。
你们受试探的时候,祂必给你们开一条出路,
使你们不至于向它屈服。
哥林多前书十13 (NLT)

总有一条胜过试探的路。

有些时候,你可能觉得试探过大,使你力不能胜,这是撒但的谎话。神应许会将足够的力量赐给你,让你能够承受一切临到你身上的事;祂不会容许过于你能克胜的试探临到你身上。但你必须遵照圣经提供的要诀,尽本分去克胜试探。

转移你的注意力

你可能会感到诧异的是,为何圣经**没有**一处经文吩咐我们要"抵抗试探",只吩咐我们要"抵挡魔鬼"[1]——两者有**极大**的分别,笔者稍后将会说明。圣经提议我们要转移注意力,因为我们根本不能抵抗一个错误的思想。我们愈是抗拒,便愈注意它,反而增强了它对我们的吸引力。让我再说明一下:

每次你想从脑海中逐出一个意念,你只会把它赶进记忆的更深层次。你本想抵抗一个思想,但实质却强化了那个思想。对于试探更是如此。你想抗拒试探给你的感觉,却无法藉此克胜试探。你愈努力抗拒一个感觉,它就愈发迷住你、控制你。你每次想起它,便强化了它。

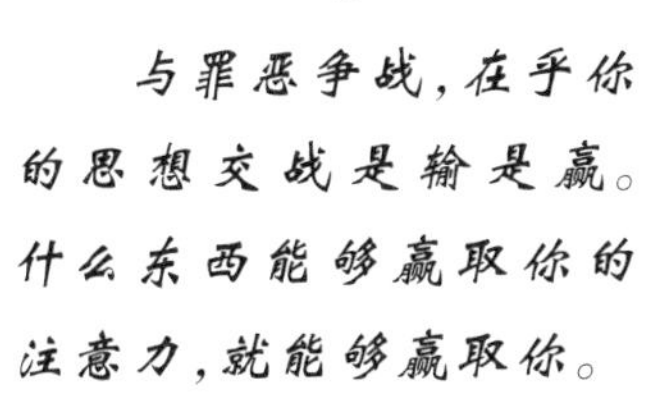

试探总是始于一个意念,因此,要赶快消除它的诱惑,最好的方法就是转移你的注意力。不要对抗那个意念,只要转移你的思想,去想别的事。这是克胜试探的第一步。

与罪恶争战,在乎你的思想交战是输是赢。什么东西能够赢取你的注意力,就能够赢取你。因此,约伯说:"我与我的眼睛立约,决不可用情欲的目光来注视年青女子。"[2]大卫亦祷告说:"使我不去注意那些虚空之物。"[3]

你曾否试过在电视上看见一个食品广告,便立即感到肚饿?曾否试过听见别人咳嗽,就立即觉得要清清喉咙?曾否试过看见别人打呵欠,便立即想打呵欠?(当你读到这里的时候,可能已在打呵欠!)这就是诱惑的力量。什么东西吸引我们的注意力,我们就自然会就近它。你愈多思想某事物,它就愈发抓紧你。

这正好解释了为何我们愈不断提醒自己"一定要减少食量……不再吸烟……或要控制情欲",就愈容易在这些事情上跌倒。你只是在不停地想着那些你不想做的事;就像那些宣布"我永远不要步母亲后尘"的人,却总是重蹈母亲的覆辙。

大部分节食餐单之所以不奏效,乃因它们时刻令你想起食物,令你觉得很饥饿。同一道理,一位讲员愈是提醒自己"不要紧张",结果就愈紧张!反之,他如果将注意力转移——例如去思想神,思考那讲章的重要性或听众的需要——而不再留意自己是否紧张,他就不会那么紧张了。

试探始于吸引你的注意力。只要能够吸引你的注意力,就可以惹动你的情绪;你的情绪接着便挑动你的行为,你便按照你的感觉作出行动。你愈专注去想"我不要做这件事",它就愈吸引你掉进其罗网。

不理会试探,远比努力抗拒更能有效地胜过试探。你的思想一旦被其他事物所占据,试探就失去其影响力。因此,当试探打电话找你时,请不要与它争辩,只要马上挂线便行了!

有些时候,意味着应该离开充满试探的处境。像以下的情景就是以逃避来应付试探:起来关掉电视、听见别人谈论是非便转身离开、在电影播放的中途离座等。要避免被蜜蜂刺中,就要远离蜜蜂。试探一旦来到,就要用尽一切方法转移注意力。

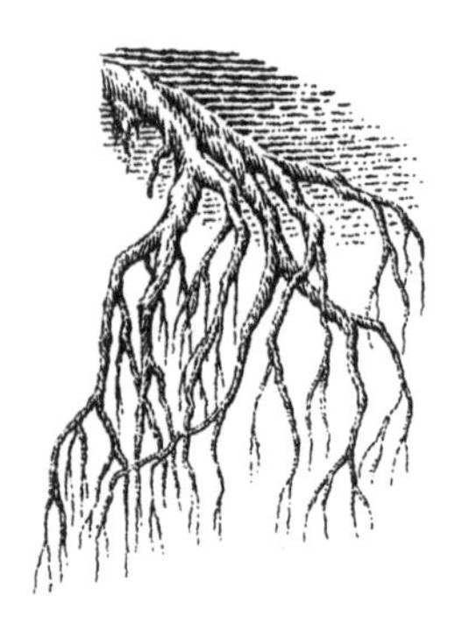

从属灵的角度而言,你的心思是最脆弱的器官。你若想减少受试探,就要经常思想神的话语和其他有益的事。你要刻意去想一些有益的事,藉此克胜无益的思想。这就是替代的原则,是以善胜恶。[4]倘若你的心思已被其他事情占据,撒但便无法吸引你的注意。因此,圣经一再地提醒我们,要保守自己的心思意念:"你们应当专心思想耶稣。"[5]"要经常念及耶稣基督。"[6]"要经常思念那些美善而值得称赞的东西:就是真实、高尚、正确、纯洁、可爱和有美名的事物。"[7]

你若真的想胜过试探,就必须好好管理你的思想,以及监控你所接收的媒体讯息。一位旷世的智者曾提醒世人:"要谨慎你的思想:

你的心思将影响你的一生。”[8]不要不加筛选地任由垃圾塞进你的脑袋，必须小心选择你的所思所想。我们可以学效保罗的方法：“我们要将一切心意夺回，使它降服和遵从基督。”[9]这需要毕生学习，但藉着圣灵的帮助，你必能重新调整你的思想方式。

向敬虔的朋友或支持小组剖白你的挣扎

你无须将你的困扰公告天下，但至少要向一位朋友坦诚剖白你的挣扎。圣经说：“有一位朋友远比孤身一人好……你若是跌倒，你的朋友可以把你扶起来。若是你跌倒的时候，身边没有朋友，你就真是有祸了。”[10]

让我郑重重申：倘若你一直无法胜过某种恶习、不良嗜好或试探，那么，你已陷入一个“立志——失败——罪咎”的恶性循环，再无力单独处理这个问题！你需要别人的帮助。要胜过这些试探，就必须要有同伴相助，他要不断为你代祷、时刻鼓励你，他也有权要求你向他交待。

神经常使用他人助你成长和克胜试探。当你单打独斗地对抗某些罪恶，却节节败退时，向朋友真诚而坦白地讲出你的问题，往往是解决问题的出路。神指出，这是你挣脱罪恶的唯一方法呢！“互相认罪和彼此代求，这样你们便可以得医治。”[11]

倘若你已在某种试探面前一再败退，你是否真的想得到医治呢？神为你提供的方法很简单：不要压抑它，要承认它！不要隐藏它，要揭露它！揭示自己的感觉，就是你得着医治的第一步。

隐藏伤痛只会加深痛楚。难题会在暗处滋长，而且愈长愈大；惟有让它们暴露在真理的光中，才会逐渐缩小。你其实也像你的秘密一样——愈是隐藏，就愈是病态；因此，你要摘下面具，不再扮作完美，才可走进自由。

在马鞍峰教会，我们充分认识这原则所产生的巨大力量；许多信徒一直被某些不良嗜好和试探苦苦缠绕，似乎毫无出路，但藉着一个称为“庆贺复原”的事工计划,他们终于得胜。这涉及八个复原步骤的事工计划乃合乎圣经,以耶稣的“登山宝训”作为基础,并以支持小组的运作方式来推行。在过去十年间,超过5000人藉着这计划挣脱各种恶习、伤痛和不良嗜好。今天,有数千个教会都在采用这个计划。我也大力推荐给你的教会。

撒但希望你认为,你所犯的罪和面对的试探都是独特的,所以必须将它们隐藏起来。但事实上,我们所有人都同坐一条船。我们各人都在对抗同类的试探,[12]而且“世人都犯了罪”。[13]数以百万计的人都与你感同身受,大家正面对同样的挣扎。

事实上,你若有任何不想谈及的事情,便已是出了乱子。

我们之所以隐藏错失,是因为想顾全面子。我们希望别人认为我们事事都应付自如。但事实上,你若有任何不想谈及的事情,便已是出了乱子,这可能是经济、婚姻、子女管教、思想上或性方面的问题,或不为人知的习惯等。你如果能够自己处理得来,就早已处理好了。你就是不能。意志力和个人立志是不够的。

有些问题已根深蒂固、积习太久,并且积重难返,不能靠你个人去解决。你必须要有小组或同伴不断鼓励你、支持你、为你祷告、无条件地爱你,他们也有权要你交待近况。而你也可以同样的方式服侍对方。每当有人向我倾吐:“在这之前,我从没向人透露过这件事”,我就会为那人感到很兴奋,因为我知道他将要得到很大的释放和解脱。他终于可以如释重负,更是头一次看见未来的一线曙光。当我们听从神的教导,向敬虔的朋友承认自己的挣扎,就总会出现如此的美好结局。

让我问你一个直率的问题:在你的生命中,有什么问题是你一直假装不存在的呢?你害怕谈论哪些事情呢?你不可能靠自己去解决的。是的,向人承认你的软弱,是令你感到丢脸的事;可是,正因为你不愿意谦卑下来,才无法改善自己。圣经说:"神抵挡骄傲的人,却赐恩给谦卑的人。所以要在神面前谦卑自己。"[14]

抵挡魔鬼

当我们懂得谦卑自己和顺服神之后,圣经教导我们要抗拒魔鬼。雅各书四章7节下这样说:"抵挡魔鬼,他就会离开你。"我们并非被动地退缩,而要主动还击。

新约圣经常常形容基督徒的人生是一场与恶势力争斗的属灵争战,并使用一些战争术语,如战斗、征服、斗争和战胜。基督徒常被喻为在敌方领土争战的士兵。

我们怎能抵挡魔鬼呢?保罗教导我们:"要戴上救恩作头盔,手持圣灵的宝剑,那就是神的道。"[15]因此,第一步是要接受神的救恩。除非你已经向基督说"是",否则你不可能向魔鬼说"不"。没有基督,我们根本无力防御魔鬼的攻击;但只要"戴上救恩的头盔",我们的心思就会得着神的保护。请记住:如果你是信徒,撒但便不能强逼你做任何事情,他只能引诱你。

其次,你必须用神的话语,作为迎战撒但的武器。耶稣在旷野受试探时,已经为我们立下了美好的典范。撒但每次提出一个试探,耶稣便引用经文来还击。祂不与撒但争辩。撒但引诱耶稣运用能力去满足自己的食欲时,祂没有说:"我不饿";祂只引用记忆中的一节经文来回应。我们也要这样做。神的话语带有能力,使撒但惧怕。

不要尝试与撒但争辩。他已经练习了数千年,当然比你更擅于争辩。

不要尝试与撒但争辩。他已经练习了数千年,当然比你更擅于争辩。你不能用逻辑或你的见解去吓唬他,却可以运用一种他所惧怕的武器——神的真理。因此,要克胜试探,平日就必须多背圣经,这是非常重要的。这样,当你遇到试探的时候,就能够立即想起对应的经文了。你要像耶稣一样,将真理藏在心中,以便随时应用。

你如果没有背诵经文,就等于没有将子弹放进枪里!我鼓励你日后每周背诵一节经文。试想一下,这会使你多强壮啊!

承认自己的软弱

神告诫我们,不要自以为是和过分自信,否则会铸成大错。耶利米说:"人的心比万物更诡诈,根本是无可救药。"[16]换言之,我们擅于欺骗自己。只要客观环境许可,我们任何人都可能会犯罪。我们绝不可疏于防范,以为自己可免受试探。

不要因一时大意,置身于充满试探的处境。要逃避这类处境。[17]当记着,远离试探,比从试探中逃脱更容易。圣经说:"不要那么无知和自信。你是不能例外的。你会像其他人一样当面仆倒。丢掉自信吧,那是不管用的。倒要培养对神的信心。"[18]

第 27 天

思想我的人生目的

思考重点:总有一条胜过试探的路。

背诵经文:"神是信实的。祂必不容许试探强过你们能抵受的。你们受试探的时候,祂必给你们开一条出路,使你们不至于向它屈服。"

哥林多前书十13下(NLT)

思考问题:我可以找谁作我的属灵同伴,请他为我代祷,帮助我去克胜某个缠绕着我的试探呢?

成长需时

地上的一切都各有
本身的时间和本身的时序。
传道书三1（CEV）

我深信，在你们心里动了善工的神，
必继续在祂的恩典中帮助你们成长，
直至祂在你们心里的工作
在耶稣基督再来的那日最终得以完成。
腓立比书一6（LB）

成长路上没有任何捷径。

我们必须经过悠悠十数载，才能长大成人；果实也需要整整一个季节，才能完全成熟。要结出圣灵的果子，道理也一样，我们不可能在仓促之间建立基督的品格。灵命跟身体一样，都需要经过时间，逐渐成长。

倘若你使果实加快成熟，它就会失去应有的味道。美国的番茄通常还未成熟，便被摘下来运到市场，以免在运送期间被碰伤。商贩在出售前，会向那些青色的番茄喷二氧化碳，使它们立即变成红色。这些被喷过的番茄是可供食用的，但却绝对没有在植株上慢慢成熟的那种鲜味。

我们担心自己成长的**速度**，神却关心我们有多健壮。神要我们为永恒而活，祂也从永恒的角度看我们的生命，所以祂绝不会匆忙。

我们担心自己成长的速度，神却关心我们有多健壮。

亚当斯(Lane Adams)曾经将信徒灵命成长的过程，与二次世界大战期间盟军解放南太平洋岛屿的策略相比。首先，他们利用炮舰在沿岸的海域炮轰敌人的防线，削弱他们的还击能力，藉此使岛屿的居民“软化”。接着便派遣一小队海军进驻岛上，建立一个“滩头堡”，就这样控制了岛屿的一小片范围。稳守滩头堡的据点之后，他们便进入解放整个岛屿的漫长过程，一小块一小块领土地逐步进驻。他们最终控制整个岛屿，但过程中仍免不了几场死伤惨重的激战。

亚当斯作出这样的模拟：在我们还未悔改，让基督征服我们的生命之前，祂有时会容让我们遇见一些问题，是我们无力解决的，以致我们能“软化”下来。当基督首次敲人心门时，有些人会开门迎接祂，但我们大多数人却以防卫的心态拒绝祂。我们信主前的经历，就如同耶稣所说的：“看哪，我正在门外大力叩门！”

在你敞开自己，接受基督的那一刻，神就在你的生命中建立了“滩头堡”。你可能以为自己已完全向祂降服，但事实上，你生命中还有很多保留，甚至连你自己也没有察觉。你那一刻认识自己有多少，就只能够向神交托多少。这是没有问题的。一旦基督得着了一个“滩头堡”，祂就会逐步开始祂的进驻大计，直至你的生命完全属于祂。过程中会出现很多挣扎和争战，但基督终必成功。神已应许说：“在你们心里开始了善工的神，定必成全到底。”[1]

作门徒是一个效法基督的过程。圣经说：“我们要达到真正的成熟——要用‘基督的完全’来作为衡量成熟的标准。”[2] 长成基督的样式,是你最终的目标,但这是你一生之久的成长历程。

直至目前为止,我们认识到这个历程包含了相信(藉着敬拜生活表达出来)、归属(藉着团契相交)和改变(藉着门徒训练)。神希望你每天都像祂:“你们已开始过新的生活,在这过程中成为新人,和逐渐长成那位造你的神的形象。”[3]

今天的人凡事讲求速度,但神却关心人的成长是否健壮和稳定,甚于成长的速度。我们希望有快速的应变措施、快捷方式和随时解决问题的良方。我们期望一堂讲道、一个讲座或一次经历,便能够立即化解所有问题,挪开所有试探,除去一切成长必经的痛苦。然而,一次经历——无论有多大影响力或如何震撼——都不可能带来真正的成熟。圣经说:“随着神进入我们的生命和我们变得像祂,我们的生命便逐渐变得更加光明和更加美丽。”[4]

为何需要那么长时间?

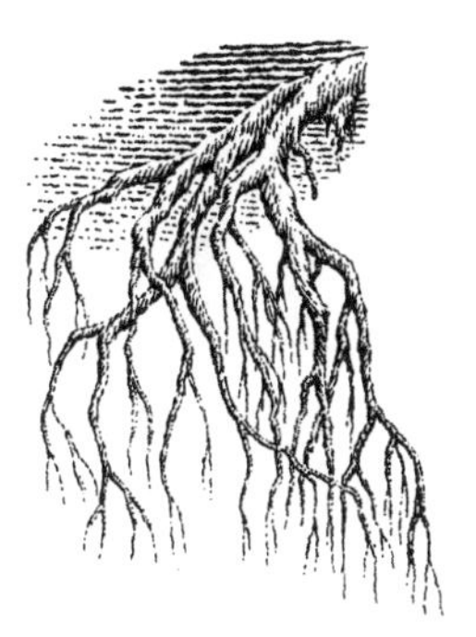

神虽然可以立刻改变我们,但祂宁可让我们慢慢成长。耶稣一直是从容不迫地建立祂的门徒。神容许以色列民“渐渐”[5]占领整个应许地,以免他们一下子难以应付;祂同样希望我们的生命能循序渐进地成长。

我们为何需要那么长时间去改变和成长?有以下一些原因:

我们的学习进度迟缓

我们经常要重复四五十次去学习一个功课,才能真正学会。问题重复出现后,我们会对自己说:“绝不会有下次!我已经学会了!”然而,神比我们知道得更清楚。以色列人的历史已经证明,我们是何等快速地忘记神所教导的功课,又是何等快速地回复到旧有的行为模式。我们需要不断地重复学习。

我们要除去很多积习

不少人带着积压多年的个人或人际关系问题,来到辅导员面前,说:“我有一小时的空当,请你为我解决问题。”他们天真地期望有快速的方案,可以解决根深蒂固的问题。我们的大部分问题,以及我们的一切恶习,都绝非在一夜之间形成,因此,期望它们立刻消失,根本不切实际。没有任何解药、祷告或方法,可以很快抚平累积多年的损坏。它需要经历“脱下”和“更换”的痛苦历程。圣经称之为“脱下旧人”、“穿上新人”[6] 的历程。尽管你在悔改决志的那一刻,已得着新性情,但你仍有旧有的习惯和行为模式,必须弃旧更新。

我们害怕谦卑地面对自我的真相

我早已指出,真理会使我们得自由,但却会先令我们感到痛苦难堪。我们害怕坦然面对自己,因为恐怕会发现自己的瑕疵,于是,我们便宁愿活在否定真相的牢笼中。惟有我们让神用真理之光来光照我们,叫我们看清楚自己的过错、失败和挂虑,我们才能去处理这一切。所以,倘若你没有谦卑、受教的心,便难以成长。

成长往往有痛苦和害怕

没有改变,就没有成长;没有恐惧或失去,就不可能有改变;失去不可能没有痛苦。每个改变总会令人失去某些东西:你必须弃除旧有的生活,才能体验新的生活。我们每个人都害怕失去,纵使我们的旧有生活方式会伤害自己,但它犹如一双穿旧的鞋子,至少令我们感到舒服和习惯。

没有改变,就没有成长;没有恐惧或失去,就不可能有改变;失去不可能没有痛苦。

我们总喜欢把自己的瑕疵看作特点。我们会说:“我就是喜欢自己这个样子……”,或“这就是我”。其实,在潜意识里面,我们担心在戒除旧有的习惯、放下旧日的伤痛或挂虑以后,我会变成一个怎么样的人,这种恐惧必定会减慢你的成长。

建立习惯需要时间

当记住,你的品格就是你一切习惯的总和。你不能自称是仁慈,除非你**惯于**表现仁慈——不用细想,也自然地表现出仁慈。你不能自称是诚实,除非你**惯于**表现诚实。一个丈夫若只有大部分时间忠于妻子,根本就是不忠!你的习惯反映了你的品格。

倘若你要建立基督的品格,养成基督的习惯,就只有一个途径:你必须经常**实践**,而这是需要时间的!没有习惯是立刻养成的。保罗劝勉提摩太说:“你要实行这些事。要专心一致地去作,以致所有人都看出你的进步。”[7]

无论作什么事情,只要经过长时间实践,就必有所成。品格和技巧的建立,在乎不断地重复实践。这种培养品格的方式,通常称为“**属灵的操练**”。有很多优秀的著作提供了这方面的教导,本书“附录 2”就有一份有关灵命成长的推荐书目。

不要急于求成

在灵命成长的过程中,你可以在好几方面与神合作。

纵然你感觉不到,但仍相信神正在你的生命中作工

灵命成长的过程,每次只能前进一小步,有时是相当磨人的。我们只能期望会逐步成长。圣经说:“地上的一切都各有本身的时间和本身的时序。”[8] 你的属灵生命,同样也有其时序。有时,你会急速成长(春季),然后停滞不前、经历考验(秋冬)。

对于那些你希望能够神迹般除去的问题、习惯和伤痛，你该怎样处理呢？祈求神迹是可以的，但倘若神只应允让你逐渐改变，你也不要失望。即使是缓慢的流水，经过长时间的流动，也可以侵蚀坚硬的大石头，变成小的鹅卵石。一根小小的嫩苗，经过长时间的成长，至终会变成一棵高达107米的红杉树。

将学到的功课记下来

这并非日记，而是把你学到的功课记下来。神教导你认识祂，认识你自己，认识人生、人际关系及其他一切事情，你要将所有启迪和体验记录下来，让你可以经常重温，更可留传给下一代。[9] 定期重温你的灵程日志，可免除许多无谓的痛苦和烦恼。圣经说："我们必须牢牢紧握我们听过的道理，以免随流失去。"[10]

对神对己都要有耐性

人生在世，其中一件令人懊恼的事，就是神的时间表很少与我们的相同。我们经常急于求成，但神却毫不心急。当你看见自己的生命成长似乎很缓慢，可能会感到失望。请记住，神从来不急进，但却永远准时。祂会尽用你的一生，来为你在永恒的角色作预备。

圣经记载了很多实例，显示神怎样用漫长的过程来建立人的品格，尤其是对那些领袖。祂用了80年来装备摩西，其中包括40年的旷野生涯。摩西总共等了14600天，期间他不停地问："是时候了吗？"但神却一直回答："还未是时候。"

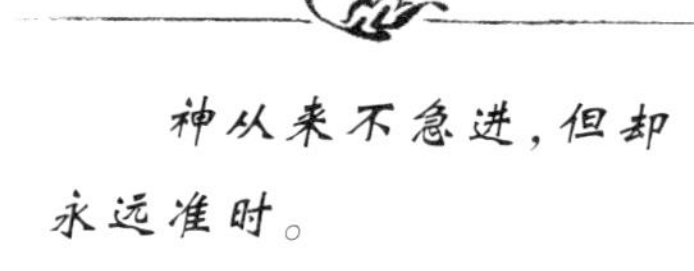

与许多畅销书的书名刚好相反的是，世上根本没有什么"迈向成熟的简易步骤"或"立刻成圣的秘诀"。倘若神想要蘑菇，祂可以在一夜之间得到；但祂若想要一棵巨大的橡树，就必须等上百年。人要经过种种挣扎、风浪和痛苦，才能磨炼成为伟人。在过程中，人必须忍耐。雅各劝勉我们说："事情未成熟之前，不要过早放下。要让它完成工作，使你变得成熟和发育健全。"[11]

不要灰心

哈巴谷认为神的行动不够迅速，正为此感到沮丧之际，神对他说："我所计划的这些事不会立即发生。随着时间慢慢、平稳和稳步趋近，这异象定必成就。纵使好像很慢，但不要灰心，因这些事定必应验。只要忍耐！它们必不延误一天！"[12]延迟并不表示神不理会。

要记着你已走了多远，而不只是记着你还要走多远。你现在所处的光景，虽不是你所向往的光景，但已不是你过往所站的光景。多年前，在美国流行一种钮扣，上面写着一串英文字母，那是一句话的缩写，意思是："请忍耐，神还未将我改造完成。"(Please Be Patient, God Is Not Finished With Me Yet.)神同样未完全改造你，所以要继续努力。即使是蜗牛，只要坚持到底，也必能登上方舟！

第 28 天

思想我的人生目的

思考重点：成长之路没有捷径。

背诵经文："神在你的生命里开始一项善工，我深信祂必持续下去，直至它在耶稣基督再来的时候得以完成。"

腓立比书一 6(NCV)

思考问题：我的灵命成长有哪一方面需要多加忍耐、坚持下去？

·人生目的＃4·

你被塑造来服侍神

我们不过是神的仆人……

各人按着主所交付的去工作：

我栽种，亚波罗灌溉，但是神使它生长。

哥林多前书三5－6（TEV）

接受你的差事

是神亲自造成我们这个样子，
并从基督耶稣赐给我们新生；
祂在万世以前已预定，
我们应当用此生去帮助别人。
以弗所书二10（LB）

我在地上已荣耀你，你指派
我的工作，我已巨细无遗地完成了。
约翰福音十七4（Msg）

你活在世上是要作出贡献。

神造你不是只为消耗资源——只管吃喝、呼吸和占有空间。神的心意是要你有所贡献。许多畅销书都教你如何**尽取**所有，但这却非神造你的目的。人生在世，不是只为取用地上的一切，而是要使地上的生命有所**加添**。神希望你有所回馈。这是神给你的第四个人生目的，那就是你的“事奉”（或称服侍）。圣经在这方面给予我们详尽的教导。

你存在是为了事奉神

圣经说：“神造我们是要我们终生作各样善行，这是祂早已预备我们去作的。”[1] 这些“善行”就是你的服侍。不论你以何种形式，只要是服侍人，其实就是服侍神，[2] 也就是在完成你的人生目的。在以下的两章，你会看见神为实现这目的是如何用心地**装备**你。神对耶利米说的话，同样适用在你身上：“我造你在母腹之前，已经拣选你。你还未出生，我已将你分别出来，要将一件特别工作交给你。”[3] 你生于世上，是要完成一项特别的差事。

你得救是为了事奉神

圣经说：“是祂救了我们，并拣选我们作祂的圣工，不是因为我们配得，而是出于祂的计划。”[4] 神救赎你，以致你能作祂的“圣工”。你不因行善而得救，但你得救，却是为了行善。在神的国度里，你有一个位分、一个目标、一个角色和一个要履行的职能。这就使你的人生充满意义和价值。

耶稣以自己的生命作为赎价来拯救你。圣经提醒我们：“神为你们付出了极大的代价，因此要用你们的身体来荣耀神。”[5] 我们事奉神，不是出于罪咎、恐惧，或者是责任，而是因着神为我们所作的一切，使我们充满了喜乐和感恩，发自内心地乐于事奉祂。我们的生命是属于祂的。藉着耶稣的救赎，我们的过去得蒙宽恕，我们的现在充满意义，我们的将来也得到保障。神既给予我们如此的恩典，我们就应像保罗：“因着神的大怜悯……将自己当作活祭献给神，献身去服侍祂。”[6]

使徒约翰指出，我们用爱心服侍别人，便可证明我们已经真正得救。他说：“我们若能彼此相爱，就能证明我们已出死入生。”[7] 倘若我对人没有爱心，不想服侍别人，只关心自己的需要，我就要反问自己，基督是否真正在我的心中？一个得蒙救赎的人，必然乐于服侍。

服侍神亦可称为“事奉”，但绝大多数人却对“事奉”抱有误解。他们一听到“事奉”，就想起牧师和全职参与教会工作的人。但神却指出，祂家里每位成员都是服侍祂的人。圣经中，**仆人**与**服侍神的人**

是同义词，正如**服侍**和**事奉**也是同义词一样。倘若你是基督徒，就是服侍神的人；只要你参与服侍，你就是在事奉神。

倘若我对人没有爱心，不想服侍别人，我就要反问自己，基督是否真正在我心中？

彼得的岳母被耶稣医好后，便立即用祂赐予的健康身体，“起来服侍耶稣。”[8] 这正是我们要做的事。我们得医治，为的是要帮助人。我们蒙祝福，为的是要祝福人。我们被救赎，为的是要服侍人，而不是呆坐着，等候上天堂。

你可否想过，在我们接受神恩典的那一刻，神为何不立即把我们接上天堂呢？为何还让我们留在这个堕落的世界？神要我们继续留下，是为了完成祂的目的。你得救之后，神便要使用你来成就祂的目的。神要你在教会参与**事奉**，要你在世界承担**使命**。

你蒙召是要去事奉神

在灵命的成长中，你也许会以为，只有牧师、传道人、修士和其他“全时间”事奉的教会同工，才会有“蒙召”的经历；然而，圣经却指出，每个基督徒都蒙召去服侍。[9] 你蒙召去接受救恩，也包括了蒙召去服侍，两者是等同的。不管你此时在哪个行业，从事什么工作，神同样呼召你参与**全时间**的基督教事奉。基督徒必须事奉，“不事奉的基督徒”这个称谓是不能成立的。

圣经说：“祂拯救我们和呼召我们成为祂的子民，不是因着我们做了什么，而是因着祂的旨意。”[10] 彼得补充说：“你们被拣选，是要去宣扬那位召你们的神的美德。”[11] 无论在何时何地，只要你运用神所赐的才能去服侍人，你就是在履行你的呼召。

圣经说：“如今你们属于祂……为的是让我们在服侍神的工作中有用。”[12] 你用多少时间来服侍神？中国的某些教会在欢迎初信者时会说:“耶稣又有了新的双眼去看,有新的双耳去听,有新的双手去帮忙,有新的心去爱人。”

你要加入教会家庭的原因之一,是为了要以实际行动,去完成你服侍其他信徒的呼召。圣经说:“你们全部合起来就是基督的身体,你们各人是身体的一个独立而重要的部分。”[13]基督的身体极需要你的事奉——任何一个地方教会都会这样告诉你。我们各人都有一个位分;每个位分都是重要的。服侍神不分工作的大小,全部都是重要的工作。

同样地,在你的教会中,并没有微不足道的事奉。有些工作是做在人前,有些是做在幕后,但全都珍贵。微小或隐藏的事奉,往往带来巨大的改变。在我的家中,最重要的灯并非挂在客厅的巨型吊灯,而是当我深夜起床,可使我避免踢伤脚趾的小夜灯。体积大小与重要性并无关系。每项事奉工作都重要,因为我们每个人都需要互相搭配,才能发挥正常的效用。

如果你身体中的某个器官停止运作,你会怎样?你会病倒,你整个身体都受苦。试想你的肝决定为自己而活,说:“我已做累了!我不想再服侍这个身体!我要停工一年,好好吸收营养。我要为自己的好处着想!由其他器官暂代我的工作吧。”结果会有什么事情发生呢?你很快便会死去。今天有数以千计的地方教会,因为基督徒不愿意事奉而濒临死亡。他们宁愿袖手旁观,使整个身体深受其苦。

你要听命去事奉神

耶稣的话是不会有错的:“你们必须要有和我一样的心态,因为我作为弥赛亚,也不是来叫人服侍,而是去服侍人和舍己。”[14]对基督徒来说,服侍并非可随意选择的,不能等待我们有空才插进时间表里。它是基督徒生活的核心。耶稣来,是要“服侍”和“付出”,这两样也是你一生在地上要做的事。神为你所定的第四个人生目的,正是"服侍"和"付出"。德蕾莎修女曾经说过:"圣洁生活的意义,也包括要带着微笑去做神的工作。"

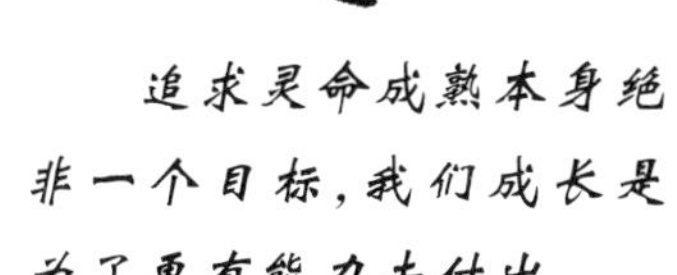

耶稣指出,追求灵命成熟本身绝非一个目标,成熟是为了事奉!我们成长是为了更有能力去付出。仅仅不断学习是不够的。我们必须学以致用,将信念实践出来。徒具观念而不表达出来,只会令人倒退;只研习而不服侍,灵命就会停滞不前。加利利海与死海的古老对比,依旧很有意趣。加利利海充满生命,因为有水流入,亦有水流出;死海却只有入而没有出,所以变成一潭死水。

今天不少信徒**最没有迫切需要**去做的事,就是去参加另一个研经班。他们已知的太多,但实践却太少。他们最需要的是亲身参与**服侍**,来锻炼他们的属灵肌肉。

服侍别人,与我们的天性相违。我们大都想**得到别人的服侍**,多于去**服侍别人**。我们会说:"我正在寻找一个教会,能满足我的需要和使我得福。"却不会说:"我正在寻找一个地方,让我可以参与服侍和**使人**得福。"我们期望别人服侍我们,而不是我们去服侍别人。然而,当我们在基督里日渐成熟,我们生活的焦点,就会愈来愈转向服侍别人。那些属于耶稣的成熟门徒,不会再问:"谁人能够满足**我的**需要?"反而会问:"我可以满足谁的需要?"你是否问过后者的问题呢?

为永恒作好准备

在人生的终点,你将要站在神面前;祂会评检你的一生,看你有没有好好服侍别人。圣经说:"我们各人都要亲自向神交账。"[15]请细想这句话的意思。终有一天,神会作出比较,我们花了多少时间和精力在自己身上,又投入了多少时间去服侍别人。

到那一刻,我们会用尽借口来为自我中心的表现作解释,例如“我一直太忙”、“我有自己的目标”,或“我一直在忙于工作、享乐或为退休作好准备”。但这些都变得空洞无用。神听完你的解释,便会回答说:“对不起,我不满意你的答案。我造你、救赎你、呼召你和命令你要一生服侍人。究竟有哪一方面是你不明白的呢?”圣经告诫非信徒说:“祂会将祂的怒气和忿怒,倾倒在那些为自己而活的人身上。”[16]对基督徒而言,这就意味着失去永恒的奖赏。

我们只有懂得去帮助别人,才是真正活着。耶稣说:“你们若坚持要救自己的生命,就会失去生命。惟有那些甘愿为我和福音的缘故舍弃生命的人,他们才知道什么是生命的真正意义。”[17]这个真理是如此重要,以致福音书重复了五次。你如果没有去服侍人,就仅是存在,根本不是活着,因为人生是为了事奉。神期望你学习去爱和无私地服侍别人。

服侍及其价值

你将要为哪些事物奉献一生呢? ——事业、运动、嗜好、名誉、财富? 这一切都没有永存的价值。惟有服侍,才有真正的价值。我们藉着事奉,明白到人生的意义。圣经说:“我们作为祂身体的一部分,各人找到自己的意义和功能。”[18]当我们一同在神的家中服侍,我们的生命便具有永恒的重要意义。保罗说:“我希望你们思想,这一切如何使你们变得有更大的价值,而不是更小价值……因着你们是身体的某一部分。”[19]

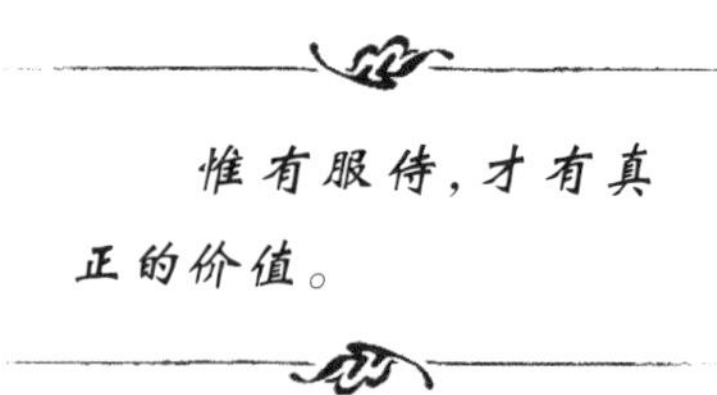

神希望使用你来改变世界。祂希望藉着你来作工。你究竟能

活多久，并不是最重要的；你一生能有多少**贡献**，才是最重要的。人生不在乎**活多久**，只在乎**怎样活**。

倘若你并没有参与任何服侍或事奉，你是用什么借口推托的呢？亚伯拉罕已经年老；雅各欠缺安全感；利亚长得不漂亮；约瑟被亏负；摩西口吃；基甸很穷；参孙不够独立；喇合道德败坏；大卫除了有婚外情，还有种种家庭问题；以利亚想过自杀；耶利米抑郁；约拿曾反叛；拿俄米是寡妇；施洗约翰是个古怪的人；彼得性格冲动又火爆；马大过于忧虑；撒玛利亚妇人数度婚姻失败；撒该不受欢迎；多马性格多疑；保罗体弱；提摩太懦弱。上述各人都有不同的缺点，但神却使用他们来为祂工作。只要你停止用借口来推诿，祂同样会使用你。

第 29 天

思想我的人生目的

思考重点：服侍并非可随意选择的。

背诵经文："因我们是神所作的工，在基督耶稣里造成的，为的是要我们行各样的善事，是神预备我们去作的。"

以弗所书二 10（NIV）

思考问题：有什么因素阻碍我，使我不愿意接受神的呼召去服侍祂？

被塑造来服侍神

你的手塑我造我。

约伯记十8（NIV）

我为自己所塑造的子民，

必传扬赞美我的话。

以赛亚书四十三21（NJB）

你被塑造来服侍神。

神造地上的万物各有专长。有些动物擅跑，有些擅跳，有些擅泳，有些擅于掘地洞，有些擅于飞翔。神按照不同的方式塑造它们，使它们各具独特的角色。人类也是一样。我们各人都是神的独特设计，或是由祂所"塑造"，为的是要我们专长做某些工作。

建筑师在设计一座新大楼之前，必先问："它有什么用途？将来要怎样使用它？"这个预计的功能，便决定了其建造的形式。神在造你之前，也先行决定了你在世的角色。祂具体计划了要你怎样服侍祂，然后按照这些既定的任务来塑造你。你之所以是现在的你，是因为神要塑造你去承担一项独特的事奉。

圣经说："我们是神所作的工作，在基督耶稣里造成的，为的是要我们行善事。"[1] 英文字"诗歌"(Poem)，与上述经文中的"工作"(Workmanship)，源自相同的希腊文字。你是神亲手制作的艺术品。你并非不费心思、由装配线大量制造出来的产品。你是被度身定做，世上独一无二的原创作品。

神刻意塑造你，让你能用独特的方式来服侍祂。神精挑细选造你的基因。大卫为了神的无微不至而深深赞叹："你为我的身体造了一切精巧的内脏，在我母亲的腹中将我编结起来。感谢你造我那样奇妙复杂！你的工艺何等奇妙！"[2] 正如沃特斯(Ethel Waters)所说："神不会制造垃圾。"

神不单在你出生之前塑造你，还为你日后每天的生活定好计划，来延续整个塑造的过程。大卫继续说："我生命中的每一天都记在你的册上。我连一天还未度过，但每一刻都已清楚记下。"[3] 换言之，在你生命中所发生的一切，没有一样是没有意义的。神使用每一件事来塑造你去服侍祂和服侍人。

神绝不会浪费任何东西。除非祂要你运用你的某种才能、兴趣、天赋、恩赐、个性和人生经验去荣耀祂，否则祂不会将这些赐给你。只要你细心辨认和认识这些因素，你便能发现神为你一生所定的旨意。

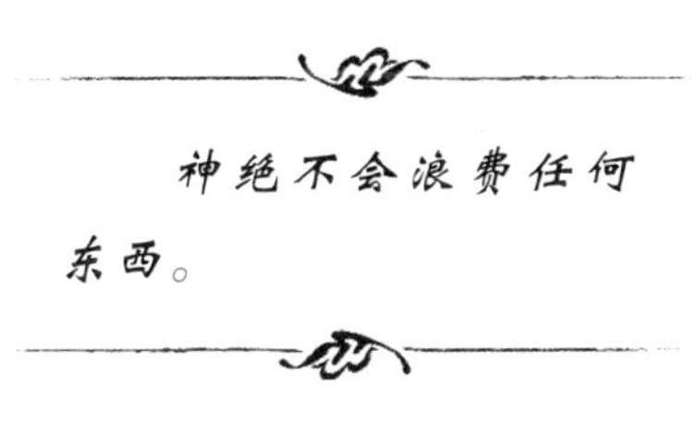

圣经称你为"奇妙复杂"的个体。你是由很多不同的因素组成。为了帮助你容易记得这些因素，我尝试用一个英文词来作出解释，它就是SHAPE(中文解作"特质")。我们会在本章和下一章检视这些因素，接着，我们会继续解释你如何发掘和使用它们。

神如何塑造你去事奉

每当神给你一份差事,祂必会预先装备你,让你能完成那项差事。我用 SHAPE 这个英文词,来统称这些组合起来的能力,它们包括:

S (Spiritual Gifts)属灵恩赐

H (Heart)心

A (Abilities)才能

P (Personality)个性

E (Experience)经验

特质:发掘你的属灵恩赐

神将属灵恩赐分给每位信徒,让他们可以用在事奉上。[4] 这些从神而来的特别才能,是要你用来服侍神,所以只会赐给信徒。圣经说:"人没有神的灵,不能领受从神的灵而来的恩赐。"[5]

你不能赚取属灵恩赐,也不配得任何恩赐——因此,它们才被称之为"恩赐"!显明这些都是神给你的恩典。"基督已慷慨地将祂的恩赐分给我们。"[6] 你亦不能选择想要什么恩赐;神早已作出决定。保罗解释说:"唯独圣灵能将这些恩赐分给人;亦只有祂能够决定每个人分得什么恩赐。"[7]

神喜爱多样化,又喜欢我们各有特长,所以,祂不会将同一种恩赐给予每一个人。[8] 此外,没有一个人会获得所有恩赐。你如果拥有所有恩赐,就不再需要与人合作了,这与神的心意相违——神的心意是要我们学习彼此相爱和相依。

神将属灵恩赐分给你,不是为了你个人的好处,而是为了**别人**的好处；正如别人的恩赐也是为了让你得益。圣经说：“神将属灵恩赐给予我们各人，是用以帮助整体教会。”[9] 神这样设计，是要我们彼此帮助。当我们一同运用恩赐，所有人便一同得益。倘若别人不用他们的恩赐，你便有所亏损；反之，倘若你不用自己的恩赐，别人也有所亏损。因此，神才吩咐我们要发掘和建立自己的属灵恩赐。你有没有花时间去发掘自己的属灵恩赐（Spiritual Gifts）呢？一份没有打开的礼物（Unopened Gift）是毫无用处的。

当我们忘记上述有关恩赐的基本真理，就会给教会带来问题。两个常见的问题是：“妒忌别人的恩赐”，以及“将自己的恩赐投射在别人身上”。当我们将自己的恩赐与别人的恩赐作比较，对自己所得的感到不满意，对别人得到神的重用感到怨忿或妒忌，那时，就会出现上述第一个问题。当我们期望人人都有我们的恩赐，也当做我们蒙召去做的事，而且还要像我们一样火热地去做，那时，就会出现上述第二个问题。圣经说：“教会中有不同种类的服侍，但我们是服侍同一位主。”[10]

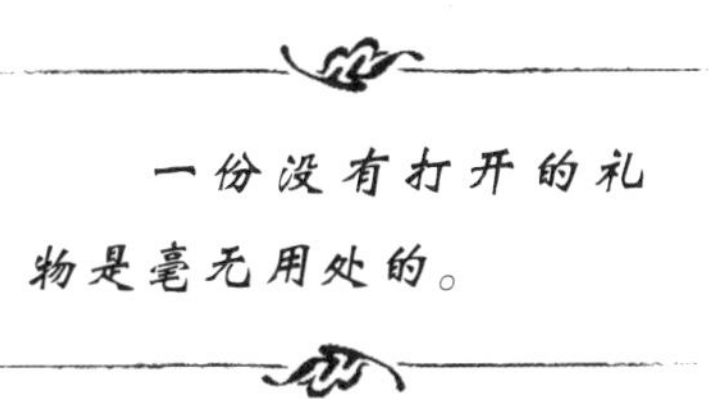

有些时候，过分强调属灵恩赐，会使你忽略神还会用其他因素来塑造你去服侍祂。你的恩赐只是其中一把钥匙，让你藉此明白神的心意，要你在哪一方面事奉祂。但这些恩赐不能展示整幅图画。神还用其他四种方式来塑造你。

特质：聆听你的内心

圣经用了“心”这个词来泛指我们的愿望、盼望、兴趣、志向、抱负、梦想和爱慕等。你的心代表你一切动力的来源——你最喜爱做什么、最关心什么。即使今天，当我们说“我全心全意地爱你”的时候，我们都是表达这个意思。

圣经说："水怎样反照人的脸，人的心也怎样反照其人。"[11]你的心显示了真正的你——不是别人心目中的你，也不是环境造成的你。你的心决定了你会**说什么话**、有什么**感觉**、有什么**行动**。[12]

论身体的特征，我们各人都有独特的心跳模式，正如我们都有独特的指纹、眼膜和声音一样。自古以来，有数以百亿的人曾活在世上，但令人惊讶的是，从没有人与你有相同的心跳模式。

神同样将独特的情绪"心跳"赐予我们各人，当我们想到某些引起我们关注的事物、活动或处境，便会出现不同的心跳。我们本能地关心某些事情，而忽略另一些事情。这都是一些线索，让你认识到自己应在哪方面服侍。

"心"的另一个相关词是**热情**。你对某些事物特别有热情，而对另一些则较为冷淡。某些经历和体会很快令你感兴趣，吸引你的注意力；但另一些却使你感到沉闷和无聊。这些反应都显示了你的心。

随着你逐渐成长，你可能发现你对某些事物产生浓厚兴趣，但你的家人却不感兴趣。这种偏好是从何而来的？正是从神而来的。神赋予你这些天生的偏好，是有祂的目的。你的情绪心跳是你发掘神为你预备哪种事奉的第二把钥匙。不要忽视你的兴趣；试想，你可以如何运用兴趣来荣耀神？你之所以喜爱作这些事，一定有其原因。

圣经一再指出："要尽心服侍主。"[13]神希望你以火热的心，而不是单以尽责的态度来服侍祂。我们如果不喜欢某项工作，或没有一颗热切的心去做，是很难把工作做好的。神希望你用你的兴趣去服侍祂和服侍人。聆听自己的心声，将有助你明白神为你所预备的事奉岗位。

你怎样知道自己是用心服侍神呢？**热诚**就是第一个指标。要是你在做你**喜爱**做的事，根本就不用别人推动你、激励你或监督你。你只会愈做愈开心。你甚至无须奖赏、赞许或报酬，因为你就是喜欢这样去事奉。反之亦然，当你无心去做某件工作，便很容易灰心。

第二个你用心服侍神的指标是**果效**。你若是按照神所赋予的兴趣,去做某件你**喜爱**做的工作,就一定会做得好。你对那件工作的热爱,会驱使你追求完美。你如果不喜欢某项工作,就很难做得好。在任何领域取得最高成就的人,都一定热爱他们所做的,而绝非为了责任或利益。

要是你在做你喜爱做的事,根本就不用别人推动你、激励你或监督你。

我们经常听见人说:“我讨厌我的工作,我只是为了赚钱才继续做;我总有一天会辞职不干,转行做自己喜欢做的事。”这是极大的错误!你不要浪费一生去做不称心的工作。请记住,人生在世最重要的不是物质;意义远比金钱重要。一位富甲天下的人曾说:“过敬畏神的简朴生活,胜过生活富裕却烦恼千斤。”[14]

不要满足于追求“美好的生活”,因为这还不够好;它最终仍不能满足你。你可以生活丰裕,却不知为何而活。你应当追求“更好的生活”,就是按着你心所爱的去服侍神。想想你喜欢做些什么事——就是神给你热心去做的事,然后切实去做,以此来荣耀祂。

第 30 天

思想我的人生目的

思考重点:神塑造我来服侍祂。

背诵经文:“神藉着不同的人,以不同的方式去作工;但却是同一位神,要藉着他们众人,去达成祂的目的。”

哥林多前书十二 6(Ph)

思考问题:我最热衷于用哪种方式去服侍别人?

认识你的特质

你从内而外地塑造我；

你在我的母腹中造我。

诗篇一三九13（Msg）

你是独一无二的。

我们每个人都是神的匠心设计，在世上都是独一无二的。没有另一人的混合元素跟你一样。换言之，世上无人能扮演神为你所定的角色。倘若你没有在基督身体内作出你的独特贡献，那就是无法弥补的损失。圣经说："属灵恩赐各有不同……服侍方式各有不同……服侍的能力亦各有不同。"[1] 我们在上一章已检视你的属灵恩赐和你的心；现在将要继续检视你那服侍神的**特质**（SHAPE）的其他元素。

特质:善用你的才能

你的才能就是你天赋的才干。有些人有语言天分,仿佛一出生就会说话。有些人天生有运动方面的才能,身体各部分有很好的协调。另一些人则长于数学、音乐或机械。

神在计划造会幕和各种敬拜器具之前,早已塑造了许多艺术家和工匠,他们拥有"各种工艺技巧、才能和知识,去作出各类精巧的设计……还召集了各类的工匠"。[2] 神今天仍将各类才能赐给人,让人能服侍祂。

一切才能都由神所赐

即使是人用来犯罪的才能,也是由神所赐;只不过是被误用或滥用了。圣经说:"神已将某种专长的才能赐给我们各人。"[3] 既然你天赋的才能是来自神,它们就一如你的"属灵恩赐"那样重要,那样"属灵"。唯一的分别,乃是它们与生俱来。

信徒推却服侍时,最常用的借口之一是"我没有什么才能";这是绝对荒谬的。你可能有无数天赋才能,是你没有去发掘,是你所不知道,也没有去运用的。不少研究显示,我们每个人平均拥有 500 至 700 种不同的技能和才干,远超过你的想象。

例如,你的脑袋能够储存 100 万亿项数据。像你的消化系统一样,你的脑袋可以在一秒之内处理 15000 个决定。你的嗅觉可以分辨 10000 种不同的气味。你的触觉可以感应到只有 1/25000 英寸厚的东西,你的舌头可以尝出稀释到 1/2000000 的柠檬汁。你拥有多不胜数的天赋才能,都是神奇妙的创造。教会的其中一项责任,就是要识别和善用你的才能去服侍神。

每种才能都可用来荣耀神

保罗说:"无论你们作什么,都要为荣耀神而作。"[4] 圣经有很多的例子,说明神会使用人的不同才能去荣耀祂,其中包括:艺术、建筑、行政、造船、烘焙、制糖果、辩论、设计、防腐、刺绣、雕刻、耕种、捕鱼、园艺、领导、管理、音乐、绘画、制造武器、栽种、哲思、机械、发明、木工、石工、航海、销售、当兵、裁缝、教导、文学创作和作诗等。圣经说:“用来服侍的才能各有不同,却是同一位神赐各人特别的才能去服侍祂。”[5] 神已在教会中为你预备了岗位,让你可以发挥专长和作出贡献,但要由你去找出这个岗位。

神赐给某些人赚钱致富的能力。摩西对以色列人说:“当记念主你们的神,因为是祂将得财富的能力赐给你们。”[6] 有这种能力的人擅于营商、做买卖和赚取丰厚的利润。倘若你有这种营商的才能,就必须用来荣耀神。可以怎样荣耀神呢?首先,要确定你的才能是神的赐予,为此感谢祂。其次,要用你的生意来满足别人的需要,以及向未信者分享你的信仰。第三,至少将利润的十分之一奉献,藉此来敬拜神。[7] 最后,要以**建立神的国度**为目标,而不是只顾及**累积财富**。我会在第 34 章再详述这一点。

神要我做我有能力做的事

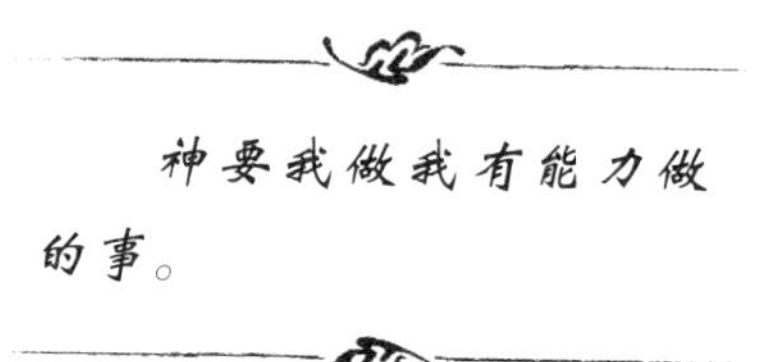

你的才能是独一无二的。没有人可以替代你的角色,因为别人都没有神赐予你的独特角色。圣经指出,神装备你们,给你们“在遵行祂旨意时所需的一切”。[8] 为了明白神为你一生所定的旨意,你定要认真检视自己有什么强项和弱项。

倘若神没有给你音准的才能,祂当然不会期望你成为歌剧演唱家。神绝对不会要你投资一生,去做你没天分做的事。另一方面,倘若你有某些才能,这就是很重要的指标,显明什么是神想让你一生去做的事。这些都是提示,让你可藉此明白神对你的心意。倘若你有设计、招募、绘画或组织的才能，你可以放心，神的心意是要你尽展所长。神不会浪费你的才能，祂的呼召必然适合你的才干。

你的才能不仅是供你赚取生计，更要用它来事奉神。彼得说："神已将一些特殊的才能赐给你们各人；定必要运用它们来彼此帮助，将神所赐的各样福气分给其他人。"[9]

我写本书的时候，差不多有 7000 名信徒正运用他们的才能，在马鞍峰教会作各式各样的事奉，其中包罗万有：修理别人赠送的汽车，再转送给有需要的人；为教会所需购买的物品计价；绿化教会的环境；有系统地处理文件档案；美术设计；安排活动；建筑物的设计；提供健康护理；预备膳食；撰写新歌；教授音乐知识；撰写申请资助的计划书；教授各类技能；为预备讲章作资料研究或翻译讲章；以及其他数以百计的专门工作。我们会对每一位新成员说："你有什么专长，就要用来服侍教会！"

特质：善用你的个性

我们从来没有想过，我们真是何等独特。基因分子可以有 10 的 2400000000 次方（10 的 24 亿次方）的组合方式，这意味着你绝不可能找到一个人像你一样。你如果要把上述数目的完整数字写出来，每一个"0"字相隔 1 英寸的话，你的纸条足足需要 37 万英里长！

让我们换个角度来看：有些科学家推测全宇宙的粒子大约少于 10 之后再加 76 个"0"，这个数目远少于人类基因组合的可能性。你的独特性已是一个科学证明的事实。神把你造成之后，就已毁了那塑造你的模具；因此，古往今来，绝无一人完全像你。

神显然是喜爱变化的，只要你看看周围的一切便晓得！祂造我们每一个人，都有不同的个性组合。神造**内向**的人，也造**外向**的人。祂造一些人喜爱**规律**，另一些人则喜爱**变化**。祂造某些人喜爱**思考**，另一些人则擅用**感觉**。有些人喜欢独力承担，另一些人则喜欢团队工作。圣经说："神藉着不同的人，以不同的方式去作工；但却是同一位神去藉着他们众人达成祂的目的。"[10]

圣经提供了很多例证，证明神使用各种个性的人。彼得**热情乐观**；保罗**暴躁易怒**；耶利米**多愁善感**。当你细看十二门徒的个性特征，就不难明白他们为何时有冲突。

没有哪种脾性是最适合事奉需要，而另一些脾性是完全不适合事奉的。我们需要各种个性的人去平衡教会的事奉，使每种事奉各具特色。倘若所有人都是香草味冰淇淋，这个世界便会很沉闷。幸好，照目前所知，世上至少有 31 种不同口味的人，各有不同的性格。（编者按：作者以美国一家有 31 种口味的冰淇淋连锁店为例。）

你的个性会影响你**怎样**运用属灵恩赐，以及**在哪里**运用这些恩赐。举例来说：两人同样拥有传福音的恩赐，但一人性格内向，一人性格外向，于是两人便会以不同方式来运用他们的恩赐。

作木匠的，都知道要顺着木纹来切割，才会事半功倍。同样地，倘若你被迫参与违反你个性的事奉，不单会带来压力和不安，还令你备感费神，但果效却不尽人意。因此，模仿别人的事奉是难有果效的。你的个性根本与**他们**不同！而且，神造你，就是要你做自己！你可以**学习**别人的榜样，但你必须依照你的**特质**，来过滤你所学的功课。今天有很多书籍和工具能帮助你明白自己的个性，让你可以决定怎样用你的个性来服侍神。

你若按照神塑造你的个性去做神的工作，那感觉一定很好。

人的不同个性反照了神的光，就像彩色玻璃一样，映出不同的色彩和样式。如此，各人便以不同的深度和样式来祝福神的家。你若按照神塑造你的个性去做神的工作，**那感觉一定很好**，你会感到胜任愉快、很满足，也有显著成果。

特质:善用你的经验

你的人生经验大都不在你的控制之内,但它们却一直塑造你。神容让种种经历临到你,是为了要塑造你。[11]在探求你事奉神的特质时,你至少要检视过去六种人生经验:

- **家庭经验**:你在家中得着怎样的成长经验?
- **教育经验**:你在学校念书时最喜欢哪些科目?
- **工作经验**:什么工作是你最喜欢做而又最有果效的?
- **属灵经验**:有哪段与神同在的时刻是你认为最深具意义的?
- **事奉经验**:你以往如何服侍神?
- **痛苦经验**:你从哪些问题、创伤、困难和试炼中学到功课?

神常用最后一项,即**痛苦**经验,来装备你去参与事奉。**神绝不浪费每次伤痛的经历!** 事实上,你最大的事奉,往往是从你最大的痛苦衍生出来的。谁能比育有弱智孩子的父母,更能有效地服侍其他弱智儿童的父母呢?谁能比一个在酗酒的梦魇中浮沉多年,而最终挣脱束缚的人,更能有效地帮助其他酒徒呢?谁能比一位因丈夫有外遇而遭离弃的女人,更能安慰有同样遭遇的妇女呢?

神会刻意容让你经历某些痛苦遭遇,为的是要装备你去服侍别人。圣经说:“祂在各样的患难中安慰我们,以致我们能安慰别人。当别人遭遇患难,我们便能用神给予我们的安慰去安慰他们。”[12]

倘若你真的渴望被神使用,就必须明白一个很重要的真理:令你感到最痛苦或最遗憾的人生经历,也就是你最想隐藏和忘记的经历,往往是神最想使用,以致能帮助别人的。这就是你的事奉岗位!

要让神使用你的痛苦经历，你就必须愿意与人分享。你不要再把这些经历隐藏起来，必须诚实地承认你的过错、失败和恐惧。只要你愿意这样做，那就会是你最有果效的事奉。每当我们与人分享神的恩典，如何帮助我们面对软弱，给人的鼓励往往远胜于吹嘘自己的长处。

保罗深明此理，因此，他坦诚分享自己一次沮丧的经历："亲爱的弟兄们，我们在亚细亚经历的艰难时刻，我很想让你们知道。那时我们真是身心受压，力不能胜，恐怕自己不能再活下去。我们觉得自己是必死的了，深深体会到自己是何等无力自救；但那是好的，我们因此将一切交回神的手中，唯独祂能拯救我们，因为祂甚至能叫死人复活。而祂真的帮助我们，拯救我们脱离了一次可怕的经历，免于一死；是的，我们期望祂能一次又一次地帮助和拯救我们。"[13]

要让神使用你的痛苦经历，你就必须愿意与人分享。

倘若保罗把这次疑惑和沮丧的经历隐藏起来，无数的人便无法从中得着益处。惟有与人分享自己的经验，才能帮助别人。赫胥黎（Aldous Huxley）说："发生在你身上的事，不算是你的经验。你如何处理那件事，那才是你的经验。"你会怎样处理你的人生经历呢？请不要浪费你的痛苦，用它来帮助别人吧。

检视完神塑造你去作服侍的五种途径，我盼望你能更深地赞叹神的主权，同时更清楚地看见神如何塑造你去服侍祂。善用神塑造你的元素，正是事奉既有果效，又有满足感的关键所在。倘若你能在心爱的事奉岗位中，善用你的**属灵恩赐**和**才能**，并配合你的**个性**和人生**经验**去服侍，就当然是最有果效了。上述各项配合得愈好，你就愈有成就。

第31天

思想我的人生目的

思考重点:没有人可以取代我。

背诵经文:"神已将一些特殊的才能赐给你们各人;定必要运用它们来彼此帮助,将神所赐的各样福气分给其他人。"
彼得前书四10(LB)

思考问题:神赐我什么才能或人生经验,让我可以服事教会?

善用神赐予你的一切

我们既奇妙地被造，各有所长，
在基督里成为一体，让我们勇往直前，
做我们被造要去做的事。
罗马书十二5（Msg）

你的生命是神赐给你的礼物；
如何使用你的生命是你献给神的礼物。
丹麦谚语

神配得你献上最好的礼物。

祂塑造你，是要你去完成一个目的，祂期望你能尽用祂赐给你的一切。祂不希望你垂涎得不到的才能，或为此而烦恼。祂希望你专心致志地善用祂所赐予你的一切才能。

倘若你不按照神塑造你的方式去服侍祂，而试图按照自己的意思去服侍，情况就如同要将一枚方钉凿进一个圆孔，只会令人泄气，服侍的果效亦不尽人意，这也浪费了你的时间、天赋和精力。按照神所塑造你的特质去服侍神，最能善用你的一生。要做到这点，你就必须了解神如何塑造你，你要学习接纳和欣赏神的赐予，并尽展所能。

发掘你的特质

圣经说:“不要鲁莽行动,要努力去明白并遵照主的意思而行。”[1]不要再多浪费一天。你应立即探求和了解神的心意,是要你成为怎样的人,要你做些什么事。

检视你的恩赐和才能

你先要仔细而坦诚地检视自己有什么强处和弱项。保罗劝勉我们说:“要对你的能力作出一个明智和合理的评估。”[2]你要列出一张清单,再请别人给你一点儿意见。你要告诉他们,你真的想认识自己,而不是想听到别人的赞赏。我们通常可以从别人口中,印证到自己拥有什么属灵恩赐和天赋才能。倘若你一直以为自己有作教师或歌星的恩赐,但别人却不表认同,那表示什么呢?倘若你想知道,自己是否有作领袖的恩赐,只要回头一看便可以知晓——如果没有人跟随你,你就肯定不是领袖人材。

你还可以问类似的问题:我这一生所做的哪些事情是有果效,又**得到别人认同**的呢?我在哪方面的努力已获得成就?利用一些标准测试来了解自己的属灵恩赐和才能,可能会有某些价值,但作用始终有限。首先,它们是公式化的检测,没有顾及你的独特性。其次,圣经没有为属灵恩赐下过任何定义,因此任何定义都是武断的,亦往往带有个别宗派的偏见。此外,还有另一个问题,就是你愈是成熟,就愈能表现出多种恩赐的特征。例如,你因为成熟了,所以懂得服侍人、教导人或乐善好施,但这些却不是你的属灵恩赐。

要发掘自己的恩赐和才能,最佳的方法就是去**尝试**不同的事奉岗位。我年轻时,可以接受一百次恩赐和才能的评检测试,可是,却

除非你有亲身试过，否则你永远不会知道自己的长处。

一直没有发现自己有教导的恩赐，因为我从没尝试过教导别人！我是在愿意接受教会所提供的机会，尝试着作教导的工作**以后**，听到别人的肯定，看见了成果，这才真正认定："神给我教导的恩赐去服侍人！"

许多书籍所建议的方法是："要发掘你的属灵恩赐，然后便知道你应当承担哪种事奉。"恰恰相反，我认为正确的方法应该是反其道而行：要先开始服侍，尝试不同的事奉岗位，你便能发掘自己的恩赐。除非你真正参与服侍，否则便难以知道自己有哪方面的长处。

你不知道自己原来有很多才能和恩赐，因为你从来不曾尝试施展出来。因此，我鼓励你作一些新尝试。不管你年纪有多大，我都鼓励你不要停止尝试。我认识不少人，到了七八十岁才发现自己埋藏的天赋。我认识一位老婆婆，她在 90 多岁的高龄还赢得 10 公里赛跑的冠军，当她发现自己喜欢跑步的时候，已年届 78 岁！

请不要去探究自己的恩赐，而要先主动参与事奉。只管去服侍。你一旦参与了事奉，就能发现自己的恩赐。你可尝试去作教导、带领、组织、弹奏乐器或青少年事工。除非你亲身试过，否则你永远不会知道自己的长处。即使你发现自己做得不理想，也不过是"尝试"而已，并不算是失败。你最终必能发现自己的所长。

检视你的心和个性

保罗建议说："仔细探索你是个怎么样的人，以及你的恩赐适合做什么工作，然后便完全投入自己。"[3] 当然，从熟悉你的人口中，听取他们的意见也很重要。你也可以问自己：我最喜欢做什么？我做什么事情最感到干劲十足？什么事情最能使我全情投入，甚至忘却时间？我喜欢做较有规律性的工作，抑或灵活多变的工作？我喜欢团队工作，抑或单独工作？我较内向，抑或较外向？我属于思考型，还是感觉型？我喜欢具有竞争性的工作，还是与人合作的工作？

检视你的经历并汲取教训

你要回顾过往，思考你的人生经历如何塑造你。摩西告诉以色列人："你们藉着今天与主一起的经历，对主有什么认识，你们当时常谨记。"[4] 忘却的经验，便是毫无价值的经验，这就是我们写灵程日志的一大理由。保罗担心加拉太的信徒白受了那许多的苦，他对他们说："你们不是白白浪费所得的经验吧？我绝对不希望是这样！"[5]

当我们正在受苦，或饱尝失败，或处境难堪的那些时候，是很难明白神的美意的。当耶稣替彼得洗脚的时候，祂说："你现在不明白我这样做是什么意思，但迟些便会明白了。"[6] 惟有事后回顾，才能明白神如何藉着这些来成就祂的美意。

我们必须花时间思考，才能从经验中汲取教训。我提议你花一个周末去**退修**（生命反思静修），让你可以停下来检视过往，细想神如何带领你度过每个重要的人生阶段，你从中学到了什么功课，是神想让你用来帮助别人的？

接受并欣赏你的特质

神既然知道什么最适合你，你就当欣然接纳神对你的塑造。圣经说："你是人，哪里有权去质问神？陶瓶岂能有权对陶匠说：'你为何把我造成这样？'陶匠喜欢用陶泥造什么，就当然有权照他的意思去做！"[7]

神按照祂的至高主权来塑造你，为的是要你去完成**神的**目的；因此，你不应心存不满或抗拒。你要为神给你塑造的特质而庆贺，不要力图改造自己变成他人。"基督已从恩赐的宝库中，按照祂的心意将各种特别的才能赐给我们各人。"[8]

要接受神为你塑造的特质，其中一个要点是要承认你的局限。没有人是样样专长的，没有人是蒙呼召去做一切工作的。我们各人都有既定的角色。保罗深明此点，他知道神没有呼召他去独揽一切工作，或讨每个人的喜悦，他只是蒙召要按照神塑造他的目的，专心承担祂所差派的事奉。[9] 他说："我们的目标，是要留在神为我们所定的范围之内。"[10]

上述"**范围**"这个词，是指神已将服侍的领域或范畴分给我们各人。你的特质决定了你的专长。我们若过度扩展我们的事奉领域，超越了神为我们设定的范围，我们会感到有压力。正如在田径比赛中，每位跑手都有不同的跑道，我们各人也要"坚忍去跑前面神为我们所定的赛程"。[11] 你不要妒忌旁边那条分道的跑手，只要专心致志地跑完**你的**赛程。

神希望你乐于使用祂给你塑造的特质。圣经说："要确切去做你应当做的工作，因惟有这样，你才会把工作做好而感到满足，你再不需要将自己与别人比较。"[12] 撒但会用不同的方法，偷走你从服侍得来的喜乐，包括：引诱你去与别人的事奉作**比较**，或引诱你**顺应**别人的期望来事奉。这两个致命的陷阱，足以使你在服侍上偏离神的心意。一旦你失去事奉的喜乐，就要立即检视自己是否已堕入这些陷阱。

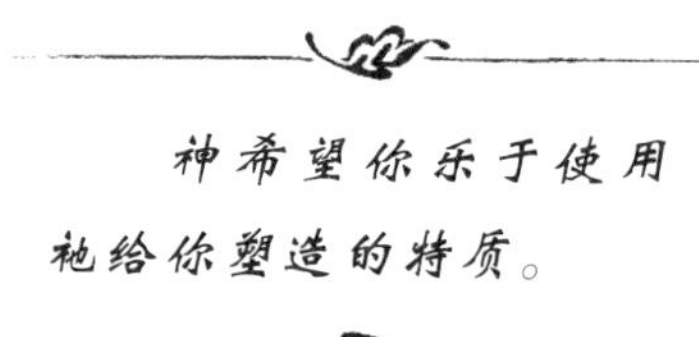

圣经劝戒我们绝对不要与别人比较："做好你的工作，如此你便有值得称许的地方。但不要将自己与别人比较。"[13] 你不应将神为你塑造的特质、你的事奉或事奉果效与任何人比较，原因有二：首先，是你随时都可以找到另一个仿佛比你更出色的人，因而感到气馁。其次，是你随时都可以找到另一个仿佛不像你那么出色的人，因而感到骄傲。这两种心态都会使你偏离真正的服侍，夺去你的喜乐。

保罗直言，将自己与别人比较是很愚蠢的。他说："我们不敢将自己与那些自我表扬的人相提并论或互相比较。他们是自己量自己、自己与自己比较，他们实属不智。"[14]另一个意译本则是这样的："他们这一切比较、评级和争竞，实在是相当无谓。"[15]

你会发觉，那些不了解你的事奉特质的人，除了批评你以外，还试图影响你，使你去作**他们**认为最适合你的事奉。你根本无须理会他们。保罗也经常受到批评，那些人误解和中伤他的事奉，他的反应却永远如一：避免比较，抗拒夸大，只寻求神的称许。[16]

保罗被神大大使用的原因，是他不因别人的批评而影响他的事奉，也不会将他的事奉与别人比较；在别人质疑他的事奉时，他也不作无谓的争辩。正如约翰本仁（John Bunyan）所说："我的生命若是毫无成果，谁人称许我都不重要；我的生命若是结果累累，谁人批评我也并不在意。"

不断发展你的特质

耶稣那个论才干的比喻，说明神期望我们尽展所能。我们要不断培养恩赐和才能，保持内心火热，在品格和个性上不断成长，也要扩展人生的经验，使我们的服侍愈来愈有果效。保罗教导腓立比的信徒，要"在知识和悟性上不断成长"。[17]他又提醒提摩太说："要将神的恩赐，从你里面重新挑旺。"[18]

你若不锻炼肌肉，它们便会无力而萎缩。同样地，倘若你不运用神赐予的才干和技能，这一切最终也会失去。耶稣那个论才干的比喻，正是要强调这个真理。主人论及那个没有善用某种才干的仆人说："取回他的才干，将它给予那个已有十种才干的仆人。"[19]你不运用神给你的才干，最终只会失去它们；倘若你善用才干，神会使你的才干愈发加增。保罗教导提摩太说："定要运用神给你的才能……好好使用这些才能。"[20]

无论你有什么恩赐，只要持续运用，它们就可以不断加增和发展。例如，拥有教导恩赐的人，不会在一开始便尽展所长。但藉着不断的学习、聆听学生的反应和实习，“**好**”老师就会变成“**优秀的**”老师，假以时日，他甚至可能成为“**一代宗师**”。你不要满足于那个半开发的恩赐，倒要尽展所能、尽力进取学习。“要竭尽所能地专心为神工作，作神无愧的工人。”[21]你要善用每个训练的机会，去发展你的特质，提升你服侍的技能。

将来在天堂，我们将要永远服侍神。如今在地上，我们可以藉着不断的练习，来为这永恒的事奉作好准备。正如运动员为奥运赛事努力准备一样，我们也为将来那个大日子不住加紧练习：“他们这样作，只是为了得到会褪色和朽坏的金牌。你们却是为了得到永远不朽的金牌。”[22]

我们正为那**永恒**的责任和赏赐作好准备。

第32天

思想我的人生目的

思考重点：神配得我献上最好的。

背诵经文：“你当竭力在神面前作个受称许、无愧疚的工人，正确讲解真理的道。”

提摩太后书二15（NIV）

思考问题：我怎样善用神赐予我的一切？

作个真仆人

谁想成为伟人,就必须作仆人。

马可福音十43(Msg)

你们凭着他们的行为,
就晓得他们是怎么样的人。

马太福音七16上(CEV)

我们藉着服侍别人来服侍神。

世人用权势、财产、声望和地位来定义什么是伟大。你若能命令别人来服侍你,就已达到这个定义的伟大。在我们那种追求满足自我的文化中(编者按:作者是指美国文化),我们已养成"我优先"的心态,因此,"作仆人"绝对是个不受欢迎的观念。

然而,耶稣却用你是否愿意服侍别人,而不是用你的地位,来衡量你是否伟大。神会计算你服侍了多少人,而不是多少人服侍了你,来评定你是否伟大。这种看法恰好与世俗的观念相反,因此,我们要花很长一段时间,才能确认这个观念,要实践就更难了。门徒昔日曾争论谁配得那个最有名望的地位；两千年后的今天，基督徒领袖仍然在教会、宗派和福音机构中间，争夺地位与名望。

有很多书籍是教人作领袖的，但论及作仆人的著作却寥寥无几。所有人都想作带头人，却没有人想作仆人。人人都想作将军，没有人喜欢作二等兵。甚至连基督徒也想作“仆人中的领袖”，而不甘于只作仆人。然而，要学像耶稣，就要甘于作仆人，仆人是耶稣的自称。

知道神给你塑造的特质(SHAPE)，固然有助你去**服侍**祂，但更为重要的是要有一颗仆人的心。请牢记，神塑造你，是要你去服侍，而不是让你去满足自己。倘若你没有仆人的心，就很容易受引诱误用你的特质，去获取个人利益。你也会被引诱，借故不去满足别人的需要。

神为了试验我们的心，常吩咐我们去作一些服侍，有时我们**缺乏**做这种服侍的恩赐。当你看见有人跌入坑中，神期望你立即上前救援，而不是说：“我没有怜悯人或服侍人的恩赐。”你纵然没有作某项工作的恩赐，但假使当时在场的人都没有那种恩赐，神便可能呼召你去做。你的事奉特质所适合的服侍，应该是你的**主要**事奉范围；但在有需要的时刻，你也会被召去投入**第二线**的事奉范围。

神给你塑造的特质，显示你的事奉岗位；但你的仆人之心，却显示你的成熟程度。

神给你塑造的特质，显示你的事奉岗位；但你的仆人之心，却显示你的成熟程度。在会议完毕后留下，帮助捡拾垃圾，或叠好椅子，都不需要特殊才能或恩赐的。每个人都可以作仆人，唯一条件是要有仆人的品格。

我们可能毕生在教会服侍，却从没试过作**仆人**。你必须有仆人之心。你怎么知道自己有仆人之心？耶稣说：“你们凭着他们的行为，就晓得他们是怎么样的人。”[1]

真仆人随时准备好去服侍

仆人不会长时间去做自己的事情，以致用有限的时间去服侍。他们希望自己能作好准备，以致能随时报到，好像士兵一样："当兵的人不会让世务缠身，以致能讨那召他当兵的人欢喜。"[2] 倘若你只能在方便的时候才服侍，就不是一个真仆人。真仆人一见到有需要，就会帮忙，即使当时感到不便，也在所不辞。

你是否准备好随时服侍神呢？倘若祂扰乱了你的计划，你能不生气吗？你若是仆人，就不能挑选服侍的时间或地点，这意味着你要放下掌管自己生活作息时间的权利，只要神需要你，你就乐于让神打乱你的安排。

要是你每天起来，便提醒自己："我是神的仆人"，那么，当你的生活编排被打乱的时候，就不会感到懊恼了，因为你生活的一切都是神所安排的。仆人会把这些打扰，看作是神所安排的事奉，就会欢喜快乐地把握这些学习服侍的机会。

真仆人留意别人的需要

仆人总是随时留意哪里需要他帮忙。他们看见哪里有需要，就把握那时刻，尽快去帮忙，正如圣经吩咐我们的："我们一有机会，就当向众人行善，对主内一家的人就更当如此。"[3] 神让你看见面前有人需要帮忙，就是给你学习作仆人的机会。记住神的嘱咐，要将主内弟兄姊妹的需要放在优先，而不是放在行事表的末端。

我们因缺乏敏锐力和自觉性，而失去许多服侍的机会。重要的服侍机会不会长久等候你。它们转瞬即逝，有时永不复来。你可能只有一次机会去服侍某人，因此必须抓紧时机。"你若能立即帮助邻舍，就不要叫他们等到明天。"[4]

约翰·卫斯理(John Wesley)是一位难能可贵的神的仆人。他的座右铭是:“在自己能力范围之内,要尽力服侍每一个人——要竭尽所能、用尽一切方法、采取一切途径,无论在任何地方、不管在什么时候。”这就是伟大。开始的时候,你可以留意一些微小的工作,是没有其他人愿意去做的,把小事当作大事去做,因为神在察看你。

真仆人竭尽所能地工作

仆人不会用借口来推诿或拖延工作,也不会等候更佳的时机才工作。仆人永不说:“要迟几天才做”或“要等到合适的时间才做”。圣经说:“你如果要等候最佳的时机,就只会一事无成。”[5] 神期望你尽展所能,善用才干,随时随地去服侍。不尽完美的服侍,胜过有意愿而没行动。

许多人不去服侍,是因为担忧自己**做不好**。他们误信了谎言,以为只有精英信徒才有资格服侍神。有些教会过分追求“卓越”,令人产生了这种想法,使许多自觉资质平平的信徒,对事奉望而却步。

你可能听过类似的说法:“如果不能做到最好,倒不如不做。”嗯,耶稣可没这样说呢!事实上,我们做任何事情,初时总是做得不好的——所以才需要学习!在马鞍峰教会,我们奉行“够好了”的原则:我们相信,神并非要我们做到完美,才使用和祝福我们的工作。我们宁愿有数以千计的普通信徒参与事奉,也不愿意由少数精英去运作一个完美的教会。

真仆人尽心做好每件事

仆人无论做什么,都“从心里做”。[6] 工作的大小并不重要;唯一的问题是:这件工作是否需要去做?

你永不会到达一个极尊贵的层次,以致不适合做低下的工作。神绝不会免却你做一些琐事,因为这对你的品格建立是非常重要的。圣经说:“你如果认为自己太了不起,以致不能帮助有需要的人,你就只是自欺。你根本就是个普通人。”[7] 我们正是藉着这些微小的服侍，去学像基督。

别人避之则吉的低下工作，耶稣却甘心乐意去做，例如替人洗脚、帮助小孩、弄早点和服侍麻风病人等。祂不会嫌工作过于低下，配不上祂的身份，因为祂来，是要服侍人。祂做这一切，并非为了显出祂的伟大；祂乃是为我们树立榜样，要我们照着行。[8]

微小的工作往往反照出伟大的心灵。倘若你愿意做别人不屑去做的微小工作，这便显示了你的仆人之心；保罗在沉船意外之后，主动捡柴生火给众人取暖，便是一例。[9] 当时，他跟其他人一样困乏，却乐意去满足各人迫切的需要。倘若你有仆人之心，就没有一项工作是过于低下、令你不屑去做的。

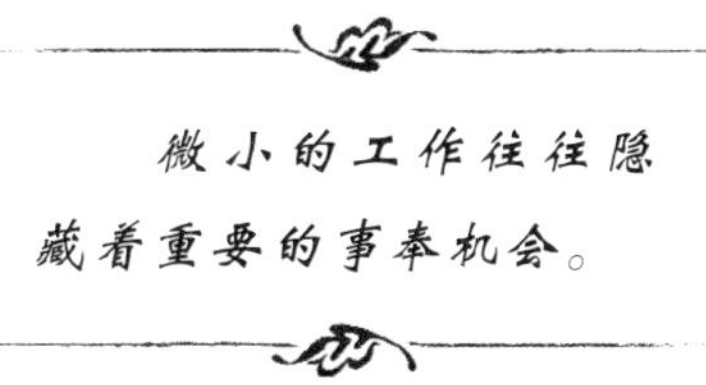

微小的工作往往隐藏着重要的事奉机会。人生的大事总是由众多小事所决定。不要只想着为神做大事，要乐于做一些平凡的工作，神必将祂要你去做的工作分派给你。在你想尝试做非凡工作之前，请先以平凡的方式来服侍吧。[10]

愿意为神做“大事”的人，总是比愿意为神做小事的人多。许多人都想竞逐做领袖，但工场上却需要大量仆人。你的服侍有时是向上的，有时是向下的；你要服侍在高位掌权的人，也要服侍困苦人。无论如何，只要你愿意去满足各种需要，就能培养仆人之心。

真仆人忠心事奉

仆人会完成自己的任务，履行当尽的责任，信守承诺，并恪守他们所委身的职分。他们不会使手上的工作半途而废，也不会因为失望而停工。他们是可靠和值得信任的。

忠心难求。[11] 许多人都不明白委身的意义。他们轻率地作出承诺，却很容易因小事而弃信背约，还表现得毫不犹疑、难过或懊悔。

每星期都有很多教会或福音机构,因为参与事奉的信徒没有准备好、临时缺席,甚或连致电请假也没有,不得不草草推行事工。(编者按:相信上述情况,是作者在美国所经历的现实处境,而不是泛指全球各地教会和机构的情况。)

你是否值得别人信任呢?你有没有要守的承诺、要还的心愿或要完成的责任呢?这是试验,神要试验你的忠心。倘若你可以通过试验,就能与亚伯拉罕、摩西、撒母耳、大卫、但以理、提摩太和保罗等伟人并列,被称为神**忠心的**仆人。神更应许要在永恒赏赐你的忠心呢!试想有一天,你要亲耳听见神对你说:"良善和忠心的仆人,做得好!你一直忠心耿耿地去作这些微小的工作,因此,我如今要将更多责任交给你。一起同来庆祝吧!"[12]你会有什么感觉呢?

忠心的仆人是不退休的,他们会忠心服侍至终老。论职业,你总有退休的一天,但服侍神却永不言休。

真仆人作风低调

仆人不会提升自己的地位,或要取得别人的注意。他们不会得意自满,显示自己的成功,反而会"穿上谦卑的围裙,去彼此服侍"。[13]他们的服侍若获得称赞,他们会谦卑接受,却不会因为别人的评价而影响工作。

保罗直言,某些人在服侍时**显得**很属灵,但实质只是虚假的伪装,只为吸引别人的注意。保罗称之为"眼目的服侍"[14]——服侍的目的,只是为了让人觉得他是多么属灵。这正是法利赛人的罪恶。他们把帮助别人、献祭甚或祷告,都变成公开的表演。耶稣厌憎这种态度,并告诫说:"你们做善事的时候,不要在人面前炫耀;否则,就得不到天上父神的赏赐。"[15]

自我吹嘘与仆人的心是互不相容的。真仆人的服侍,不是为得着别人的认同或赞赏;他们只为了神这位观众而活。正如保罗所说:"我若然仍想讨人的喜悦,就不是基督的仆人了。"[16]

你不会在舞台的灯光下找到许多真仆人;事实上,他们会尽可能避开灯光。他们满足于在背后默默服侍,约瑟就是个好例子。无论是对波提乏、狱长,或法老的膳长和酒政,他都只尽他所能,默默服侍,完全没有在人前吹嘘自己;神祝福这种服侍的态度。即使法老擢升他到高位,他仍然保持仆人之心,甚至对待出卖他的兄弟,也是这样。遗憾的是,今天许多领袖在开始时作仆人,但最终却变成名人。他们愈来愈喜欢成为众人的焦点,却不察觉常在聚光灯之下会使人迷失。

你可能正在一些微不足道的岗位上服侍,自觉人微言轻、无人欣赏。请放心:神将你放在那里必有祂的心意!祂连你的头发也一一数过,祂也知道你有什么装备。你最好谨守岗位,直至祂要你离开。祂如果要你去其他岗位,就一定会让你知道。你的事奉很重要,关乎神的国度。"当基督……再在地上显现的时候,你们也必显现——那时显现的是真正的你、荣耀的你。此刻,要满足于默默无闻。"[17]

在美国,有超过750个"名人馆"和450本以上的"名人录",可是,你却难以在里面找到一些真仆人。真仆人轻看名声,因为他们知道有名气并不代表有价值。正如你有某些外显的器官,失去它们也不致丧命,但失去某些内脏却有致命之虞。基督的身体也一样,隐藏的服侍往往是最重要的服侍。[18]

将来在天上,神必公开赏赐那些默默无闻的仆人——当中包括关爱情绪问题儿童的教师、为失禁老人清洁的服务员、照顾艾滋病患者的护理员,以及许多以别人不留意的方式来服侍人的人。

因此,你不要因你的服侍不被人注意,或被别人视为理所当然而感到气馁。继续服侍神吧!"投身去为主人作工吧,深信你为祂所作的一切都不是浪费时间或精力的。"[19]即使是最微不足道的服侍,神都察看和赏赐。要谨记耶稣的话:"你们若代表我,将一杯凉水给一个小孩子喝,就定必得到赏赐。"[20]

第 33 天

思想我的人生目的

思考重点:我藉着服侍别人来服侍神。

背诵经文:"你们若把一杯凉水给我门徒中最小的一个,就定必得到赏赐。"

马太福音十42(NLT)

思考问题:本章列出真仆人的六项特质,哪一项是我最缺乏的?

要有仆人的思想

我的仆人迦勒却有
不一样的思想，他完全跟从我。
民数记十四24（NCV）

你们对自己的想法，应该要
像基督耶稣对自己的想法一样。
腓立比书二5（Msg）

服侍源自你的思想。

你要成为仆人，就必须先改变思想和心态。神对我们**为什么**做这件工作，比对我们做什么工作更关注。心态远比成就重要。亚玛谢王失去神的恩宠，因为“他行主看为正的事，却并非出于真心”。[1]真仆人会以五种心态来服侍神。

仆人多想别人，而少想自己

仆人会将心思放在别人而非自己身上。这是真正的谦卑：并非小看自己，而是**少**想自己。他们甚至会忘我。保罗说：“要长时间忘记自己，才能伸出援手。”[2] 这便是“舍弃生命”的真正意思——忘我地服侍别人。当我们不再看重自己的需要，才会留意身边的人有什么需要。

耶稣愿意“倒空自己，接受仆人的形象”。[3] 你最近一次为别人的好处而倒空自己，是在什么时候？你若只顾自己，就不能成为仆人。惟有在我们完全忘我的时候，我们所做的才值得被人记念。

真仆人不会利用神来达到自己的目的；他们会让神使用，为要成就神的目的。

可悲的是，我们所作的许多服侍，往往只是为了满足自己，例如想赢得别人的喜爱、欣赏，或达到自己的某些目标。这是玩弄手段，不是事奉。在事奉时，我们心中其实只是在想，我们是多么值得别人佩服和欣赏啊。有些人还利用服侍，来作为与神讨价还价的工具，他们会说：“神啊，你若为我做某件事，我就会为你做这件事。”真仆人不会利用神来达到自己的目的；他们会让神使用，为要成就**神的**目的。

忘我就如忠心一样难求。在保罗所认识的人当中，唯独提摩太能忘我地事奉。[4] 要有仆人的思想是很难的，因为它直接挑战人性的根本问题：人的本性是自私的。我最多想的是我自己。因此，谦卑仍是我每天要面对的挣扎，是我要不断学习的课题。我每天仍要面对无数次挑战，要在满足自己需要与满足别人需要中间作抉择。作仆人的核心正是舍弃自我。

当别人用对待仆人的态度来对待我们时，我们怎样反应，这最能衡量我们是否有仆人之心。当别人把你的服侍视作理所当然、对你差来遣去，或以轻蔑的态度待你，你会怎样反应呢？圣经说：“别人若亏待你，就利用那个机会来实践作仆人。”[5]

仆人的思想像管家，而不像主人

仆人会谨记神是万物的主人。在圣经时代，管家是负责管理主人财产的仆人。约瑟被卖往埃及之后,在波提乏的家中作管家,波提乏将他的家全部交给约瑟管理。其后,狱长又将整个监牢的事交给他去管理。最后,法老将整个国家交给他去管理。仆人和管家的职分是不可分割的,[6] 因为神期望我们同时成为值得信赖的仆人和管家。圣经说:“对仆人只有一个要求,就是要对主人忠心。”[7] 你怎样管理神托付给你的资源呢?

你要成为真仆人,就必须厘清金钱与你的关系。耶稣说:“没有仆人可以服侍两个主人……你不能既服侍神,又服侍钱财。”[8] 祂并非说:“你**不应该**”,而是说“你**不能**”。你不可能既服侍神,又服侍钱财。为事奉而活与为金钱而活,是两个不能兼容的人生目标。你会选择服侍哪个呢?你若是神的仆人,就不能再做“兼职”来满足自己。你的所有时间都属于神。祂坚持要你专一效忠,不可以只效忠一半。

我们极有可能以金钱来取代神。追求物质是许多人放弃服侍的主要原因。他们会说:“只要我赚够钱,就会服侍神。”这个愚昧的决定,终必使他们抱憾终身。当耶稣是你的主人,金钱便是你的仆人;金钱若成为你的主人,你便成为金钱的奴隶。有钱绝不是罪,但不懂得运用金钱来荣耀神,就是罪。神的仆人总是关心事奉过于金钱。

圣经非常清楚地指出:神会用金钱来试验你是不是忠心的仆人。因此,耶稣谈论金钱的次数,远超过天堂或地狱。祂说:“你们如果在处理属世钱财上都不可靠,谁会把真正的财富托付你们呢?”[9] 你怎样管理钱财,将影响神会不会祝福你的生命。

我在第31章提过两种人:建立神国度的人和累积财富的人。他们都同样擅于营商,能使生意愈做愈大,赚取丰厚的利润。累积财富的人不管已有多少家财,仍不知足,不断为自己累积财富;但建立神国度的人却改变了这个游戏规则。他们虽会努力赚钱,但却用得其所。他们会用金钱来支持教会和普世使命的事工。

在马鞍峰教会,我们有一班行政总裁和企业所有人,他们努力多赚钱,多奉献,帮助教会扩展神的国度。我建议你跟教会的牧者倾谈,在你的教会开展一个“建立神国度”的小组。

仆人专注自己的工作,而不看别人在做什么

他们不会比较、批评或与其他仆人或事工争竞。他们只管忙于做神交给他们的工作。

在神的仆人中间出现争竞,是很不合理的,因为我们同属一支团队;我们的目标是荣耀神,而不是荣耀自己;我们各人已获派不同的差事,我们都是神所特别塑造的。保罗说:“我们不会互相比较,仿佛某人较为优胜,某人则较为差劣。我们一生有更多有趣的事情要去做。我们各人都是独特的个体。”[10]

仆人中间不能容有气量狭小的互相妒忌。当你忙于服侍,自然没有时间去批评别人。批评别人的时间应当用来服侍。马大向耶稣抱怨马利亚不帮忙做饭的那一刻,她已失去仆人之心。真仆人不会抱怨不公平,不会自嗟自怨,也不会对不服侍的人感到愤慨。他们只管信靠神,并继续服侍。

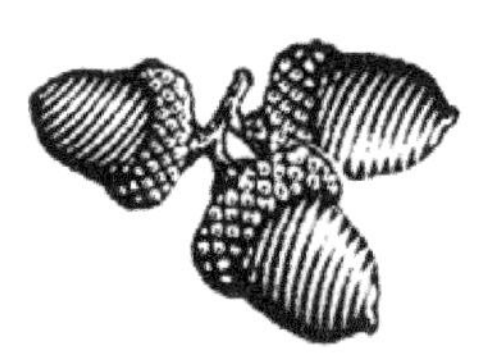

评检其他仆人的表现,并非我们的职责。圣经说:“你是谁,竟敢批评别人的仆人?主会判断祂的仆人是否称职。”[11]对别人的批评作出自辩,也不是我们的职责。只管交给你的主人去处理。我们应该学习摩西的榜样,他受到众人猛烈批评的时候,仍能表现出真正的谦卑;正如尼希米对批评他的人直言:“我的工作太重要,不能就此停下来……去见你们。”[12]

你如果像耶稣那样服侍,应该对遭受批评有所准备。世人,甚至是教会里的大多数人,都不明白神的价值准则。其中一件作在耶稣身上的美事,就曾遭受门徒批评。马利亚拿着她最珍爱的一瓶贵重香膏,倒在耶稣的脚上;耶稣认为她的慷慨服侍是件“有意义的事”,但门徒却视之为“浪费”。[13]随便别人怎么说吧,你对基督的服侍是绝不会浪费的。

仆人的身份建基在基督里

因为仆人记着自己是蒙爱、因着神的恩典而被接纳的人，所以无须证明自己的价值。他们愿意做一些微小的工作，是那些没有安全感的人视为“低下”的工作。耶稣替门徒洗脚这件事，是圣经里许多美好事例中的一个，让我们从中看到了有健全自我形象的人如何服侍。洗脚的工作相当于做擦鞋童，是毫无地位的工作。但耶稣知道自己的身份，做这工作不会损害祂的自我形象。圣经说：“耶稣知道父已使万物服在祂的权柄下，又知道自己是从神而来……于是便从席中起来，脱去外衣，拿一条毛巾束腰。”[14]

你如果准备作仆人，就必须在基督里确认自己的身份。只有肯定自我的人才能服侍人。不能肯定自我的人害怕暴露自己的弱点，在别人面前总是要用自负和种种虚饰把弱点隐藏起来。你愈不能肯定自我，就愈想让别人服侍你，也愈期望能得到别人的赞赏。

卢云（Henri Nouwen）说：“为了服侍别人，我们必须向他们死，那就是说，我们要放弃用别人的尺度来衡量自己的意义和价值……由此，我们才能自由自在地去怜恤人。”当你将你的价值和身份，建基在你与基督的关系上，你便不再被别人的期望所捆绑，你就能真正为别人献上最好的服侍。

仆人无须把奖章和奖状挂满墙上，藉此来证明自己的工作。他们不会坚持别人尊称他们，也不会装作高人一等。仆人根本不需要身份象征，也不会用成就来衡量自己的价值。保罗说：“你可以吹嘘自己，但只有主的称许才有价值。”[15]

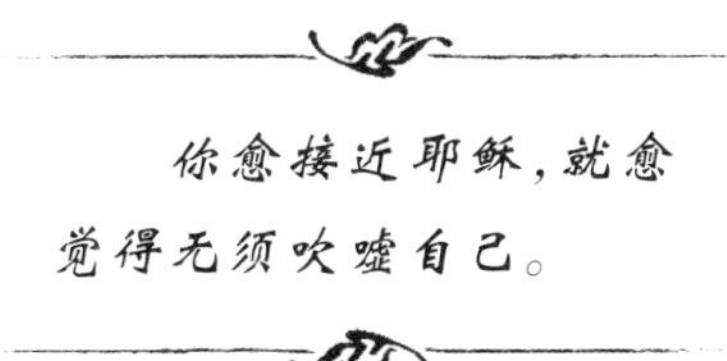

如果问有谁可凭借自己与耶稣的亲密关系，来抬高自己的身价，可以说只有耶稣的兄弟雅各有这个资格。他自幼与耶稣一起成长。然而，当他执笔写雅各书的时候，却只是自称为“神和主耶稣基督的仆人”。[16]你愈接近耶稣，就愈觉得无须吹嘘自己。

仆人以事奉为机会，而非责任

他们喜欢帮助人，满足别人的需要，也享受事奉的喜乐。他们“满心欢喜地服侍主”。[17]他们为什么会满心欢喜地服侍主呢？因为他们爱主、感谢祂的恩典，知道服侍主是一生中最有价值的事，知道神已应许赏赐服侍祂的人。耶稣应许说：“父会尊重和赏赐那些服侍我的人。”[18]保罗说：“祂必不忘记你们如何为祂劳苦作工，并你们如何藉着照顾其他信徒向祂所显示的爱。”[19]

试想一下，倘若全球的基督徒中，有10%认真地作真仆人，会有什么事情发生呢？一定有很多美好的见证！你是否愿意作其中一位仆人呢？不管你的年纪有多大，只要你开始有仆人的思想，并像仆人那样去服侍别人，神就必会使用你。史怀哲（Albert Schweitzer）说：“只有那些学会服侍别人的人，才是真正快乐的人。”

第34天

思想我的人生目的

思考重点：我要作仆人，就必须要有仆人的思想。

背诵经文：“你们必须要有基督耶稣一样的心态。”

腓立比书二5（NIV）

思考问题：我喜欢被人服侍，抑或经常寻找方法去服侍别人？

35

在你的软弱上显出神的能力

我们虽然软弱，但藉着神的能力，
必能与祂同活去服侍你们。
哥林多后书十三4（NIV）

我必与你同在，这是你唯一的需要。
我的能力在软弱的人身上最能显明。
哥林多后书十二9上（LB）

神爱用软弱的人。

所有人都有弱点。事实上，不论是在肉体、情感、心智或灵性上，你都有**很多**瑕疵和缺点。很多难以控制的客观因素亦会使你变得软弱乏力，例如经济或人际关系的种种局限。至关重要的是你如何面对这一切。我们通常会否认自己的软弱，为它们辩护、找借口，将它们隐藏起来，有时甚至为此而心存怨忿。这样只会阻碍神按照祂的心意来使用这些弱点。

神从一个不同的角度来看你的软弱。祂说："我的思想和道路高过你们的思想和道路。"[1] 因此，祂的行事方式往往与我们所期望的相反。我们以为神只会用我们的长处，但祂亦会用我们的弱点来荣耀祂。

圣经说："神刻意拣选……那些被世界视为软弱的人，为使那些有能力的人感到羞愧。"[2] 你的弱点并不是出于偶然。神刻意容许你的生命存在这些软弱，为的是要藉着你去显明祂的能力。

神从来不会特别欣赏那些刚强或自足的人。事实上，祂喜欢亲近那些承认自己软弱的人。耶稣称这些承认自己软弱的人为"心灵贫穷"的人——祂首先要祝福的，便是有这种心态的人。[3]

圣经记载了许多例子，说明神喜欢使用不完美的平凡人，去作不平凡的事，尽管他们有着种种的弱点。倘若神只使用完美无瑕的人，便什么事也做不成了，因为没有人是没有瑕疵的。神会使用不完美的人，这是令我们每个人都振奋不已的事实。

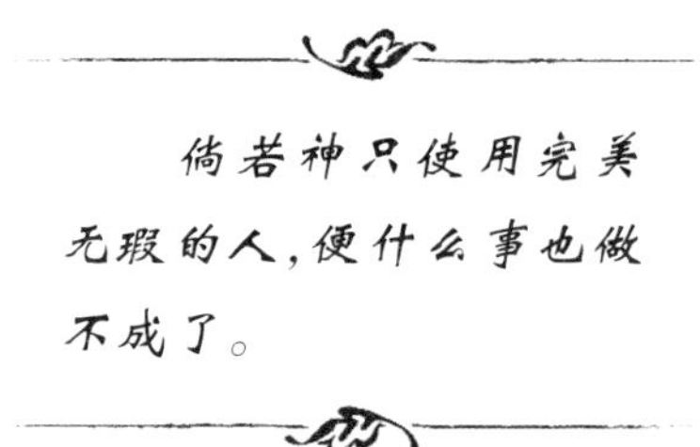

我们的软弱——或保罗所说的"刺"[4]——并不是罪、恶习，也不是你可以改变的性格瑕疵，比如馋嘴或缺乏耐性等。软弱是与生俱来的、你所不能改变的缺憾。它可以是**肉体**上的限制，例如残障、长期病患、体质虚弱或某种弱能；它也可以是**情感**上的缺憾，例如精神创伤、伤痛往事、古怪性格或某种遗传倾向；它亦可以是**天赋**或**智力**的缺憾，并非所有人都是绝顶聪明和多才多艺的。

当你想到你的缺憾时，可能会作出一个结论："神一定不会使用我。"但神却绝不会被我们的缺憾所限制。事实上，他喜欢将祂的大能放在普通的器皿中。圣经说："我们好像藏着这珍宝的瓦器。真正的能力是来自神而非我们。"[5] 我们像一般的陶瓷一样脆弱、有瑕疵和易碎。但只要我们愿意让神藉着我们的软弱来作工，祂就会使用我们。我们若想被神使用，就必须效法保罗的榜样。

承认你的软弱

你要承认你的种种不完美。要停止假装你拥有一切长处,诚实地面对自己。不要再否认或为自己找借口,倒要用时间去找出个人的软弱。你可以将这些软弱详列出来。

新约圣经中,有两个重要的认信,说明了健康人生的关键。第一个是彼得的认信,他对耶稣说:"你是基督,是永生神的儿子。"[6] 第二个是保罗的认信,他对一群崇拜偶像的群众说:"我们不过是人,像你们一样。"[7] 倘若你希望神使用你,就必须认识神,也要认识自己。很多基督徒,特别是那些作领袖的,都忘记了上述第二个真理:我们不过是人!倘若你要经历一次危机,才能承认这点,神必会毫不犹疑地让危机发生,因为祂爱你。

满足于你的软弱

保罗说:"我喜欢夸我的软弱,好叫基督的能力藉着我去工作。因为我知道这全是为了基督的好处,我便十分满足于我的软弱。"[8] 这看起来似乎并不合理。我们想挣脱自己的软弱,而不是因软弱而满足啊!然而,满足乃是对神的美善表示信靠。信靠的人会如此说:"神啊!我相信你爱我,你知道什么对我最好。"

保罗提出了几个理由,叫我们要满足于与生俱来的软弱。第一,它们使我们倚靠神。当他提到神拒绝为他拿走本身的软弱时,他说:"我相当满意'这根刺',……因为我何时软弱,何时就刚强——我拥有愈少,就愈多倚靠祂。"[9] 每当你感到软弱,就是神在提醒你去倚靠祂。

我们的软弱也防止我们变得自大,提醒我们要常存谦卑。保罗说:"因此我不会变得自命不凡,神赐我一样缺憾,使我经常谨记自己的限制。"[10]神时常在我们每个重大的强处之外,加上一个重大的弱点,藉此限制我们,使我们不致自我膨胀。限制可以成为一个监督,防止我们走得太远,走在神的前面。

当年基甸招募了32000人去攻打米甸人,神吩咐他将大军人数削减至只有300人,形成以1敌450的局面,因为他们要攻打为数135000的敌人。这似乎是为灭亡埋下炸弹,但神如此行,是要让以色列人知道,是神的能力拯救他们,而不是靠他们自己的力量。

我们的软弱亦会激发信徒间的团契相交。刚强会生出独立精神(“我不需要其他人”),但我们的缺憾却显出我们何等需要对方。当我们将软弱的生命线联系起来,便能织出一条粗壮有力的缆绳。赫拿(Vance Havner)说过一句妙语:“基督徒就像雪片一样柔弱,可是,当他们黏在一起,却能叫交通停顿。”

最伟大的生命信息和最有果效的事奉,是从你那至深的痛苦中衍生出来的。

对我们大部分人来说,我们的软弱能增加我们的同情心,也扩大我们事奉的空间。我们会更懂得怜悯人,更体恤别人的软弱。神希望你在地上有基督样式的事奉。那就是说,别人将会在你的创伤中得到医治。你最伟大的生命信息和最有果效的事奉,是从由你那至深的痛苦中衍生出来的。最令你感到尴尬和羞耻,也是你最不愿意去分享的事,正是神可以用来医治别人的最有效工具。

伟大的传教士戴德生(Hudson Taylor)说:“所有属神的伟人都是弱者。”摩西的软弱是脾气暴躁。他的脾气使他杀了一名埃及人;神吩咐他向石头说话,他却敲打石头;他又把刻有十诫的法版打碎。然而,神却将他改变成“*极其谦和,胜过世上的众人*”。[11]

基甸的弱点是自卑和缺乏安全感,但神却能改变他,使他成为“*大能的勇士*”。[12]亚伯拉罕的弱点是恐惧。为了保护自己,他一再称自己的妻子为妹妹,但神却将他改变成为“*信心之父*”。[13]冲动且意志力薄弱的彼得,变成了“*磐石*”。[14]犯奸淫的大卫,变成了“合神心意的人”。[15]约翰是其中一位自大的“雷子”，却变成了“爱的使徒”。

这名单可以一直开列下去。“若要诉说基甸、巴拉、参孙、耶弗他、大卫、撒母耳，和所有先知的信心故事……他们由软弱变成刚强……恐怕要用太长的时间了。”[16]神擅于将软弱变成刚强。祂要将你最软弱之处转化为力量。

坦诚分享你的软弱

事奉始于接受自己的软弱。你愈放下防卫、除下面具、分享你的挣扎，神便愈能使用你去服侍人。

保罗在他的每封书信中，都示范了什么叫作接受自己的软弱。他公开分享：

- 他的失败：“当我想去行善，却不去行，而当我想尽力不去做错，却总是做了出来。”[17]
- 他的感觉：“我已把我的所有感觉告诉你们了。”[18]
- 他的失望：“我们受压和彻底被打垮，我们以为自己再活不下去了。”[19]
- 他的恐惧：“当我到你们那里去，我是既软弱又恐惧战兢。”[20]

当然，暴露自己的软弱是冒险的行动。减少防卫、向人开放自己的生命，可能是一件很骇人的事。当你揭露自己的失败、感觉、懊恼和恐惧，你是在冒着被拒绝的可能。然而，带来的好处使你值得冒这个险。承认自己的软弱，是一种情感上的释放。向别人开放，能使我们舒缓压力、释除恐惧，是迈向自由的第一步。

我们已经指出，神“赐恩典给谦卑的人”，不过很多人却不明白何谓谦卑。谦卑并非小看自己，或否定自己的长处，而是诚实面对自己的软弱。你愈诚实，就愈多得神的恩典，你也会从别

人那里得到恩典。承认自己软弱,是一种讨人喜欢的素质;我们很自然会被谦卑的人吸引。虚伪会将人推开,真诚却吸引人来;承认软弱,就是建立亲密关系的途径。

这就是神不单要用你的强处,还要用你的弱点的原因。倘若所有人都只看见你的强处,他们便会泄气地想:“嗯,他当然胜任,我却不可能做到。”然而,当他们看见你纵有弱点,神仍然用你,他们便得到鼓励,心想:“也许神亦可以用我!”强处制造竞争,弱点却带来团结。

你的生命到了某个阶段,你必须决定,你是想得到别人的**钦羡**,还是想**影响**别人。别人可以站得远远地去钦羡你,但你却必须与人接近才能影响人;当你走近的时候,他们便可以看见你的瑕疵。你就是需要这个。领袖最重要的素质不是完美无瑕,而是真诚可靠。别人必须先信赖你,否则便不会跟随你。你可以怎样去建立你的诚信呢?你不能装作完美,反而要真诚待人。

在软弱中荣耀神

保罗说:“我只夸口我是何等软弱,以及神是何等伟大,竟能用这样的软弱来荣耀自己。”[21]你不要装作满有自信和无懈可击,反而要视自己为恩典的战利品。当撒但指出你的弱点,你只消认同他,且要在内心充满对耶稣的赞美,因祂“明白我们的一切软弱”,[22]同时还要赞美圣灵,因祂“在我们的软弱中帮助我们”。[23]

不过,神为了要更好地使用我们,有时也会将一个强处变成弱点。雅各一直想掌管自己的生命,他一生都擅于计算,但后来却要逃避后果。在一个晚上,他与神摔跤,并对神说:“除非你祝福我,否则我不会放你走。”神说:“好吧。”继而抓住雅各的大腿窝,扭脱他的腿筋。这行动是什么意思呢?

神触摸雅各的强处(大腿窝的肌肉是身体中最强的肌肉),将它变成软弱。由那天开始,雅各便成了跛脚的人,他不能再逃跑了。这迫使他要倚靠神——不论他喜欢与否。倘若你想神祝福你,大大地使用你,就必须愿意终身跛脚行走,因为神喜欢用软弱的人。

第 35 天

思想我的人生目的

思考重点:我肯承认自己的软弱,神便能成就最大的工作。

背诵经文:"我的恩典够你用的,我的能力在人的软弱中显得完全。"

哥林多后书十二 9 上(NIV)

思考问题:我有没有尝试隐藏自己的软弱,以致神的能力不能够在我的生命中大大彰显?我需要坦诚分享什么软弱,以致能够帮助别人?

·人生目的 #5·

你被造
是要履行使命

义人所结的果子就是生命树，

智慧人能够赢得人。

箴言十一30（NIV）

你要履行使命

正如你给我一个在世的使命，
我也给他们一个在世的使命。
约翰福音十七18 (Msg)

最重要的是完成我的使命，
就是主耶稣交给我的工作。
使徒行传二十24 (NCV)

你要履行人生的使命。

神正在世上作工，祂希望你能与祂一起同工。这个差事就称为你的**使命**。神希望你在基督的身体(教会)内事奉，同时又在世上履行使命。你的事奉就是服侍**信徒**；[1] 你的使命就是服侍**非信徒**。神为你所定的第五个人生目的，就是要你完成在世的使命。

你人生的使命包含两方面：一方面是你与其他信徒**共同**分担的责任，另一方面则是要你个人承担的**独特**差事。我们会在接续的几章详细说明。

"使命"(Mission)一词的英文，源自一个拉丁词，其词义是"差派"

(Sending)。要作基督徒,其中一项工作就是要被差派到世界,作耶稣基督的代表。耶稣说:“正如父差派了我,我也照样差派你们。”[2]

耶稣清楚地知道祂在世上的人生使命。祂在 12 岁的时候说:“我必须关心我父的事”;[3] 21 年后,在祂快要死在十架上的时候,祂的最后一句话是:“成了”。[4] 这两句话就像一列书籍两端的小书架,概括了一个圆满的“目的导向的人生”。耶稣完成了天父交给祂的使命。

耶稣在世的使命,正是**我们的**使命,因为我们就是基督的身体。昔日祂肉身所作的事,我们作为教会——祂属灵的身体,也要继续作祂所作的。那是什么使命呢?就是引领人认识神!圣经说:“基督改变我们,使我们由祂的敌人变成祂的朋友,并交给我们一个责任,就是要使其他人同样成为祂的朋友。”[5]

神要救赎人类脱离撒但的权势,使我们与神和好,以完成祂造我们的五大目的:爱祂,成为祂家里的人,活像祂,服侍祂,以及引领人认识祂。我们一旦成了属神的人,祂便会使用我们,传福音给其他人。祂拯救我们,然后便派我们出去。圣经说:“我们被差派去宣讲基督。”[6] 我们是神的使者,要向世人宣讲神的爱和祂的目的。

你的使命事关重大

倘若你希望一生荣耀神,就务必要完成你在世的人生使命。圣经提出几个理由,来说明这个使命的重要性。

你的使命延续了耶稣在世的使命

我们是耶稣的门徒,应当承接祂所开展的事工。耶稣不单呼召我们**跟随**祂,也呼召我们**传扬**祂。耶稣分别在圣经五卷书中采用了五种不同的方式,重复五次提及你的使命,可见这使命是何等事关重大。[7] 祂仿佛在说:“我真希望你明白!”只要你细心研究耶稣这五次召命,就可清楚了解你在世的使命——包括在何时、何地、为何和如何实践。

耶稣不单呼召我们跟随祂,也呼召我们传扬祂。

耶稣在大使命中指出:"要去到万民中间,使他们作我的门徒。奉父、子和圣灵的名给他们施洗,我告诉你们的一切,都要教导他们去行。"[8] 耶稣将这个使命交付所有门徒,而非只交给牧者和传教士。这是主给你的命令,而不是提议,神没有让你选择,是要你必须去做的。你是神家里的人,这使命就是你必须遵守的家规,不去遵从就是悖逆。

你可能不曾醒觉,神原来已将你身边的未信者托付给你。圣经说:"你们必须警告他们,让他们得以存活。你如果不警告恶人要停止作恶,他们便会死在罪中。但我必要你为他们的死负责。"[9] 对某些人来说,他们唯一认识的基督徒可能就只有你一个,而你的使命就是要向他们传讲耶稣。

你的使命是奇妙的特权

这项使命虽然责任重大,但你能获得神的重用,却是无上的尊荣。保罗说:"神已将劝人接受祂的恩惠,并与祂和好的特权交给我们。"[10]你的使命包括两个重要特权:与神同工和作神的代表。我们成为神的搭档,一起去建立神的国度。保罗称我们为"**同工**",并说:"我们是与神一起同工的。"[11]

耶稣不单确保我们得着救恩,还接纳我们成为祂的家人,又把圣灵赐给我们,还让我们成为祂在世的代表,真是莫大的特权啊!圣经说:"我们是基督的代表。神使用我们去劝人放下歧见,接纳神使他们与自己和好的作为。我们如今是代表基督本人宣扬:要成为神的朋友。"[12]

告诉别人如何才能得享永生,是你作在别人身上最有价值的事

你的邻居若患了癌症或艾滋病,而你已知道治疗的方法,却不把救治的方法说出来,你就是犯罪。倘若你不说出得宽恕之道、人生的目的、得平安和永生之道,就罪加一等了。我们拥有世上最重要的信息,去与人分享,就是你向别人所行最大的善事。

信主多年的基督徒所面对的一个问题,就是忘记了人若是没有基督是何等无望。我们必须谨记,**表面看来**很满足和成功的人,若然没有基督,仍然是注定失丧、永远与神隔绝的。彼得在圣经中说:"惟有耶稣能拯救人。"[13]人人需要耶稣。

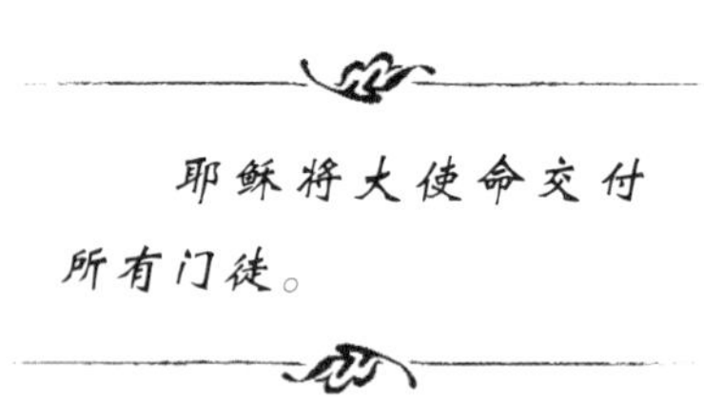

你的使命有着永恒的价值

这个使命直接牵涉到别人能否找着永恒的归宿,因此,它远比你在世的任何工作、成就或目标更为重要。这个使命将会带来永存的结果,是其他工作所无法相比的。没有一项工作的价值,能胜过帮助人与神建立永恒的关系。

因此,我们必须急切履行我们的使命。耶稣说:"那差我来者派给我们的任务,我们各人都要迫切履行,因白天的时间已经无多,黑夜一来,一切工作就要完工了。"[14]时间一分一秒地过去,不要再把你的人生使命拖延至明天;立即行动,去与人分享福音吧!将来在永恒,我们将会与我们引领归主的人一同永享欢乐,但我们只有这一生可接触到这些人。

这并不表示你要辞掉工作,成为全职的福音使者。神希望你在目前的生活中分享福音。无论你是学生、母亲、幼儿园教师、推销员、经理或从事任何行业的,都可以不断与身边的人分享。

你的使命使你的人生有意义

詹姆斯(William James)说:“要善用人生,就要为某些永存的东西用尽一生。”事实上,只有神的国度是永存的;其他**一切**至终都会幻灭。因此,我们必须活出“目的导向的人生”——以敬拜、团契相交、灵命成长、事奉和完成在世的使命,作为人生的目的。这一切的成果将会存留至永远——直至永恒!

倘若你没有完成神给你在世的使命,便会平白浪费神给你的一生。保罗说:“除非我用一生去作主耶稣分派给我的工作——就是向人传讲福音,让人得知神的奇妙恩慈和大爱——否则,我的人生是毫无价值的。”[15]某些人可能因为与你住在同一个地区,或因神塑造你的特质易于接触他们,因而**只能**透过你去得闻福音。即使只有一人因为你而可以上天堂,你的生命便已经产生永恒的意义了。请环视你周边的使命工场,然后祷告说:“神啊,你把谁放在我的身边,让我可以向他讲讲耶稣呢?”

神所定的历史终结,与我们何时完成使命息息相关

今天的人对基督再来和世界末日愈来愈感兴趣,想知道这事何时发生。耶稣升天之前,祂的门徒也问过同一个问题,祂直截了当地说出了答案。祂说:“父凭着自己的权柄所定的时间或日期,不是让你们知道的。可是,当圣灵降临在你们身上,你们必得着能力,你们必要在耶路撒冷、犹太全地和撒玛利亚,直到地极,作我的见证。”[16]

当门徒想从耶稣口中听到末世的预言,耶稣却立即将话题转到福音使命。祂希望他们专注于在世的使命。祂说明了要点:“有关我再来的细节,不需要你们去关心。你们要关心的,是我交给你们的使命。你们专心一致地去实践这使命吧!”

猜测基督何时再来,只会徒劳无功,因耶稣早已经明言:“没有人知道那日子或时辰,连天使也不知道,子也不知道,唯独父知道。”[17]

既然连耶稣也不知道那日子或那时辰，你为何还要猜测呢？我们可以肯定的是：待到神希望听闻福音的每一个人，都听闻了福音，耶稣才会再来。耶稣说："神国的福音将要传遍世界各国，然后末时才会临到。"[18]你若盼望耶稣快来，就要专心去完成你的使命，不要再计算预言中的时间。

你会发觉，你很容易分心、偏离使命，因为撒但宁愿你做其他任何工作，也不愿你与人分享信仰。他会让你做各种各样的善事，只要你不带领任何人一起上天堂便行。当你认真履行使命的那一刻，魔鬼会将各种转移你目光的东西抛给你。当你遇到这种情况时，要谨记耶稣的话："若有人让自己分心，不专注去做我为他所定的工作，那人便不配得神的国。"[19]

你会发觉，你很容易分心、偏离使命，因为撒但宁愿你做其他任何工作，也不愿你与人分享信仰。

完成使命的代价

为了完成你的使命，你必须放弃自己的计划，去接受神为你所定的人生计划。你不能只把神的计划，"附加在"你喜欢做的事情上。你必须像耶稣那样说："父啊，……我希望你的旨意成就，而不是我的旨意成就。"[20]你要为祂放下你的权利、期望、梦想、计划、志向和抱负。你要停止那以自我为中心的祷告，如："求神祝福我的计划。"而要祷告说："求神帮助我，让我懂得去做你所祝福的工作！"你要把一张已签名的白纸交给神，请祂为你写上工作细节。圣经说："将你自己——你的每一部分——全然交给神……作神手中的工具，让祂用来达致美善的目的。"[21]

如若你已立志，不惜任何代价去完成你在世的使命，你就必然经历到极少人能得到的神的祝福。对于委身服侍神国的信徒，神必毫无保留地赐福给他。耶稣曾应许说："只要你们为神而活，并以神的国为首要关注点，神必将你们需用的一切每天供给你们。"[22]

为耶稣多救一人

我的父亲做牧师超过 50 年，大部分时间是在乡村小教会事奉。他只是个平凡的传道人，但却充满使命感。他最喜爱带领一队队的义工到海外，去为小教会建立小教堂。父亲一生在世界各地建立超过 150 座教堂。

父亲在 1999 年死于癌症。离世前一周，他一直处于半昏迷状态。当他做梦的时候，经常会把梦境大声说出来。我一直坐在他的床边，他所说出来的梦境，让我加深了对他的认识。他一个接一个地讲述他的建堂计划。

在他最后弥留的一个晚上，我和太太、侄儿同坐在他的床边。父亲突然变得很清醒，努力要坐起来。他的身体非常虚弱，当然不能够坐起来，我的太太坚持要他躺下。但他仍挣扎着要坐起来，我的太太终于问他说："你想起来做什么？"他回答说："要为耶稣多救一人！要为耶稣多救一人！要为耶稣多救一人！"他不断重复同一句话。

在接着的一小时，他重复这话近百次："要为耶稣多救一人！"我泪流满面地坐在他的床边，为父亲的信心低头感谢神。在那一刻，父亲突然把乏力的手放在我的头上，仿佛在差遣我似的说："要为耶稣多救一人！要为耶稣多救一人！"

我定意要将父亲的遗言，作为余生的目标。我邀请你也考虑以此作为你的人生目标，因为**除它以外**，再没任何事情有更大的永恒价值。倘若你想被神使用,就必须关心神所关心的事;而祂最关心的事,就是要救赎祂所造的人。祂希望寻回那些迷途的儿女!这就是神最关心的事;十字架已证明这点。我会为你祷告,希望你往后会经常留意身边的人,"要为耶稣多救一人!"以致你将来站在神面前,可以放心地说:"我已经完成使命!"

第 36 天

思想我的人生目的

思考重点:我被造是要履行使命。

背诵经文:"要去使万民作我的门徒,奉父、子和圣灵的名给他们施洗,凡我吩咐你们的,都教导他们遵守。我必一直与你们同在,直至世代的末了。"

马太福音二十八 19-20(NIV)

思考问题:有什么恐惧妨碍我去完成神的使命?有什么事物妨碍我去将福音告诉别人?

分享你的生命信息

那些相信神儿子的人,

在他们心中有神的见证。

约翰壹书五10上(GWT)

你们的生命要回响主的话……

你们对神的信心是外显的。

我们甚至不用再说任何话——

你们就是那信息的见证!

帖撒罗尼迦前书一8(Msg)

神已将一个生命信息给你,让你去与人分享。

当你成为信徒,你便同时成了传递神信息的人。神希望透过你来向世人说话。保罗说:"我们在神面前说出真理,如同神的信息传递者。"[1]

你可能觉得没有什么可与人分享,然而,这只是魔鬼的伎俩,他希望你保持缄默。你有丰富的经验,神希望你使用这些经验来引领别人进入祂的家里。圣经说:"那些相信神儿子的人,在他们心中有神的见证。"[2]

你的生命信息包含四个方面:

- **你的见证**:你与耶稣建立关系的经过。
- **你的人生教训**:神教导你的一些重要人生功课。
- **你的属灵感召**:神塑造你,使你最热切关心的事情。
- **福音信息**:救恩的信息。

你的生命信息包含你的见证

你的见证就是基督如何改变你的经过。彼得告诉我们,我们是被神拣选的,“要去作祂的工和为祂发言,要将祂使你出黑暗入光明的改变告诉其他人。”[3] 这正是见证的本质——分享你如何经历主。法庭上的见证人,并非为案件辩护、证明事实,或要求裁决;那是律师的工作。见证人的责任,是在于汇报他们的经历,或他们耳闻目睹的事情。

耶稣说:“你们要作我的见证人”,[4] 而不是说“你们要作我的律师”。祂希望你与人分享你的经历。分享你的见证,是你在世使命的一个重要环节,因为它是独一无二的。没有其他人的经历会跟你的一样,因此,只有你可以分享这经历。倘若你不去分享,它就会永远失传。你未必是一个圣经学者,但你**是**你个人经历的权威;个人经历是不容争辩的。事实上,你的个人见证比一堂讲道更有果效,因为非信徒把牧者视作专业推销员,却把你视为“满意的顾客”。因此,他们对你有更大的信任。

分享人生经历能筑起人际关系的桥梁,让耶稣由你的心田走到别人心里。

而且,个人经历比讲解原则更容易引起共鸣。我们都爱听别人的经历,因为它们很容易吸引我们的注意力,亦容易记忆。你向非信徒传福音的时候,若先引用神学家的话语,他们可能会不感兴趣;但对于他们从未经历过的遭遇,他们自然会感到好奇,有兴趣听下去。分享人生经历能筑起人际关系的桥梁,让耶稣由你的心田走到别人心里。

见证的另一个价值,是可以避开人在理性上的防卫。许多不接受圣经权威的人,却愿意聆听谦卑的个人经历。因此,保罗曾经在六个场合使用见证来分享福音,而没有直接讲解圣经。[5]

圣经说:“要随时作好准备,去回答那些问你们心中为何有盼望的人,但要以温柔和尊重的心去回答。”[6] 要“作好准备”的最佳方法,就是把你的见证写下来,然后谨记当中的要点,让你可以随时与人分享。你的见证可分为四部分:

- 我遇见耶稣之前的生命是什么光景。
- 我如何醒觉我需要耶稣。
- 我如何决志相信耶稣。
- 耶稣给我的人生所带来的改变。

当然,除了得救经历之外,你还可以有其他见证。**每次**神帮助你,都是一个人生经历。神带领你经过的一切问题、处境和危机,你都应该一一记下。当你要向未信的朋友分享见证时,要以敏锐的心去判断,哪次经历最能够引起他的共鸣。不同的处境要说不同的见证。

你的生命信息包含你的人生教训

其次,你的生命信息还包括神藉着人生经历来教导你的各种功课。其中有关于神、人际关系、困难、试探和人生其他方面的教训和洞见。大卫祷告说:“神啊,求你将人生的功课教导我,使我能按正道而行。”[7] 遗憾的是,我们从经验中学到的教训很少。圣经论以色列人说:“神三番四次拯救他们,他们却一直学不到任何教训——直至最后被自己的罪所毁。”[8] 你大概也见过这种冥顽不灵的人。

懂得从经验中学习的,是聪明人;懂得从别人经验中学习的,就**更加聪明**了。人生短暂,不可能凡事都亲自经历或只从自己的错误中学习。我们必须彼此学习和借鉴。圣经说:"一位有经验的人所提出的告诫,在愿意听从的人耳中,比用精金所造的首饰更加宝贵。"[9]

懂得从经验中学习的,是聪明人;懂得从别人经验中学习的,就更加聪明了。

你要把学到的重要人生教训记下,以便能与人分享。幸好所罗门真的记下他所学到的教训,我们才有箴言和传道书这两本书,可得着许多实际的人生道理。试想,我们如果能从彼此的人生经验中学习,将可避免多少无谓的痛苦。

成熟的人会养成每天反省的习惯,从自己不同的生活经验中汲取教训。我建议你把学到的人生教训记下,因为除非你要求自己记下,否则你很难会认真反省。你可以用以下的问题来唤起你的记忆,开始作出反省:[10]

- 从我的失败中,神要教导我什么功课?
- 在我经济拮据时,神要教导我什么功课?
- 在我痛苦、忧伤或沮丧时,神要教导我什么功课?
- 在我需要耐心等候时,神要教导我什么功课?
- 在我患病时,神要教导我什么功课?
- 在我感到失望时,神要教导我什么功课?
- 我从家人、教会、朋友、小组和批评我的人身上,可以学到什么功课?

你的生命信息包含分享你的属灵感召

神是一位充满感情的神,因此祂会**喜爱**某些东西,**恨恶**另一些东西。随着你愈来愈靠近祂,祂会使你对祂所关心的事,产生一份强烈的感情,以致你能在世上成为祂的代言人。那份感情可能关系到一个问题、一个目的、一个原则或一个群体。无论那是什么,你会觉得自己必须为它挺身发言,并且尽力作出贡献。

对于你最为关心的事,你是很难克制自己不谈及它的。耶稣说:“人的内心决定了他的说话。”[11]例如大卫说:“我为神和祂的工作火热,内心如同火烧。”[12]又如耶利米说:“你的信息在我的内心和骨中燃烧,我不能保持缄默。”[13]

神会将一种属灵的感召给予某些人,使他们致力推动某项事业,而那项事业本身所针对的问题,有时正是曾使这被感召的人深受其苦的问题,例如被虐待、恶瘾、不育、抑郁、患上某种疾病,或其他困难。有些时候,神又会给人一种感召,要他们为一些不能为自己争取的人士挺身发言,例如被堕的胎儿、受迫害的人、贫穷的人、囚犯、受虐者、弱势群体,以及被屈枉公义的人。圣经有极多的命令,要求信徒保护这些无助的人。

神会使用祂所感召的人去扩展祂的国度。祂可能感召你去建立教会、巩固家庭、资助圣经翻译或训练基督徒领袖。你的感召亦可能是要向某个特定群体讲述福音,例如商人、青少年、外国留学生、初为人母的妇女,或有某种嗜好和喜爱运动的人。只要你求问神,祂必会将关心某个国家或某个族群的负担放在你的心中,他们极需要基督徒的见证。

神会将不同的感召给我们每个人,以致能成就祂期望在世上作成的事。

神会将不同的感召给我们每个人,以致能成就祂期望在世上作成的事。你不应期望其他人的感召与你的一样;我们必须聆听和重视对方的生命信息,因为它们是无可取代的。绝不要轻看其他人的属灵感召。圣经说:“热心是好事,但目标一定要是好的。”[14]

你的生命信息必须包含福音

什么是福音?“福音表明神如何使人与自己和好——它是本于信而归于信的。”[15]“因神藉着基督,使世人与自己和好,不再计算他们的罪。祂已托付我们将这奇妙的信息传给别人。”[16]福音就是相信神的恩典,已藉着耶稣所成就的一切来拯救我们,我们的罪已得蒙赦免,我们已找着人生的目的,并且得着应许,将来可回天家。

教人如何讲述福音的书籍多不胜数。我可以提供一份书目,把对我有帮助的书介绍给你(见“附录2”)。然而,世上一切的训练都不足以推动你去为基督作见证,除非你全心接受前一章的八项信念。而最重要的是,你必须像神一样爱那些失丧的人。

神绝不会创造一个祂不爱的人,祂看重每一个人。当耶稣在十架上张开双臂的时候,祂是在说:“我就是**如此**爱你!”圣经说:“因基督的爱催逼我们,因我们深信一人已为众人死了。”[17]每当你对在世的使命感到冷淡时,就当花点时间去反思耶稣在十架上为你所作的牺牲。

我们必须关心未信者,因为神关心他们。爱里没有选择。圣经说:“在爱里没有恐惧;完全的爱驱走一切的恐惧。”[18]父母为营救自己的儿女,赴汤蹈火,在所不惜。因为爱儿女的心,已超越恐惧。倘若你惧怕向身边的人分享福音,就求神让你的心充满神对他们的爱吧!

圣经说:“神不希望任何人失丧,倒希望所有人能将心思和生命改变过来。”[19]只要你知道某人未认识基督,就必须经常为他祷告,在爱中服侍他,并与他分享福音。在你居住的小区,只要有人还未进入神的家,你的教会就必须继续福音使命。不愿意增长的教会,就等于对世人说:“你们下地狱吧。”

你愿意做些什么,使你所认识的人能够上天堂呢?邀请他们上教会?分享你的经历?将这本书送给他们?请他们吃一顿饭?天天为他们祷告,直至他们得救?你的使命工场就在你周围,不要错失神给你的机会!圣经说:“要尽用每个机会向人传福音,每次与他们接触都要有智慧。”[20]

有没有人因你而得以上天堂呢?将来在天堂,有没有人会对你说:“很感谢你,因为你那么关心我,与我分享福音,我今天才能来到天堂。”试想你在天堂,遇见昔日听你传福音而信主的人,会是何等喜乐呢!让一个人得到永恒的救恩,远比你在世上的任何成就更有价值。只有人才能活到永恒。

藉着本书,你已认识神为你所定的五个人生目的:成为祂家里的**成员**,塑造像基督的**品格**,彰显祂的**荣耀**,作神施恩的**管家**,以及福音的**使者**。在这五项人生目的中,第五项只可以在世上履行,其余四项都可以用某种形式在永恒继续。因此,向他人传讲福音便显得特别重要;你只有很短的时间去分享你的生命信息,去完成你的使命。

第 37 天

思想我的人生目的

思考重点:神希望藉着我去向世人传达生命的信息。

背诵经文:“要随时作好准备,去回答那些问你们心中那盼望的人,但要以温柔和尊重的心去回答。”

彼得前书三 15下(TEV)

思考问题:神希望我向谁分享我的个人经历呢?

成为世界级的基督徒

耶稣对跟从祂的人说：
“去到世界各地，将福音传给每一个人。”
马可福音十六15（NCV）

差我们到世界各地，
传扬你拯救的大能，
并你为全人类所定的永恒计划。
诗篇六十七2（LB）

大使命就是你的使命。

你必须作出抉择：是做世界级的基督徒，还是做属世的基督徒。[1]

属世基督徒基本上是为了满足自己而寻求神。他们虽已得救，却仍是以自我为中心。他们喜欢参加音乐会和对自己有益的讲座，却从不出席宣教会议，因为他们对此不感兴趣。他们的祷告离不开求神满足个人的需要，以及求取福气和快乐。这是一种“以我为先”的信仰：神能如何赐福给我，使**我的**生活更安舒？他们希望利用神来成就他们的目的，而不是**被神使用**，来成就神的目的。

相反地，世界级的基督徒却知道，他们得救是为了服侍和履行使命。他们渴望领受个人的差事,因自己有特权蒙神使用而感到无比兴奋。世界级的基督徒,是地上唯一**充满生命力**的群体。他们的喜乐、信心和热忱都具有无比的感染力,因为他们知道自己要为这世界带来改变。他们每天起来,都期望神用崭新的方式来使用他们。你想成为哪一类的基督徒呢?

神邀请你参与历史上最伟大、最多样化和最具意义的事业——扩展祂的国度。历史就是**祂的故事**(His Story)。祂正在为永恒而建立祂的家庭。没有任何事情比这更重要,也没有任何事物比它更长存。我们从启示录中得悉,终有一天,大使命将会圆满成就。天堂将会聚集庞大的民众,是来自“各种族、各支派、各国和各方言”[2]的,他们一同站在耶稣基督面前敬拜。当你成为世界级的基督徒,将可以稍稍**预尝**在天堂的滋味。

当耶稣吩咐跟从祂的人要“去到世界各地,把福音告诉给每一个人听”,那一小群贫困的中东门徒,实在感到难以胜任。他们难道要步行或骑驴、骑骆驼走遍世界?这就是他们仅有的交通工具,当时还没有可以远渡重洋的轮船,所以要他们走遍世界确有实际的困难。

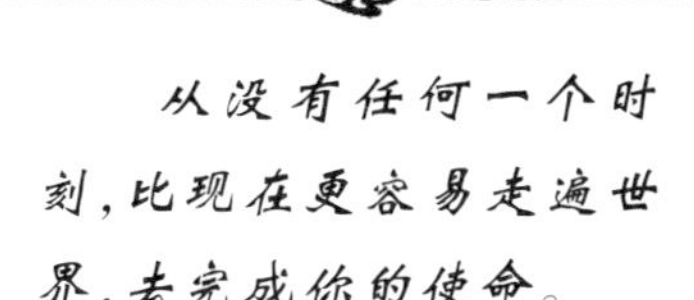

我们今天有飞机、轮船、火车、巴士和汽车。世界已变得愈来愈小,而且还天天不断在缩小。你只需要**数小时**,就可以飞越海洋;倘若你赶时间,翌日便可回到家里。一般的基督徒如要参与短期跨地事奉,实在是毫无困难。

如今,随着互联网的普及使用,世界就更加微小了。除了电话和传真之外,每位信徒都可以藉着互联网与任何国家的人作个人的沟通。整个世界就在你的指尖之间!

很多偏远的乡村也可以收到电邮,因此,你甚至可以足不出户,

就能够使用电邮与地球另一边的人进行福音性质的对话！自古以来，从没有任何一个时刻，比现在更容易走遍世界，去完成你的使命。距离、费用或交通，不再构成重大障碍，唯一的障碍就是我们的**思想**。要成为世界级的基督徒，就得作出某些思想上的改变。你的观念和心态必须作出改变。

世界级的基督徒该怎样思想

由自我中心变为以他人为中心

圣经说："我的朋友们，不要再像小孩子那样思想，倒要像成年人那样思想。"[3] 这是成为世界级基督徒的第一步。小孩子总想着自己，成年人却顾及别人。神命令我们："不要只想着自己的事，也要关心别人的事。"[4]

这种思想上的转变当然不易，因为以自我为中心是我们的天性，而几乎所有广告都鼓励我们关注自己。我们若要改变这种思想模式，就只能时刻倚靠神。幸好祂并非任由我们独自挣扎："神已将圣灵赐给我们。为此缘故，我们的思想方式与这世界的人并不相同。"[5]

当你要与非信徒谈话时，你应该先祈求圣灵帮助你，使你知道他们属灵的需要。你可以慢慢养成一种习惯，就是每次与非信徒接触的时候，都在心中为他们"呼吸祷告"，说："父啊，求你帮助我明白，究竟有什么事物拦阻他去认识你。"

你的目标是要掌握对方的灵命状况，然后竭尽所能地引领他逐步认识基督。只要你采纳保罗的思想模式，就会懂得怎样去做。他说："我不去想什么会对我有好处，只会想什么能使多人得益，以致他们能够得救。"[6]

由地区性思维变为全球化思维

神一直关心全世界的人。“神爱世人……”[7] 祂从起初就希望召聚万国万民成为祂的家庭成员。圣经说:“神由一人造出住在地上的万国,祂亦决定各国在何时和何地出现。神成就这一切,为的是要我们寻求祂,寻索并找到祂。”[8]

今天,地上许多人已有全球化思维。最大的传媒机构和企业都是跨国公司。我们的生活与其他各地的人民愈来愈紧密相连,我们享用同样的时装、娱乐、音乐、体育活动,甚至是同样的快餐。你所穿着的衣服,还有你大部分的食粮,都可能是由别国制造的。全球的关系如此紧密,以致超乎我们的想象。

生活在今天是令人兴奋的。现今的基督徒人数,远超过从前的任何时刻。保罗说得对:“临到你们的同一个福音将传遍世界。它会改变各处的人,正如改变你们一样。”[9]

建立全球化思维的第一步,是要开始为特定的国家祷告。世界级的基督徒会为全球祷告。你要找一张世界地图,然后提名为那些国家祈祷。圣经说:“你们如果求我,我必将万国赐给你们;地上的所有人必属你们。”[10]

祷告是履行你在世使命最重要的工具。别人可能拒绝我们的爱,或抗拒我们传讲的信息,却不能阻止我们为他们代祷。祷告就像一枚洲际导弹一样,你可以对准某人的心灵,为他祷告,不管他是在10米以内,还是在千里之外。

别人可能拒绝我们的爱,或抗拒我们传讲的信息,却不能阻止我们为他们代祷。

你可以为什么事情祷告呢?圣经教导我们要祈求:作见证的机会,[11]传讲福音的勇气,[12]让别人能相信,[13]福音能迅速广传,[14]也求有更多承担使命的工人。[15]祷告使你成为各地信徒的同工。

你也要为福音使者,以及所有投身普世禾场的信徒代祷。保罗对他的祷告伙伴说:“你们为我们祷告的时候,就是与我们同工、帮助我们。”[16]

建立全球化思维的另一个途径,是用“大使命的眼睛”来阅读和收看世界新闻。每当某个地方出现变化或冲突,你就可以肯定神将会藉此引领人归向祂。人在危难之下或转变期间,是最容易接受神的。世界转变的速度正不断加快,以致愈来愈多的人愿意敞开心怀,聆听福音。

建立全球化思维的最佳方法,莫如立即行动,参加一个短期的跨地事奉项目!要亲身体验异地文化,这是唯一方法。不要再进修或谈论如何传道,只管去尝试吧!我敢说你会非常投入的。耶稣在使徒行传一章8节给我们一个参与的模式:“你们要在耶路撒冷、犹太全地、撒玛利亚,和世界各地向所有人讲述我。”[17]跟从祂的人要走进所属的小区(耶路撒冷)、走遍本国(犹太)、接触其他文化(撒玛利亚),以及到其他国家(世界各地)。要注意的是,我们要同步履行这召命,而不是分阶段进行。虽然不是每个人都有相应的恩赐,但主却呼召每个基督徒以各种方式向这四大群体讲述好消息。你是否是遵行使徒行传一章8节的基督徒呢?

定下一个目标,参与这四种不同对象之一的事奉项目吧。个中体验可开阔你的心灵,加添你的异象,强化你的信心,加深你的怜悯,并能带给你前所未有的喜乐。这样的旅程将会成为你一生的转折点。

由“此时此地”的思想变为“永恒”的思想

倘若你要善用一生,就必须持守永恒的视野。这可防止你专注于次要的事情,也使你懂得分辨什么是紧急、什么是紧要。保罗说:“我们不是定睛在看得见的事物上,却是要定睛在看不见的事物上。因看得见的是短暂的,看不见的是永恒的。”[18]

那些浪费我们很多精力去做的事情，可能在一年之内便失去影响力，更不要说能延续至永恒了。不要用你的人生来交换短暂的事物。耶稣说："若有人让自己分心，不专注去做我为他所定的工作，那人便不配得神的国。"[19]保罗告诫说："对世界硬推给你们的东西，要尽量漠然待之。你们所见的世界正在过去。"[20]

你有否容让任何事物拦阻你去履行使命？有什么因素妨碍你作世界级的基督徒？不管那是什么，都放下它吧！"让我们把拖慢我们或牵制我们的所有东西弃除。"[21]

耶稣吩咐我们"将财宝储存在天上"。[22]我们可以怎样去储存呢？耶稣曾经说过的一句话，是经常被人误解的："我告诉你们，用属世的财富去为自己赢取朋友，以致当世界过去的时候，你们便会被迎接进入永恒的居所。"[23]耶稣的意思，并非叫你用钱"买"朋友；而是吩咐你用神赐给你的金钱，去领人归向基督。如此，他们便永远成为你的朋友，他日你进入天堂时，他们要欢迎你！这是你一生中最聪明的投资。

"你不能把钱财带走。"然而，圣经却说，你只要把金钱投资在往那里去的人身上，那就等于预先将钱汇到天堂！

你可能听人说过："你不能把钱财带走。"然而，圣经却说，你只要把金钱投资在往那里去的人身上，那就等于预先将钱汇到天堂！圣经说："他们这样作，便能为自己储存真正的财宝在天上——这是唯一延续至永恒的安全投资！他们还可以在地上，活出一个结实累累的基督徒人生。"[24]

由思想怎样找借口变为想出更多具有创意的想法以完成使命

只要你愿意，总有方法可以去履行使命，而且有很多机构可提供各种协助。可是我们常听到这样一些推托的借口：撒拉说自己太老，耶利米则说自己太年轻,他们都否定神可以使用他们,但神却拒绝接受两人的借口:"'你不要这样说,'主回答说,'因为无论我差你到哪里去,你都要去;无论我告诉你什么,你都要说。你不要怕人,因我必与你同在并看顾你。'"[25]

也许,你以为自己需要神特别的"呼召",你一直在等候某些超自然的感觉或经历;然而,神已屡次重申祂的呼召。我们**每个人**都蒙召去完成神为我们所定的人生目的:敬拜祂、过团契相交的生活、长成基督的样式、去服侍,以及与神同工,履行在此世与神同工的使命。神不希望只使用**部分**子民,祂要动用**所有**属祂的人。我们所有人都**负有与神同工的使命**。祂希望祂的整体教会,能将完整的福音信息带给整个世界。[26]

倘若你想学效耶稣,就必须胸怀普世。你不能只因为家人和朋友归信基督,便感到满足。地上居住了超过60亿人口,神希望寻回每个**迷途**的儿女。耶稣说:"惟有那为我和福音的缘故舍弃生命的人,才会明白真正活着的意义!"[27]大使命就是**你的**使命;而做好你的本分,就是活得有意义的要诀。

第38天

思想我的人生目的

思考重点:大使命就是我的使命。

背诵经文:"差我们到世界各地,传扬你拯救的大能,并你为全人类所定的永恒计划。"

诗篇六十七2(LB)

思考问题:我该怎样为明年参加一次短期事奉项目作好准备?

39 均衡发展的人生

不要活像那些不知生命意义的人，
却要像那些知道的人那样，
以尽责的态度来过活。
以弗所书五15（Ph）

不要让恶人的错谬，
引你们误入歧途，令你们失去平衡。
彼得后书三17（CEV）

均衡发展的人有福了；他们比所有人更能坚持。

夏季奥运会的比赛项目中，有一个包含射击、击剑、骑术、赛跑和游泳的五项全能比赛。每名参赛者的目标，都是想在全部五个项目中获胜，而不只是在一两个项目中胜出。

你的人生也是五项全能的竞赛，你要同时朝向五个目的进发，因此，你的人生必须保持均衡发展。这五个目的，便是使徒行传二章的早期信徒所实践的，也是保罗在以弗所书四章所讲解的，以及耶稣在约翰福音十七章所示范的；不过，它们可以用耶稣所颁布的“最大诫命”和“大使命”概括起来。这两项宣告概括了本书的全部内容——

神为你所定的五个人生目的：

- **“尽心爱神”**：你活着是为使神喜乐，因此，你的人生目的是要藉着敬拜去爱神。
- **“爱人如己”**：神塑造你是为了要你服侍人，因此，你的人生目的是要藉着事奉向人表达爱心。
- **“去使人作门徒”**：你被造是为了履行使命，因此，你的人生目的是要藉着传讲福音去分享神的信息。
- **“给他们施洗”**：你要作神家里的人，因此，你的人生目的是要藉着团契相交生活，去认同自己是教会的一份子。
- **“凡主所教训的，都教导他们去作”**：你要长成基督的样式，因此，你的人生目的是要藉着**门徒训练**而长大成熟。

当你以全然委身的态度，去响应最大的诫命和大使命，便可成为一个伟大的基督徒。

要在这五个目的上均衡发展，并非一件易事。所有人都会倾向侧重自己最热衷的目标，而忽略其他几方面。教会也是一样。然而，你可以藉着参加彼此关怀的小组、定期检视自己的灵命健康、在灵程日志中记下自己的成长，以及将自己所学到的与人分享，就能保持均衡发展和对准方向。这是活出“目的导向的人生”的四个重要环节。你若决心要向着标竿直跑，就必须建立这四个习惯。

当你以全然委身的态度，去响应最大的诫命和大使命，便可成为一个伟大的基督徒。

与属灵伙伴或小组分享

要将本书的原则**内化**，最佳方法就是在小组内与其他组员作仔细的讨论。圣经说:“铁磨铁会变得锋利,人同样能够互相砥砺成长。”[1]我们在群体之中学习最有效。通过彼此的交谈,我们的思想会变得更加敏锐,信心亦得以增强。

我**殷切**地鼓励你与朋友组成《标竿人生》阅读小组,每周定期聚会,温习各章的内容,讨论各章的含义和实践方式。不断反思:“知道又如何?”“现在可以做些什么?”“这对我个人、我的家庭和教会有何意义?”“我准备要如何作出响应?”保罗说:“将所学到的实践出来。”[2]本书“附录 1”提供了一系列问题,可供你的小组或主日学作深入讨论。

阅读小组有许多好处是单独阅读本书所不能得到的,小组成员可以互相分享学习心得和意见,还可以讨论现实生活的例子。当你尝试实践这些人生目的时,还可以彼此代祷、鼓励和支持。请切记,我们的目的是要一同成长,而不是独自成长。圣经说:“要彼此鼓励,互相支持。”[3]当你的小组读完本书之后,可考虑继续研读其他“标竿人生系列”作品(见“附录 2”)。

我亦鼓励你去研读圣经。本书的注释引用了超过一千节经文,你可以按照经文的上下文来进行研经。我会在“附录 3”解释为何要引用多个译本和意译本。为了让每章的篇幅适合一天的阅读,我不能详细解释每节经文的精彩语境。不过,圣经应该是按段、按章,甚至按卷来研读的。我所写的《个人研经法》(Personal Bible Study Methods)可以为你提供归纳式研经的步骤。

定期检视自己的灵命

为使你的五个人生目的能得以**均衡**发展,最佳的方法就是定期作出评检。神非常重视这种自我评检的习惯。圣经最少有五次吩咐我们,要察验和检视自己的灵命。[4]圣经说:“要察验自己,确保自己有坚固的信心。不要随波逐流,将所有事看成是理所当然。要定期检视自己……作出测试。假如你通不过测试,便要作出补救。”[5]

你若要保持身体健康,就要到医生那里作定期检查,让他对你的血压、体温、体重和其他重要的健康指标作出评估。为了保持灵命健康,你也要对敬拜、团契相交生活、品格成长、事奉和使命这五个重要的指标,作出定期的评估。耶利米忠告我们:“让我们细察自己是如何过活,然后按神的心意重新调校我们的生活。”[6]

在马鞍峰教会,我们为信徒设计了一份简单的个人评估表,这份表格已帮助了数以千计的信徒持定目的,为神而活。你将会惊讶地发现,这份简单的评估表竟能帮助你过均衡生活,让你得着健康和成长。保罗勉励我们说:“让你们起初的热心,能与现在的实际行动相吻合。”[7]

利用灵程日志来记下你的成长

要**鞭策**自己不断成长,以完成神为你所定的人生目的,最佳的方法就是撰写灵程日志。这并非记述事件的日记,而是把你不想遗忘的人生功课记录下来。圣经说:“我们必须谨守所听过的,这样才不会随流失去。”[8] 我们总是记得自己写下来的功课。

撰写日志可以帮助你看清神在你生命中的作为。陶曼(Dawson Trotman)经常说:“当思想藉着指尖表达出来,便会得到厘清。”圣经中有几个例子,提到神吩咐百姓要记下属灵的进程。圣经说:“在神的指示下,摩西把他们的进程记录下来。”[9] 你是否很庆幸摩西听从神的吩咐,记下以色列民的属灵进程呢?他如果懒惰,没有写下出埃及记,我们就没有机会学到那许多重要的人生功课了。

你的灵程日志虽然不会像摩西五经那样被广泛阅读,却仍有重要价值。新国际译本对这节经文的翻译是:“摩西记下他们旅程的不同阶段。”你的生命就是一个旅程,为旅程留下一份日志是很有价值的。我盼望你把奔向目的导向人生这趟属灵旅程的不同阶段记下来。

你有责任为后代留存见证，让他们能晓得神如何帮助你去完成人生目的。

不要只记下愉悦的事情，倒要像大卫一样，同时记下你的怀疑、恐惧并与神的争辩。最重要的人生功课总是来自痛苦的经历，圣经说，神会为我们的泪水记账。[10]每当困难临到，你都要坚信，神要用它们来成就你的五个人生目的：困难迫使你定睛仰望神，引领你与别人更紧密相交，建立你的基督样式，给你事奉的机会，并赐给你一个见证。每个困难都驱使你迈向人生目的。

诗人在痛苦中写道："为将来的世代记下耶和华的作为，以致未出生的人可以在将来赞美祂。"[11]你有责任为后代留存见证，让他们晓得神如何帮助你去完成人生目的。当你上天堂后，这个见证仍会在地上继续发声。

将你所学到的与人分享

你若想不断成长，最佳的学习方法，就是把你学会的与别人分享。箴言教导我们："祝福别人的人，必蒙丰富的祝福；帮助别人的人，必得着帮助。"[12]与人分享心得的人，必从神那里学到更多。

你如今既已知道人生的目的，就有责任将这个信息传开。神呼召你成为祂的信息传递者。保罗说："我如今要你将这些事，告诉那些值得信赖的跟随者，让他们告诉其他人。"[13]藉着本书，我将我从别人那里得知的人生目的告诉你，如今你便有责任去将它转告他人。

你可能认识数以百计的人，他们还未知道人生有何目的。你可以向你的儿女、朋友、邻居和同事分享这些真理。倘若你准备将本书送给朋友，请在献呈页上先写上你的留言。

你懂得愈多，神就愈期望你能运用你所懂得的去帮助别人。雅各说："人若知道该行善事，却不去行，这就是犯罪。"[14]知识加增责任。将人生的目的传扬开去，不仅是为了尽责，而是人生最大的特权之一。试想，倘若世上的人都知道自己的人生目的，这个世界将会何等不同。保罗说："你若将这些事教导其他跟随者，就是基督耶稣的好仆人。"[15]

一切都是为了神的荣耀

我们是为了神的荣耀和祂国度的扩展，而将所学到的传开。耶稣在被钉十架前的晚上，向父神祷告说："我在地上已荣耀你，你交给我的工作，我已完成了。"[16]耶稣作这个祷告时，祂仍未为我们的罪被钉死，那么，祂究竟完成了什么"工作"呢？祂在这里所指的，明显是救赎以外的工作。问题的答案，就在随后20多节的祷文之中。[17]

耶稣告诉父神，祂在过去三年所完成的工作，就是装备门徒去为神的旨意而活。祂帮助他们认识神和爱神（敬拜），教导他们彼此相爱（过团契相交生活），将真道赐给他们，以致他们能长大成熟（门徒训练），亲身示范如何作服侍（事奉），以及差遣他们出去将信息告诉别人（使命）。耶稣亲身活出标竿人生，且教导别人如何将它活出来。叫神得着荣耀的，就是这项"工作"。

今天，神呼召我们各人去做同样的工作。祂不单希望我们按祂的旨意而活，还希望我们帮助别人明白人生的目的。神希望我们引人归向基督，带领他们进入团契相交的群体，帮助他们长大成熟，发掘他们的事奉岗位，然后差派他们把福音告诉别人。

这就是"目的导向的人生"所涉及的一切。不论你是什么年纪，你的余生都可以成为最美好的人生；标竿人生可以由今天开始。

第39天

思想我的人生目的

思考重点：均衡发展的人有福了。

背诵经文："不要活像那些不知生命意义的人，却要像那些知道的人那样，以尽责的态度来过活。"

以弗所书五15(Ph)

思考问题：倘若我要均衡发展神为我所定的五个人生目的，那么，文中所提出的四个环节中，有哪一项是我必须先开始做的呢？

目的导向的人生

人的心里有很多计划，
但惟有主的旨意才能成就。
箴言十九21（NIV）

大卫在他的世代里，
满足了神的旨意。
使徒行传十三36（NASB）

只有活出有目的导向的人生，才是真正的生活，否则就只是生存。

大多数人都被三个基本的人生问题所困扰。第一个关乎自己的**身份**："我是谁？"第二个关乎自己的**重要性**："我是否有价值？"第三个关乎自己的**贡献**："我有什么位分？"这三个问题的答案，都可以在神为你所定的五个人生目的中找到。

耶稣在世的事奉即将结束的前几天，祂与门徒一起在楼上，以身作则地替他们洗脚，并对他们说："你们如今知道这些事，你们若然去行，便会得到祝福。"[1] 当你知道神希望你做些什么之后，只要你真正去行,祝福便自然临到。40天的目的导向之旅即将结束,如今你已知道神为你所定的人生目的,只要你照着**去行**,就必蒙祝福!

这可能意味着你要放下其他工作。你可以去做很多"好事",但神为你所定的五个目的,却是你**必须**全部照做的。遗憾的是,我们很容易分心和忘记什么是最重要的事。我们很容易偏离最重要的事,再慢慢地离弃正道。为了避免此事的发生,你必须为你的人生订立一个目的宣言,然后定期作出检讨。

什么是人生目的宣言?

这宣言综合神为你所定的人生目的

你用你的表达方式,对神为你所定的人生目的作出立志委身。这个目的宣言并非一张目标清单。目标是短暂的;目的却是永恒的。圣经说:"祂的计划存到永远;祂的目的延至永恒。"[2]

这宣言指明你的人生方向

用纸笔记下你的人生目的,能迫使你具体地思考你要走的路。圣经说:"知道你要前往什么地方,你就能够脚踏实地。"[3] 这个人生目的宣言,不仅厘清你该运用时间、人生和金钱来做些什么,还表明你不会做些什么。箴言说:"智慧人会以聪明的行动为目标,但愚昧人却未选定方向便起步。"[4]

这宣言为你定义"成功"

它清楚指出什么是你认为最重要的事,而不是世界认为最重要的事,同时厘清你的价值观。保罗说:"我希望你们明白什么是真正重要的。"[5]

这宣言厘清你的角色

你在不同的人生阶段会有不同的角色，但你的目的却永不改变。人生目的永远比你的角色更重要。

这宣言表达你的特质

这宣言清楚显出神如何独特地塑造你来服侍祂。

请你用一段安静的时间，把你的人生目的宣言写下来。不要试图一次就写完，也不要期望一下笔便写得完美；只要把你想到的东西尽量记下便行了。修改总比原创来得容易。当你预备撰写你的宣言时，以下是你必须思考的五个问题。

人生的五大问题

我的人生要以什么为核心？

这是一个关乎**敬拜**的问题。你准备为谁而活？你准备环绕着什么来建立你的人生？你可用事业、家庭、某项运动或嗜好、金钱、享乐及很多其他活动来建立你的人生。这一切都是好事，然而，却非你的人生核心。当你的人生快要崩溃时，上述一切都不能承托你。你需要一个永不动摇的支撑点。

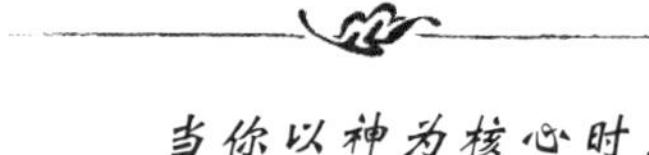

当你以神为核心时，你会敬拜祂；否则，你就会忧虑。

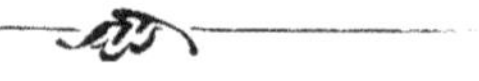

亚撒王吩咐犹大的人民要“以神作为人生的核心”。[6] 事实上，无论你以什么作为你人生的核心，这个核心就成了你的神。你将生命委身给基督的那一刻，基督便进入你人生的核心，但你必须藉着不住的敬拜，来使祂留在这核心的位置。保罗说："我祈求基督会愈来愈多安居在你们心中。"[7]

你怎能知道，神何时成为你人生的核心呢？答案很简单：当你以神为核心时，你会敬拜祂；否则，你就会忧虑。忧虑是一个警示，让你晓得神已被推到一边。惟有你请祂回到核心，你才会再次得着平安。圣经说："神的完全平安……将会临到，使你平静下来。当基督取代忧虑，成为你的人生核心，便会出现这种奇妙的感觉。"[8]

我的人生要活出什么品格？

这关乎**门徒训练**的问题。你要成为一个什么样的人？神重视你**是**个什么样的人，远胜过你**做**些什么。要记着，你只能将你的品格带到永恒，你的事业却要留下。你想努力追求和建立什么品格特质？请你把它们一一列出来。你可以用"圣灵的果子"[9]或"论八福"[10]所列的品格作为开始。

彼得说："在你已领受的基础上，不要放松一分一秒地去继续建立，在你的基本信心上要加上美好的品行、属灵的悟性、警觉的自律、温柔的忍耐、敬虔的心、亲切的友善和宽宏的爱。"[11]当你失脚跌倒的时候，不要灰心和放弃，建立基督样式的品格需要一生之久。保罗吩咐提摩太说："要坚定持守你的品格和教训，不要偏离，只要努力持守。"[12]

我的人生要有什么贡献？

这关乎**服侍**的问题。你要在基督的身体内作什么事奉？当你认识你的属灵恩赐、心、才能、个性和经验(SHAPE)之后，你在神的家中承担哪个位分是最恰当的呢？你可以作出什么贡献？在基督的身体内，有没有某个小组最切合我的事奉特质呢？保罗指出，当你承担事奉时，会带来两个宝贵的好处："你所作的这服侍，不单能满足属神的人的需要，还能生出对神不绝的感恩。"[13]

神虽然塑造你去服侍人，但即使是耶稣在地上的时候，也不能满足每个人的需要。你必须按照神塑造你的特质,选择你最适合服侍的对象。你要问:"我最渴望帮助谁?"耶稣说:"我差遣你们出去和结果子,就是永存的果子。"[14]我们每个人都会结出不同的果子。

我的人生要传递什么信息?

这个问题关乎你对非信徒的**使命**。你的人生目的**宣言**必须包括你的使命宣言。你必须立志向别人分享你的见证和福音。你还需要写下神给你的人生经历和属灵感召,是你认为神要你与人分享的。随着你在基督里日渐成长,神可能给你一群特定的传福音对象,到时便可将这点也加入你的宣言之中。

大部分未信者在接受圣经是可靠的之前,都想要验证我们是否可靠。

倘若你已为人父母,你的使命就包括要教养你的孩子认识基督,帮助他们明白人生的目的,以及差他们到世界履行使命。你必须将约书亚的宣言纳入你的宣言之中:"我和我的一家必服侍主。"[15]

我们的人生当然要承托和印证我们所传的信息。大部分未信者在接受圣经是可靠的之前,都想要验证我们是否可靠。因此,圣经说:"要确保你的生活方式,能为基督的福音带来荣光。"[16]

我的生命要归属什么群体?

这关乎**团契相交**的问题。你如何显出你对其他信徒的委身,并与神的家紧紧连结?你在哪里实践与其他信徒"彼此相爱"的命令?你要加入哪个教会,在那里发挥你的功能?你愈是成熟,就愈是爱基督的身体,并愿意为之献上自己。圣经说:"基督爱教会,为教会舍命。"[17]你必须将你爱教会的行动,加入宣言之中。

当你思考过这些问题的答案之后,最好加入一些与各项目有关、而又能提醒你的经文。本书列出的许多经文都可供你参考。你可能需要花上数周,甚至数月的时间,才能写好一份满意的目的宣言。在这期间,你要祷告、反思、与朋友倾谈,并默想经文。你可能要经过几次修订,才能最后定稿,随着年日的增加,你更认识神怎样塑造你,你可以对宣言作出一些修订。

除了写下一份仔细的人生目的宣言外,你可以再写一份较为简短的宣言,或用一句口号来概括你的人生目的,这将对你很有帮助,因为它简单易记,可以随时提醒和鼓励你。所罗门劝勉说:"当把这些事存记心中,让你能不断重温。"[18]以下是一些例子:

- "我的人生目的是要尽心敬拜基督,用神塑造我的特质去服侍祂,与神家里的人过团契相交的生活,长成基督的品格,并履行在世的福音使命,藉此荣耀神。"
- "我的人生目的是要作基督家里的一份子,作基督品格的榜样,作施恩的管家,传递神话语的使者,并彰显祂的荣耀。"
- "我的人生目的是要爱基督,在基督里成长,与人分享基督的信息,并藉着服侍教会来事奉基督,我希望带领家人和更多人和我一同实践这一切。"
- "我的人生目的是要实践最大的诫命和大使命。"
- "我的目标是要活像基督;以教会作为我的家;我很希望能在__________岗位上参与事奉;并以__________作为我的使命;我所作的一切,都是为了荣耀神。"

你可能会问:"神对我的工作、婚姻,甚至是我要念什么科目或居住在哪里,究竟有何心意呢?"坦白说,这些都是人生中的次要问题,你可能有众多选择,**全都**合乎神的心意。最重要的,是不管你住在哪里,在哪里工作,或是与谁结婚,你都要尽力去履行神的永恒计划。当然,当你去作这些人生抉择时,就要先考虑你的选择是否能承托你，使你能履行人生目的。圣经说："人的心里有很多计划，但惟有主的旨意才能成就。"[19]你要专注于神为你所定的人生目的，而不是你的计划，因为只有前者才会延续至永远。

我曾经听过有人建议，让你想象将来在你的丧礼上，你希望别人对你的一生作出怎样的评价，然后便按照你期望得到的评价，来写你的人生目的宣言。想象着对你溢美的悼词，来写一份完美的宣言。这并非一个好提议。当你到达人生终结的时候，别人对你的评价已不再重要。唯一重要的，是**神对你的评价**。圣经说："我们的目的是要讨神的喜悦，而非讨人的喜悦。"[20]

终有一天，神会评检你对这些人生问题的答案。你有否将耶稣放在人生的核心位置？你有否建立基督的品格？你有否献上你的生命去服侍别人？你有否传递祂的信息和完成祂的使命？你有否爱护和投入祂的大家庭？这些才是真正最重要的问题。正如保罗所说："我们的目标是要达成神为我们所定的旨意。"[21]

神要使用你

大约在30年前，使徒行传十三章36节的一句话吸引了我的注意，我的人生方向便由那一刻开始完全改变过来。这句话像火红的烙铁那样，在我的生命中留下永远的印记。经文记载："大卫在他的世代里，满足了神的旨意。"[22](David served God's purpose in his generation.)

我现在明白神为何称大卫是"合我心意的人"，[23]因为他奉献一生去完成神在地上的旨意。

没有任何墓志铭比这句话更有意义了。试想**你的**墓碑上写着："**这人**在他的世代中，满足了神的旨意。"我祈求在我死后，会得到这样的评价。我同样祈求别人会这样评价你，所以为你写这本书。这句话是美好人生的最佳诠释：你在一段有限的时间里（你的世代），遵行了永恒和超越时间的旨意（神的旨意），活出了“**目的导向的人生**”。过去和将来的人都不能在这个世代满足神的旨意，惟有我们才能够。我们就如以斯帖一样，神是为了“现今的机会”[24]而造你。

神在不断寻找祂可以使用的人。圣经说：“主的眼目寻遍全地，为的是巩固那些全心遵从祂的人。”[25]你会成为神所使用的人，去完成祂的旨意吗？你会在**你的**世代中，满足神的旨意吗？

保罗活出“目的导向的人生”。他说：“我每步都带有目的，朝着标竿直跑。”[26]他唯一的生存理由，就是要完成神为他所定的旨意。他说：“对我而言，活着就是基督，死了就有益处。”[27]无论是生是死，保罗都一无所惧，因为两者都能成就神的目的，他不会有任何损失！

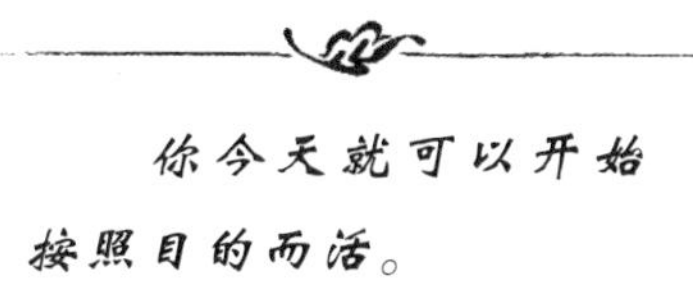

你今天就可以开始按照目的而活。

历史终必有完结的一天，但永恒却要延续至永远。克里（William Carey）说过：“将来就如神的应许般光明。”当你在履行神的旨意时遇上困难，不要轻言放弃，当谨记，你将有永存的赏赐。圣经说：“因为那些轻微和短暂的患难，要为我们成就永远的荣耀，它们便显得微不足道了。”[28]

试想，在将来的某一天，当我们各人站在神的宝座前，带着由衷的感恩与赞美，将我们的一生呈献在基督面前。那时我们将一起说道：“哦，主啊！我们的神！你是配得荣耀！尊贵！权能！你创造了万有；万有都是因着你的旨意而被造！”[29]我们将要赞美祂的计划，并永远为祂的目的而活！

第 40 天

思想我的人生目的

思考重点：只有活出有目的导向的人生，才是真正的生活。

背诵经文：“大卫在他的世代里，满足了神的旨意。”

使徒行传十三 36(NASB)

思考问题：我将在什么时候写下人生五大问题的答案，以及我的人生目的宣言？

附录 1

问题讨论

除了每章结尾的人生目的省思,你还可以在你的小组或主日学的课堂中,讨论以下问题。

我究竟为何而活?

- 本书的第一句话:“人生目的不是从你开始的”,这对你有什么提醒?
- 你认为大多数人的生命是受什么力量所驱使?你自己的人生动力又是什么?
- 到目前为止,你可以将你的人生比喻作什么?赛跑?竞技?或是什么?
- 倘若所有人都明白,我们活在世上是要**为永恒作好准备**,我们的生活是否会有所不同呢?
- 人们一般被世上的什么东西所吸引,以致拦阻他们为神的目的而活?
- 你过往一直依恋什么,以致拦阻你去为神的旨意而活?

你活着是要令神喜乐

- “一生为神的喜乐而活”,这与一般人所理解的“敬拜”有何分别?
- 与神为友跟我们与人做朋友,有什么相同和相异之处?
- 你是否曾感到神遥不可及?请分享你的经历。
- 你是在集体敬拜,还是在个人敬拜的时候,觉得较易投入,并感到与神更亲近呢?

- 有哪些时候我们可以向神表达怒气?
- 当你想将你的一生,完全降服给基督的时候,内心会出现什么恐惧呢?

神要你成为祂家里的人

- “我们要彼此委身,像委身基督一样”,这与大部分人所理解的“团契”有何分别呢?
- 有什么东西拦阻我们去爱和关心其他信徒?
- 你与别人分享你的需要、痛苦、恐惧和盼望,有没有什么困难?有什么方法可助你更容易分享?
- 不参与教会的人,大多会提出什么理由?你会如何回应这些理由呢?
- 我们的小组可以如何保守和增进教会的合一?
- 你是否需要重修与某人的关系?我们每个组员可以怎样为你代祷?

你被造是要活像基督

- “要学像耶稣基督”,与大多数人所理解的“门徒训练”有何分别?
- 自从你信主之后,你的生命出现了什么改变?别人能否看到你的改变?
- 在过去一年,你在哪方面长得更像基督呢?你计划如何更进一步呢?
- 你的灵命成长在哪方面似乎较为缓慢,需要更耐心地使它成长呢?
- 神怎样使用痛苦和困难来帮助你成长?
- 你在什么时候最容易受到试探?你有什么有效方法能克胜

试探？

你被塑造来服侍神

- “运用神塑造你的特质去服侍别人”，这与大多数人所理解的“事奉”有何分别？
- 你**喜爱**做些什么？可否将它用于教会，去服侍别人？
- 你曾经有过什么痛苦经历，是你认为神可以使用它们，来帮助遭遇同一困苦的人？
- 与别人比较的心态，如何拦阻神按照祂的心意去塑造我们？
- 试分享你的亲身经历，见证神在你的软弱中彰显祂的能力。
- 我们如何帮助小组里的每一成员，寻找本身的事奉岗位？我们的小组可以如何服侍我们的教会？

你被造是要履行使命

- 当人听见“传福音”的时候，通常最典型的恐惧和成见是什么？有什么拦阻**你**去与人分享福音？
- 你认为神给你什么生命信息，是希望你与别人分享的？
- 请各组员说出一位未信主的朋友的名字，让每位组员开始为他/她经常祷告。
- 我们的小组可以合力做些什么来履行大使命？
- 我们一起研读本书，能否重新校正各人的人生方向？你有哪些宝贵心得？
- 神是否令你想起某个人，你可以跟他分享本书的信息？
- 我们还要一起研读什么材料？（请参见“附录 2”）

附录 2

辅助资源

“目的导向的人生”资源

1.《目的导向人生日记》

(The Purpose-Driven® Life Journal)

2.《目的导向人生圣经金句卡》

(The Purpose-Driven® Life Scripture Keepers Plus)

3.《目的导向人生诗歌》

(The Purpose-Driven® Life Album)

4.《目的导向人生影碟课程》

(The Purpose-Driven® Life Video Curriculum)

5.《直奔标竿》

(The Purpose-Driven® Church)

6.《基础:你赖以建立人生的 11 项核心真理》

(Foundations: 11 Core Truths to Build Your Life on)

7.《一同探索生命》

(Doing Life Together)

8.《活着是要使神喜悦》

(Planned for God's Pleasure)

附录3

为何引用众多圣经译本?

本书引用了近一千节经文。我是基于两个重要的理由,刻意引用了不同的圣经译本。第一,一个译本不管译得如何理想,总有它的限制。圣经原本用了 11280 个希伯来文、亚兰文和希腊文的字词写成,但一般英文译本大约只用了 6000 个字词。很明显地,字词之间一些精确细腻和有细微差别的含义,便显然会失去;因此,比较不同译本始终有所得益。

第二点是更加重要的理由,也是我们常常所忽视的。我们对经文所产生的熟悉感,往往对我们构成重大的影响;问题不在于译本的翻译优劣,而在于我们对经文太熟悉!我们会因为自己多次读过或听过某节经文,便以为自己明白了经文的意思。于是,当我们看到书中引用某节熟悉的经文时,便会掠过它和忽略它的整体含义。因此,我刻意选用意译本,来帮助你从崭新的角度去看神的真理。英语的读者应该为拥有如此众多的译本可供灵修之用而感谢神。

此外,由于圣经直到公元 1560 年才开始将经文分成章节,所以,我不会经常引用整节经文,而只把重点放在那句相关的经文上,而没有引用全句。我是效法耶稣的榜样,祂和众使徒都是这样引用旧约经文的。他们经常引用一句经文来指明要点。

AMP *The Amplified Bible*
Grand Rapids: Zondervan (1965)

CEV *Contemporary English Version*
New York: American Bible Society (1995)

GWT	*God's Word Translation*
	Grand Rapids: World Publishing, Inc. (1995)
KJV	*King James Version*
LB	*Living Bible*
	Wheaton, IL: Tyndale House Publishers (1979)
Msg	*The Message*
	Colorado Springs: Navpress (1993)
NAB	*New American Bible*
	Chicago: Catholic Press (1970)
NASB	*New American Standard Bible*
	Anaheim, CA: Foundation Press (1973)
NCV	*New Century Version*
	Dallas: Word Bibles (1991)
NIV	*New International Version*
	Colorado Springs: International Bible Society (1978, 1984)
NJB	*New Jerusalem Bible*
	Garden City, NY: Doubleday (1985)
NLT	*New Living Translation*
	Wheaton, IL: Tyndale House Publishers (1996)
NRSV	*New Revised Standard Version*
	Grand Rapids: Zondervan (1990)
Ph	*New Testament in Modern English by J. B. Phillips*
	New York: Macmillan (1958)
TEV	*Today's English Version*
	New York: American Bible Society (1992)
	(Also called *Good News Translation*)

〔编者按:本书的经文中译,大部分由作者引用的英文译本意译过来。没有注明译本的经文,则采用和合本的翻译;如经文原意与和合本有所不同,也会意译。另有一个例外之处,是第一章注10:作者引用了约伯记十二10,采用 TEV 译本,本书则选用现代中文译本。〕

注释

中文版序

1. 歌罗西书一 16(Msg)
2. 参见诗篇一三九 15

标竿旅程

1. 罗马书十二 2(NLT)
2. 提摩太后书二 7(NIV)

第 1 天:万物皆由神开始

1. 约伯记十二 10(原文为 TEV 译本,此处用现代中文译本)
2. 罗马书八 6(Msg)
3. 马太福音十六 25(Msg)
4. Hugh S. Moorhead, comp., *The Meaning of Life According to Our Century's Greatest Writers and Thinkers* (Chicago: Chicago Review Press, 1988)
5. 哥林多前书二 7(Msg)
6. 以弗所书一 11(Msg)
7. David Friend, ed., *The Meaning of Life* (Boston: Little, Brown, 1991), 194

第 2 天:你的存在绝非偶然

1. 诗篇一三八 8 上(NIV)
2. 诗篇一三九 15(Msg)
3. 诗篇一三九 16(LB)
4. 使徒行传十七 26(NIV)
5. 以弗所书一 4 上(Msg)
6. 雅各书一 18(NCV)
7. Michael Denton, *Nature's Destiny: How the Laws of Biology Reveal Purpose in the Universe* (New York: Free Press, 1998), 389
8. 以赛亚书四十五 18(GWT)
9. 约翰壹书四 8
10. 以赛亚书四十六 3-4(NCV)
11. 凯尔夫(Russell Kelfer)的作品已获授权使用

第 3 天:你的人生受什么驱使?

1. 创世记四 12(NIV)
2. 诗篇三十二 1-2(LB)
3. 约伯记五 2(TEV)
4. 约翰壹书四 18(Msg)
5. 马太福音六 24(NLT)
6. 以赛亚书四十九 4(NIV)
7. 约伯记七 6(LB)
8. 约伯记七 16(TEV)
9. 耶利米书二十九 11(NCV)
10. 以弗所书三 20(LB)
11. 箴言十三 7(Msg)
12. 以赛亚书二十六 3(TEV)
13. 以弗所书五 17(Msg)
14. 腓立比书三 13(NLT)
15. 腓立比书三 15(Msg)

16. 罗马书十四10下、12(NLT)
17. 约翰福音十四6(NIV)

第4天:要活到永恒

1. 传道书三11(NLT)
2. 哥林多后书五1(TEV)
3. 腓立比书三7(NLT)
4. 哥林多前书二9(LB)
5. 马太福音二十五34(NIV)
6. C. S. Lewis, *The Last Battle* (New York: Collier Books, 1970), 184
7. 诗篇三十三11(TEV)
8. 传道书七2(CEV)
9. 希伯来书十三14(LB)
10. 哥林多后书五6(LB)

第5天:从神的角度看人生

1. 罗马书十二2(TEV)
2. 历代志下三十二31(NLT)
3. 哥林多前书十13(TEV)
4. 雅各书一12(CWT)
5. 诗篇二十四1(TEV)
6. 创世记一28(TEV)
7. 哥林多前书四7下(NLT)
8. 哥林多前书四2(NCV)
9. 马太福音二十五14-29
10. 马太福音二十五21(NIV)
11. 路加福音十六11(NLT)
12. 路加福音十二48下(NIV)

第6天:人生是短暂的差事

1. 约伯记八9(NLT)
2. 诗篇三十九4(LB)
3. 诗篇一一九19(NLT)
4. 彼得前书一17(GWT)
5. 腓立比书三19-20(NLT)
6. 雅各书四4(Msg)
7. 哥林多后书五20(NLT)
8. 彼得前书二11(Msg)
9. 哥林多前书七31(NLT)
10. 哥林多后书四18下(Msg)
11. 约翰福音十六33,十六20,十五18-19
12. 哥林多后书四18(NIV)
13. 彼得前书二11(GWT)
14. 希伯来书十一13、16(NCV)

第7天:万物存在的缘由

1. 诗篇十九1(NIV)
2. 创世记三8;出埃及记三十三18-23,四十33-38;列王纪上七51,八10-13;约翰福音一14;以弗所书二21-22;哥林多后书四6-7
3. 出埃及记二十四17,四十34;诗篇二十九1;以赛亚书六3-4,六十1;路加福音二9
4. 启示录二十一23(NIV)
5. 希伯来书一3(NIV);另见哥林多后书四6下(LB)
6. 约翰福音一14(GWT)

7. 历代志上十六24;诗篇二十九1,六十六2,九十六7;哥林多后书三18
8. 启示录四11上(NLT)
9. 罗马书三23(NIV)
10. 以赛亚书四十三7(TEV)
11. 约翰福音十七4(NLT)
12. 罗马书六13下(NLT)
13. 约翰壹书三14(CEV)
14. 罗马书十五7(NLT)
15. 约翰福音十三34-35(NIV)
16. 哥林多后书三18(NLT)
17. 腓立比书一11(NLT);另参约翰福音十五8(GWT)
18. 彼得前书四10-11(NLT);另参哥林多后书八19下(NCV)
19. 哥林多后书四15(NLT)
20. 约翰福音十二27-28(NASB)
21. 约翰福音十二25(Msg)
22. 彼得后书一3(Msg)
23. 约翰福音一12(NIV)
24. 约翰福音三36上(Msg)

第8天:为神的喜乐而活

1. 以弗所书一5(TEV)
2. 创世记六6;出埃及记二十5;申命记三十二36;士师记二20;列王纪上十9;历代志上十六27;诗篇二4,五5,十八19,三十五27,三十七23,一〇三13,一〇四31;以西结书五13;约翰壹书四16
3. 诗篇一四七11(CEV)
4. 约翰福音四23
5. 以赛亚书二十九13(NIV)
6. 诗篇一〇五4(TEV)
7. 诗篇一一三3(LB)
8. 诗篇一一九147,五3,六十三6,一一九62
9. 诗篇三十四1(GWT)
10. 哥林多前书十31(NIV)
11. 歌罗西书三23(NIV)
12. 罗马书十二1(Msg)

第9天:什么事能讨神喜悦?

1. 以弗所书五10(Msg)
2. 创世记六8(LB)
3. 创世记六9下(NLT)
4. 何西阿书六6(LB)
5. 马太福音二十二37-38(NIV)
6. 希伯来书十一7(Msg)
7. 创世记二5-6
8. 诗篇一四七11(TEV)
9. 希伯来书十一6(NIV)
10. 创世记六22(NLT);另参希伯来书十一7下(NCV)
11. 诗篇一〇〇2(LB)
12. 诗篇一一九33(LB)
13. 雅各书二24(CEV)
14. 约翰福音十四15(TEV)
15. 创世记八20(NIV)
16. 希伯来书十三15(KJV)

17. 诗篇一一六 17(KJV)
18. 诗篇六十九 30－31(NIV)
19. 诗篇六十八 3(TEV)
20. 创世记九 1、3(NIV)
21. 诗篇三十七 23(NLT)
22. 诗篇三十三 15(Msg)
23. 以赛亚书四十五 9(CEV)
24. 提摩太前书六 17(TEV)
25. 诗篇一〇三 14(GWT)
26. 哥林多后书五 9(TEV)
27. 诗篇十四 2(LB)

第 10 天:敬拜的核心

1. 约翰壹书四 9－10、19
2. 罗马书十二 1(TEV)
3. 诗篇一四五 9
4. 诗篇一三九 3
5. 马太福音十 30
6. 提摩太前书六 17 下
7. 耶利米书二十九 11
8. 诗篇八十六 5
9. 诗篇一四五 8
10. 罗马书五 8(NRSV)
11. 创世记三 5
12. 路加福音五 5(NIV)
13. 诗篇三十七 7 上(GWT)
14. 马太福音六 24
15. 马太福音六 21
16. 马可福音十四 36(NLT)
17. 约伯记二十二 21(NLT)
18. 罗马书六 17(Msg)
19. 约书亚记五 13－15
20. 路加福音一 38(NLT)
21. 雅各书四 7 上(NCV)
22. 罗马书十二 1(KJV)
23. 罗马书十二 1(CEV)
24. 哥林多后书五 9(NIV)
25. 腓立比书四 13(AMP)
26. 哥林多前书十五 31
27. 路加福音九 23(NCV)

第 11 天:与神成为挚友

1. 诗篇九十五 6,一三六 3;约翰福音十三 13;犹大书一 4;约翰壹书三 1;以赛亚书三十三 22,四十七 4;诗篇八十九 26
2. 出埃及记三十三 11、17;历代志下二十 7;以赛亚书四十一 8;雅各书二 23;使徒行传十三 22;创世记六 8,五 22(NLT);约伯记二十九 4
3. 罗马书五 11(NLT)
4. 哥林多后书五 18 上(TEV)
5. 约翰壹书一 3
6. 哥林多前书一 9
7. 哥林多后书十三 14
8. 约翰福音十五 15(NIV)
9. 约翰福音三 29
10. 出埃及记三十四 14(NLT)
11. 使徒行传十七 26－27(Msg)
12. 耶利米书九 24(TEV)

13. 参见"How to Have a Meaningful Quiet Time", in *Personal Bible Study Methods*, Rick Warren, 1981. Available from *www.pastors.com*
14. 帖撒罗尼迦前书五 17
15. 以弗所书四 6 下(NCV)
16. Brother Lawrence, *The Practice of the Presence of God* (Grand Rapids: Revell/Spire Books, 1967), Eighth Letter
17. 帖撒罗尼迦前书五 17(Msg)
18. 诗篇二十三 4,一四三 5,一四五 5;约书亚记一 8;诗篇一 2
19. 撒母耳记上三 21(此处为英译本的意译)
20. 约伯记二十三 12(NIV)
21. 诗篇一一九 97(NIV)
22. 诗篇七十七 12(NLT)
23. 创世记十八 17;但以理书二 19;哥林多前书二 7-10
24. 诗篇二十五 14(LB)

第 12 天:与神建立深厚的友谊

1. 马太福音十一 19
2. 约伯记四十二 7 下(Msg)
3. 出埃及记三十三 1-17
4. 出埃及记三十三 12-17(Msg)
5. 试想约伯(约伯记七 17-21)、亚萨(诗篇八十三 13)、耶利米(耶利米书二十 7)、拿俄米(路得记一 20)
6. 诗篇一四二 2-3 上(NLT)
7. 约翰福音十五 14(NIV)
8. 约翰福音十五 9-11(NLT)
9. 撒母耳记上十五 22(NCV)
10. 马太福音三 17(NLT)
11. 哥林多后书十一 2(Msg)
12. 诗篇六十九 9(NLT)
13. 诗篇二十七 4(LB)
14. 诗篇六十三 3(CEV)
15. 创世记三十二 26(NIV)
16. 腓立比书三 10(AMP)
17. 耶利米书二十九 13(Msg)
18. 提摩太前书六 21 上(LB)

第 13 天:讨神喜悦的敬拜

1. 希伯来书十二 28(TEV)
2. 约翰福音四 23(NIV)
3. 撒母耳记上十六 7 下(NIV)
4. 希伯来书十三 15;诗篇七 17;以斯拉记三 11;诗篇一四九 3,一五〇 3;尼希米记八 6
5. Gary Thomas, *Sacred Pathways* (Grand Rapids: Zondervan, 2000)
6. 约翰福音四 23(Msg)
7. 马太福音六 7(KJV)
8. 参见 11 - week tape series on the names of God, "*How God Meets Your Deepest Needs*," by Saddleback Pastors (1999), *www.pastors.com*
9. 哥林多前书十四 40(NIV)

10. 哥林多前书十四16-17(CEV)
11. 罗马书十二1(NIV)
12. 诗篇五十14(TEV);希伯来书十三15(CEV);诗篇五十一17,五十四6(NIV);腓立比书四18(NIV);诗篇一四一2(GWT);希伯来书十三16;马可福音十二33(Msg);罗马书十二1(NIV)
13. 撒母耳记下二十四24(TEV)
14. Matt Redman, "Heart of Worship" (Kingsway's Thankyou Music, 1997)

第14天:当神似乎遥不可及

1. Philip Yancey, *Reaching for the Invisible God* (Grand Rapids: Zondervan, 2000),242
2. 撒母耳记上十三14;使徒行传十三22
3. 诗篇十1(LB)
4. 诗篇二十二1(NLT)
5. 诗篇四十三2(TEV);另参诗篇四十四23(TEV),七十四11(TEV),八十八14(Msg),八十九49(LB)
6. 申命记三十一8;诗篇三十七28;约翰福音十四16-18;希伯来书十三5
7. 以赛亚书四十五15
8. Floyd McClung, *Finding Friendship with God* (Ann Arbor, MI: Vine Books, 1992),186
9. 约伯记二十三8-10(NLT)
10. 诗篇五十一;以弗所书四29-30;帖撒罗尼迦前书五19;耶利米书二32;哥林多前书八12;雅各书四4(NLT)
11. 约伯记一20-21(NIV)
12. 约伯记七11(TEV)
13. 约伯记二十九4(NIV)
14. 诗篇一一六10(NCV)
15. 约伯记十12
16. 约伯记四十二2,三十七5、23
17. 约伯记二十三10,三十一4
18. 约伯记三十四13
19. 约伯记二十三14
20. 约伯记十九25
21. 约伯记二十三12(NIV)
22. 约伯记十三15(CEV)
23. 哥林多后书五21(TEV)

第15天:要成为神家里的人

1. 以弗所书一5(NLT)
2. 雅各书一18(LB)
3. 彼得前书一3下(LB);另参罗马书八15-16(TEV)
4. 马可福音八34;使徒行传二21;罗马书十13;彼得后书三9
5. 加拉太书三26(NLT)
6. 以弗所书三14-15(LB)
7. 约翰壹书三1;罗马书八29;加拉

太书四 6－7；罗马书五 2；哥林多前书三 23；以弗所书三 12；彼得前书一3－5；罗马书八 17

8. 加拉太书四 7 下(NLT)
9. 腓立比书四 19(NIV)
10. 以弗所书一 7；罗马书二 4，九 23，十一 33；以弗所书三 16，二 4
11. 以弗所书一 18 下(NLT)
12. 帖撒罗尼迦前书五 10，四 17
13. 约翰壹书三 2；哥林多后书三 18
14. 启示录二十一 4
15. 马可福音九 41，十 30；哥林多前书三 8；希伯来书十 35；马太福音二十五 21、23
16. 罗马书八 17；歌罗西书三 4；帖撒罗尼迦后书二 14；提摩太后书二 12；彼得前书五 1
17. 彼得前书一 4(NLT)
18. 歌罗西书三 23－24 上(NIV)
19. 马太福音二十八 19(NLT)
20. 哥林多前书十二 13(NLT)
21. 使徒行传二 41，八 12－13，35－38
22. 希伯来书二 11(CEV)
23. 马太福音十二 49－50(NLT)

第 16 天：什么是最重要的？

1. 加拉太书五 14(LB)
2. 彼得前书二 17 下(CEV)
3. 加拉太书六 10(NCV)
4. 约翰福音十三 35(LB)
5. 哥林多前书十四 1 上(LB)
6. 哥林多前书十三 3(Msg)
7. 马太福音二十二 37－40(NLT)
8. 哥林多前书十三 13(NCV)
9. 马太福音二十五 34－46
10. 马太福音二十五 40(NRSV)
11. 加拉太书五 6(NIV)
12. 约翰壹书三 18(TEV)
13. 以弗所书五 2(LB)
14. 约翰福音三 16 上
15. 加拉太书六 10(NLT)
16. 以弗所书五 16(NCV)
17. 箴言三 27－28(TEV)

第 17 天：归属之处

1. 创世记二 18
2. 哥林多前书十二 12；以弗所书二 21、22，三 6，四 16；歌罗西书二 19；帖撒罗尼迦前书四 17
3. 罗马书十二 5(NIV)
4. 罗马书十二 4－5；哥林多前书六 15，十二 12－27
5. 罗马书十二 4－5(Msg)
6. 以弗所书四 16
7. 马太福音十六 18(NLT)
8. 以弗所书五 25(GWT)
9. 哥林多后书十一 2；以弗所书五 27；启示录十九 7
10. 彼得前书二 17 下(Msg)
11. 哥林多前书五 1－13；加拉太书六

1－5

12. 以弗所书二 19 下(LB)
13. 约翰福音十三 35(NLT)
14. 加拉太书三 28(Msg);另参约翰福音十七 21
15. 哥林多前书十二 27(NCV)
16. 哥林多前书十二 26(NCV)
17. 以弗所书四 16;罗马书十二 4－5;歌罗西书二 19;哥林多前书十二 25
18. 约翰壹书三 16(NIV)
19. 以弗所书四 16 下(NLT)
20. 哥林多前书十二 7(NLT)
21. 以弗所书二 10(Msg)
22. 哥林多前书十 12;耶利米书十七 9;提摩太前书一 19
23. 希伯来书三 13(NIV)
24. 雅各书五 19(Msg)
25. 使徒行传二十 28－29;彼得前书五 1－4;希伯来书十三 7、17
26. 希伯来书十三 17(NLT)
27. 使徒行传二 42(Msg)
28. 哥林多后书八 5(TEV)

第 18 天:一同经历生命

1. 马太福音十八 20(NASB)
2. 约翰壹书一 7－8(NCV)
3. 雅各书五 16 上(Msg)
4. 哥林多前书十二 25(Msg)
5. 罗马书一 12(NCV)
6. 罗马书十二 10(NRSV)
7. 罗马书十四 19(NIV)
8. 歌罗西书三 12(GWT)
9. 腓立比书三 10;希伯来书十 33－34
10. 加拉太书六 2(NLT)
11. 约伯记六 14(NIV)
12. 哥林多后书二 7(CEV)
13. 歌罗西书三 13(LB)
14. 歌罗西书三 13(NLT)

第 19 天:建立团契相交的群体

1. 以弗所书四 3(NCV)
2. 提摩太前书三 14－15(NCV)
3. 以弗所书四 15
4. 箴言二十四 26(TEV)
5. 加拉太书六 1(NCV)
6. 以弗所书四 25(Msg)
7. 箴言二十八 23(NLT)
8. 传道书八 6(TEV)
9. 提摩太前书五 1－2(GWT)
10. 哥林多前书五 3－12(Msg)
11. 彼得前书五 5 中(NIV)
12. 彼得前书五 5 下(NIV)
13. 罗马书十二 16(NLT)
14. 腓立比书二 3－4(NCV)
15. 罗马书十五 2(LB)
16. 提多书三 2(Msg)
17. 罗马书十二 10(GWT)
18. 箴言十六 28(TEV)
19. 提多书三 10(NIV)
20. 希伯来书十 25(TEV)
21. 使徒行传二 46(LB)

第 20 天:修复破裂的团契生活

1. 哥林多后书五 18(GWT)
2. 腓立比书二 1-2(Msg)
3. 罗马书十五 5(Msg)
4. 约翰福音十三 35
5. 哥林多前书六 5(TEV)
6. 哥林多前书一 10(Msg)
7. 马太福音五 9(NLT)
8. 哥林多后书五 18(Msg)
9. 雅各书四 1-2(NIV)
10. 马太福音五 23-24(Msg)
11. 彼得前书三 7;箴言二十八 9
12. 约伯记五 2(TEV),十八 4(TEV)
13. 腓立比书二 4(TEV)
14. 诗篇七十三 21-22(TEV)
15. 箴言十九 11(NIV)
16. 罗马书十五 2(LB)
17. 罗马书十五 3(NJB)
18. 马太福音七 5(NLT)
19. 约翰壹书一 8(Msg)
20. 箴言十五 1(Msg)
21. 箴言十六 21(TEV)
22. 以弗所书四 29(TEV)
23. 罗马书十二 18(TEV)
24. 罗马书十二 10;腓立比书二 3
25. 马太福音五 9(Msg)
26. 彼得前书三 11(NLT)
27. 马太福音五 9

第 21 天:保守你的教会

1. 约翰福音十七 20-23
2. 以弗所书四 3(NIV)
3. 罗马书十四 19(Ph)
4. 罗马书十 12,十二 4-5;哥林多前书一 10,八 6,十二 13;以弗所书四 4,五 5;腓立比书二 2
5. 罗马书十四 1;提摩太后书二 23
6. 哥林多前书一 10(NLT)
7. 以弗所书四 2(NLT)
8. Dietrich Bonhoffer, *Life Together* (New York: HarperCollins, 1954)
9. 罗马书十四 13;雅各书四 11;以弗所书四 29;马太福音五 9;雅各书五 9
10. 罗马书十四 4(CEV)
11. 罗马书十四 10(Ph)
12. 启示录十二 10
13. 罗马书十四 19(Msg)
14. 箴言十七 4,十六 28,二十六 20,二十五 9,二十 19
15. 箴言十七 4(CEV)
16. 犹大书一 19(Msg)
17. 加拉太书五 15(AMP)
18. 箴言二十 19(NBSV)
19. 箴言二十六 20(LB)
20. 马太福音十八 15-17 上(Msg)
21. 马太福音十八 17;哥林多前书五 5
22. 希伯来书十三 17(Msg)
23. 希伯来书十三 17(NIV)
24. 提摩太后书二 14、23-26;腓立比书四 2;提多书二 15 至三 2、10-11

25. 帖撒罗尼迦前书五 12-13 上(Msg)
26. 哥林多前书十 24(NLT)

第 22 天:被造是要活像基督

1. 创世记一 26(NCV)
2. 创世记六 9;诗篇一三九 13-16;雅各书三 9
3. 哥林多后书四 4(NLT);歌罗西书一 15(NLT);希伯来书一 3(NIV)
4. 以弗所书四 24(GWT)
5. 创世记三 5(KJV)
6. 以弗所书四 22(Msg)
7. 马太福音五 1-12
8. 加拉太书五 22-23
9. 哥林多前书十三
10. 彼得后书一 5-8
11. 约翰福音十 10
12. 哥林多后书三 18 下(NLT)
13. 腓立比书二 13(NLT)
14. 列王纪上十九 12(NIV)
15. 歌罗西书一 27(NLT)
16. 约书亚记三 13-17
17. 路加福音十三 24;罗马书十四 19;以弗所书四 3(上述均为 NIV);提摩太后书二 15(NCV);希伯来书四 11,十二 14;彼得后书一 5,三 14(上述均为 NIV)
18. 以弗所书四 22(Msg)
19. 以弗所书四 23(CEV)
20. 罗马书十二 2
21. 以弗所书四 24(NIV)
22. 以弗所书四 13(CEV)
23. 约翰壹书三 2(NLT)
24. 哥林多前书十 31,十六 14;歌罗西书三 17、23
25. 罗马书十二 2(Msg)

第 23 天:成长之道

1. 马太福音九 9(NLT)
2. 彼得后书三 11(NLT)
3. 腓立比书二 12-13(NIV)
4. 箴言四 23(TEV)
5. 罗马书十二 2 下(NLT)
6. 以弗所书四 23(NLT)
7. 腓立比书二 5(CEV)
8. 哥林多前书十四 20(NIV)
9. 罗马书八 5(NCV)
10. 哥林多前书十三 11(NIV)
11. 罗马书十五 2-3 上(CEV)
12. 哥林多前书二 12 上(CEV)

第 24 天:藉着真理得改变

1. 约翰福音十七 17(NIV)
2. 提摩太后书三 17(Msg)
3. 希伯来书四 12;使徒行传七 38;彼得前书一 23
4. 约翰福音六 63(NASB)
5. 雅各书一 18(NCV)
6. 约伯记二十三 12(NIV)
7. 彼得前书二 2;马太福音四 4;哥林

多前书三 2;诗篇一一九 103
8. 彼得前书二 2(NIV)
9. 约翰福音八 31(NASB,1978 年版)
10. 箴言三十 5(NIV)
11. 提摩太后书三 16(CEV)
12. 使徒行传二十四 14(NIV)
13. 路加福音八 18(NIV)
14. 雅各书一 21 下(AMP)
15. 申命记十七 19 上(NCV)
16. Rick Warren, *Twelve Personal Bible Study Methods.* 此书已被译成六种外语
17. 雅各书一 25(NCV)
18. 诗篇一一九 11、105、49-50;耶利米书十五 16;箴言二十二 18;彼得前书三 15
19. 歌罗西书三 16 上(LB)
20. 哥林多后书三 18(NIV)
21. 使徒行传十三 22(NIV)
22. 诗篇一一九 97(NCV)
23. 约翰福音十五 7;约书亚记一 8;诗篇一 2-3
24. 雅各书一 22(KJV)
25. 马太福音七 24(NIV)
26. 约翰福音十三 17(NIV)

第 25 天:藉着患难得改变

1. 约翰福音十六 33
2. 彼得前书四 12(LB)
3. 诗篇三十四 18(NLT)
4. 创世记三十九 20-22
5. 但以理书六 16-23
6. 耶利米书三十八 6
7. 哥林多后书十一 25
8. 但以理书三 1-26
9. 哥林多后书一 9(LB)
10. 诗篇一三九 16
11. 罗马书八 28-29(NLT)
12. 马太福音六 10(KJV)
13. 马太福音一 1-16
14. 罗马书五 3-4(NCV)
15. 彼得前书一 7 上(NCV)
16. 雅各书一 3(Msg)
17. 希伯来书五 8-9
18. 罗马书八 17(Msg)
19. 耶利米书二十九 11(NIV)
20. 创世记五十 20(NIV)
21. 以赛亚书三十八 17(CEV)
22. 希伯来书十二 10 下(Msg)
23. 希伯来书十二 2 上(LB)
24. 希伯来书十一 26(NIV)
25. 哥林多后书四 17(NLT)
26. 罗马书八 17-18(NLT)
27. 帖撒罗尼迦前书五 18(NIV)
28. 腓立比书四 4(NIV)
29. 路加福音六 23(NCV)
30. 雅各书一 3-4(Ph)
31. 希伯来书十 36(Msg)

第 26 天:在试探中成长

1. 加拉太书五 22-23(NLT)
2. 哥林多后书二 11(NLT)
3. 马可福音七 21-23(NLT)
4. 雅各书四 1(LB)
5. 希伯来书三 12(CEV)
6. 约翰福音八 44
7. 雅各书一 14-16(TEV)
8. 哥林多前书十 13(NLT)
9. 希伯来书四 15
10. 彼得前书五 8(Msg)
11. 马太福音二十六 41;以弗所书六 10-18;帖撒罗尼迦前书五 6、8;彼得前书一 13,四 7,五 8
12. 以弗所书四 27(TEV)
13. 箴言四 26-27(TEV)
14. 箴言十六 17(CEV)
15. 诗篇五十 15(GWT)
16. 希伯来书四 15(NLT)
17. 希伯来书四 16(TEV)
18. 雅各书一 12(NCV)

第 27 天:胜过试探

1. 雅各书四 7
2. 约伯记三十一 1(NLT)
3. 诗篇一一九 37 上(TEV)
4. 罗马书十二 21
5. 希伯来书三 1(NIV)
6. 提摩太后书二 8(GWT)
7. 腓立比书四 8(TEV)
8. 箴言四 23(TEV)
9. 哥林多后书十 5(NCV)
10. 传道书四 9-10(CEV)
11. 雅各书五 16(NIV)
12. 哥林多前书十 13
13. 罗马书三 23
14. 雅各书四 6-7 上(NLT)
15. 以弗所书六 17(NLT)
16. 耶利米书十七 9(NIV)
17. 箴言十四 16(TEV)
18. 哥林多前书十 12(Msg)

第 28 天:成长需时

1. 腓立比书一 6(NIV)
2. 以弗所书四 13(Ph)
3. 歌罗西书三 10 上(NCV)
4. 哥林多后书三 18 下(Msg)
5. 申命记七 22
6. 罗马书十三 12;以弗所书四 22-25;歌罗西书三 7-10、14
7. 提摩太前书四 15(GWT)
8. 传道书三 1(CEV)
9. 诗篇一〇二 18;提摩太后书三 14
10. 希伯来书二 1(Msg)
11. 雅各书一 4(Msg)
12. 哈巴谷书二 3(LB)

第 29 天:接受你的差事

1. 以弗所书二 10 下(TEV)
2. 歌罗西书三 23-24;马太福音二十

五34－45;以弗所书六7
3. 耶利米书一5(NCV)
4. 提摩太后书一9(LB)
5. 哥林多前书六20(CEV)
6. 罗马书十二1(TEV)
7. 约翰壹书三14(CEV)
8. 马太福音八15(NCV)
9. 以弗所书四4－14;另参罗马书一6－7,八28－30;哥林多前书一2、9、26,七17;腓立比书三14;彼得前书二9;彼得后书一3
10. 提摩太后书一9(TEV)
11. 彼得前书二9(GWT)
12. 罗马书七4(TEV)
13. 哥林多前书十二27(NLT)
14. 马太福音二十28(LB)
15. 罗马书十四12(NLT)
16. 罗马书二8(NLT)
17. 马可福音八35(LB);另参马太福音十39,十六25;路加福音九24,十七33
18. 罗马书十二5(Msg)
19. 哥林多前书十二14上、19(Msg)

第30天:被塑造来服侍神

1. 以弗所书二10(NIV)
2. 诗篇一三九13－14(NLT)
3. 诗篇一三九16(NLT)
4. 罗马书十二4－8;哥林多前书十二;以弗所书四8－15;哥林多前书七7
5. 哥林多前书二14(TEV)
6. 以弗所书四7(CEV)
7. 哥林多前书十二11(NLT)
8. 哥林多前书十二29－30
9. 哥林多前书十二7(NLT)
10. 哥林多前书十二5(NLT)
11. 箴言二十七19(NLT)
12. 马太福音十二34;诗篇三十四7;箴言四23
13. 申命记十一13;撒母耳记上十二20;罗马书一9;以弗所书一9,六6
14. 箴言十五16(Msg)

第31天:认识你的特质

1. 哥林多前书十二4－6(TEV)
2. 出埃及记三十一3－5(NIV)
3. 罗马书十二6上(NLT)
4. 哥林多前书十31(NIV)
5. 哥林多前书十二6(TEV)
6. 申命记八18(NIV)
7. 申命记十四23(LB);玛拉基书三8－11
8. 希伯来书十三21(LB)
9. 彼得前书四10(LB)
10. 哥林多前书十二6(Ph)
11. 罗马书八28－29
12. 哥林多后书一4(NLT)
13. 哥林多后书一8－10(LB)

第32天:善用神赐予你的一切

1. 以弗所书五17(LB)
2. 罗马书十二3下(Ph)

3. 加拉太书六4下(Msg)
4. 申命记十一2(TEV)
5. 加拉太书三4(NCV)
6. 约翰福音十三7(NIV)
7. 罗马书九20-21(JB)
8. 以弗所书四7(LB)
9. 加拉太书二7-8
10. 哥林多后书十13(NLT)
11. 希伯来书十二1(LB)
12. 加拉太书六4(NLT)
13. 加拉太书六4(CEV)
14. 哥林多后书十12(NIV)
15. 哥林多后书十12下(Msg)
16. 哥林多前书十12-18
17. 腓立比书一9(NLT)
18. 提摩太后书一6(NASB)
19. 马太福音二十五28(NIV)
20. 提摩太前书四14-15(LB)
21. 提摩太后书二15(Msg)
22. 哥林多前书九25(Msg)

第33天:作个真仆人

1. 马太福音七16(CEV)
2. 提摩太后书二4(NASB)
3. 加拉太书六10(GWT)
4. 箴言三28(TEV)
5. 传道书十一4(NLT)
6. 歌罗西书三23
7. 加拉太书六3(NLT)
8. 约翰福音十三15
9. 使徒行传二十八3
10. 路加福音十六10-12
11. 诗篇十二1;箴言二十6;腓立比书二19-22
12. 马太福音二十五23(NLT)
13. 彼得前书五5(TEV)
14. 以弗所书六6(KJV);歌罗西书三22(KJV)
15. 马太福音六1(CEV)
16. 加拉太书一10(NIV)
17. 歌罗西书三4(Msg)
18. 哥林多前书十二22-24
19. 哥林多前书十五58(Msg)
20. 马太福音十42(LB)

第34天:要有仆人的思想

1. 历代志下二十五2(NRSV)
2. 腓立比书二4(Msg)
3. 腓立比书二7(GWT)
4. 腓立比书二20-21
5. 马太福音五41(Msg)
6. 哥林多前书四1(NJB)
7. 哥林多前书四2(TEV)
8. 路加福音十六13(NIV)
9. 路加福音十六11(NIV)
10. 加拉太书五26(Msg)
11. 罗马书十四4(GWT)
12. 尼希米记六3(CEV)
13. 马太福音二十六10(Msg)
14. 约翰福音十三3-4(NIV)

15. 哥林多后书十 18(CEV)
16. 雅各书一 1
17. 诗篇一〇〇 2(KJV)
18. 约翰福音十二 26(Msg)
19. 希伯来书六 10(NLT)

第 35 天:在你的软弱上显出神的能力

1. 以赛亚书五十五 9(CEV)
2. 哥林多前书一 27(TEV)
3. 马太福音五 3
4. 哥林多后书十二 7
5. 哥林多后书四 7(CEV)
6. 马太福音十六 16(NIV)
7. 使徒行传十四 15(NCV)
8. 哥林多后书十二 9-10 上(NLT)
9. 哥林多后书十二 10(LB)
10. 哥林多后书十二 7(Msg)
11. 民数记十二 3
12. 士师记六 12(KJV)
13. 罗马书四 11(NLT)
14. 马太福音十六 18(TEV)
15. 使徒行传十三 22(NLT)
16. 希伯来书十一 32-34(NLT)
17. 罗马书七 19(NLT)
18. 哥林多后书六 11(LB)
19. 哥林多后书一 8(NLT)
20. 哥林多前书二 3(NCV)
21. 哥林多后书十二 5 下(LB)
22. 希伯来书四 1 上(CEV)
23. 罗马书八 26 上(NIV)

第 36 天:你要履行使命

1. 歌罗西书一 25(NCV);哥林多前书十二 5
2. 约翰福音二十 21(NIV)
3. 路加福音二 49(KJV)
4. 约翰福音十九 30
5. 哥林多后书五 18(TEV)
6. 哥林多后书五 20(NCV)
7. 马太福音二十八 19-20;马可福音十六 15;路加福音二十四 47;约翰福音二十 21;使徒行传一 8
8. 马太福音二十八 19-20(CEV)
9. 以西结书三 18(NCV)
10. 哥林多后书五 18(LB)
11. 哥林多后书六 1(NCV)
12. 哥林多后书五 20(Msg)
13. 使徒行传四 12(NCV)
14. 约翰福音九 4(NLT)
15. 使徒行传二十 24(NLT)
16. 使徒行传一 7-8(NIV)
17. 马太福音二十四 36(NIV)
18. 马太福音二十四 14(NCV)
19. 路加福音九 62(LB)
20. 路加福音二十二 42(NLT)
21. 罗马书六 13 下(LB)
22. 马太福音六 33(NLT)

第 37 天:分享你的生命信息

1. 哥林多后书二 17 下(NCV)
2. 约翰壹书五 10 上(GWT)

3. 彼得前书二 9(Msg)
4. 使徒行传一 8(NIV)
5. 使徒行传二十二至二十六章
6. 彼得前书三 15–16(TEV)
7. 诗篇一一九 33(Msg)
8. 诗篇一〇六 43(Msg)
9. 箴言二十五 12(TEV)
10. 所列各项都可以从圣经中找到例子,请参诗篇五十一篇;腓立比书四 11–13;哥林多后书一 4–10;诗篇四十篇;诗篇一一九 71;创世记五十 20
11. 马太福音十二 34(LB)
12. 诗篇六十九 9(LB)
13. 耶利米书二十 9(CEV)
14. 加拉太书四 18(NIV)
15. 罗马书一 17(NCV)
16. 哥林多后书五 19(NLT)
17. 哥林多后书五 14(NIV)
18. 约翰壹书四 18(TEV)
19. 彼得后书三 9(NCV)
20. 歌罗西书四 5(LB)

第 38 天:成为世界级的基督徒

1. Paul Borthwick's Books *A Mind for Missions* (Colorado Springs: NavPress,1987) and *How to Be a World-Class Christian* (Waynesboro, GA:Authentic Media,1999),基督徒必读之书
2. 启示录七 9(CEV)
3. 哥林多前书十四 20(CEV)
4. 腓立比书二 4(NLT)
5. 哥林多前书二 12(CEV)
6. 哥林多前书十 33(GWT)
7. 约翰福音三 16(KJV)
8. 使徒行传十七 26–27(CEV)
9. 歌罗西书一 6(NLT)
10. 诗篇二 8(NCV)
11. 歌罗西书四 3(NIV);罗马书一 10(NLT)
12. 以弗所书六 19(Msg)
13. 约翰福音十七 20(NIV)
14. 帖撒罗尼迦后书三 1
15. 马太福音九 38
16. 哥林多后书一 11(GWT)
17. 使徒行传一 8(CEV)
18. 哥林多后书四 18(NIV)
19. 路加福音九 62(LB)
20. 哥林多前书七 31(Msg)
21. 希伯来书十二 1(LB)
22. 马太福音六 20–21(CEV)
23. 路加福音十六 9(NIV)
24. 提摩太前书六 19(LB)
25. 耶利米书一 7–8(NLT)
26. 参考洛桑会议文件(1974)
27. 马可福音八 35(LB)

第 39 天:均衡发展的人生

1. 箴言二十七 17(NCV)

2. 腓立比书四 9(TEV)
3. 帖撒罗尼迦前书五 11(NCV)
4. 耶利米哀歌三 40(NLT);哥林多前书十一 28(NLT)、31(TEV),十三 5(Msg);加拉太书六 4(NIV)
5. 哥林多后书十三 5(Msg)
6. 耶利米哀歌三 40(Msg)
7. 哥林多后书八 11(LB)
8. 希伯来书二 1(Msg)
9. 民数记三十三 2(NLT)
10. 诗篇五十六 8(TEV)
11. 诗篇一〇二 18(TEV)
12. 箴言十一 25(Msg)
13. 提摩太后书二 2 下(CEV)
14. 雅各书四 17(NCV)
15. 提摩太前书四 6(CEV)
16. 约翰福音十七 4(NIV)
17. 约翰福音十七 6-26

第 40 天:目的导向的人生

1. 约翰福音十三 17(NIV)
2. 诗篇三十三 11(TEV)
3. 箴言四 26(CEV)
4. 箴言十七 24(TEV)
5. 腓立比书一 10(NLT)
6. 历代志下十四 4(Msg)
7. 以弗所书三 17(NLT)
8. 腓立比书四 7(Msg)
9. 加拉太书五 22-23
10. 马太福音五 3-12
11. 彼得后书一 5(Msg)
12. 提摩太前书四 16 下(Msg)
13. 哥林多后书九 12(TEV)
14. 约翰福音十五 16 上(NJB)
15. 约书亚记二十四 15(NLT)
16. 腓立比书一 27(NCV)
17. 以弗所书五 25(TEV)
18. 箴言二十二 18(NCV)
19. 箴言十九 21(NIV)
20. 帖撒罗尼迦前书二 4 下(NLT)
21. 哥林多后书十 13(LB)
22. 使徒行传十三 36 上(意译)
23. 使徒行传十三 22
24. 以斯帖记四 14
25. 历代志下十六 9(NLT)
26. 哥林多前书九 26(NLT)
27. 腓立比书一 21(NIV)
28. 哥林多后书四 17(NIV)
29. 启示录四 11(Msg)

图书在版编目(CIP)数据

标竿人生(新一版)/(美)华理克著;PD翻译组译. —上海：
上海三联书店，2010. 2(2025. 9 重印)
ISBN 978 - 7 - 5426 - 2323 - 2

Ⅰ. ①标…　Ⅱ. ①华…②P. …　Ⅲ. ①基督教-通俗读物
Ⅳ. ①B821 - 49

中国版本图书馆CIP数据核字(2006)第054386号

标竿人生(新一版)

著　　者 / 华理克
译　　者 / PD翻译组

责任编辑 / 徐志跃　邱　红
装帧设计 / 鲁继德
监　　制 / 姚　军
责任校对 / 张大伟

出版发行 / 上海三联书店
(200041)中国上海市静安区威海路755号30楼
邮　　箱 / sdxsanlian@sina.com
联系电话 / 编辑部：021 - 22895517
发行部：021 - 22895559
印　　刷 / 上海展强印刷有限公司

版　　次 / 2010年2月第1版
印　　次 / 2025年9月第42次印刷
开　　本 / 890 mm × 1240 mm　1/32
字　　数 / 250千字
印　　张 / 10. 625
书　　号 / ISBN 978 - 7 - 5426 - 2323 - 2/B · 159
定　　价 / 35. 00元

敬启读者，如发现本书有印装质量问题，请与印刷厂联系 021 - 66366565